阻尼墙减震理论方法与工程实践

周 颖 著

科 学 出 版 社

北 京

内 容 简 介

本书针对结构消能减震常见的两类被动控制墙式阻尼器——黏弹性阻尼墙与黏滞阻尼墙，全面系统地梳理了两类阻尼墙的性能试验、减震机理、力学模型，以及阻尼墙减震结构的动力性能、设计方法与工程实践等内容。本书既综合研究型试验和检测类试验，又将理论研究与工程实践相结合，形象地阐明两类消能减震构件的性能，为我国采用阻尼墙消能减震新建工程和改造加固工程提供重要的参考资料。

本书可供结构消能减震领域的研究与设计人员参考，也可作为高等院校土木工程专业的研究生教材及参考用书。

图书在版编目(CIP)数据

阻尼墙减震理论方法与工程实践/周颖著.—北京：科学出版社，2019.12
ISBN 978-7-03-060626-6

Ⅰ.①阻⋯ Ⅱ.①周⋯ Ⅲ.①阻尼减振－墙体结构－抗震设计
Ⅳ.①TU227

中国版本图书馆 CIP 数据核字（2019）第 034995 号

责任编辑：王 钰 / 责任校对：马英菊
责任印制：吕春珉 / 封面设计：东方人华平面设计部

科学出版社 出版
北京东黄城根北街 16 号
邮政编码：100717
http://www.sciencep.com

北京中科印刷有限公司 印刷
科学出版社发行　各地新华书店经销
*
2019 年 12 月第 一 版　　开本：B5（720×1000）
2019 年 12 月第一次印刷　　印张：16 1/4
字数：317 000

定价：115.00 元
（如有印装质量问题，我社负责调换〈中科〉）

销售部电话 010-62136230　编辑部电话 010-62137026

前　　言

1949 年以来，我国发生的两次大地震，深刻影响着地震工程的发展：1976年唐山大地震后，我国开始全面实施建筑结构抗震设防；2008 年汶川大地震后，隔震及消能减震技术开始被广泛采用。一方面，消能减震技术可以用于改造加固既有建筑；另一方面，在新建建筑，特别是高层建筑中，消能减震技术突显出其优越性。可以预计，随着我国高层建筑建设进入平稳期，采用消能减震技术改造既有高层及超高层建筑将具有更广阔的应用前景。

从消能减震动力学基本原理出发，被动控制技术可以分为位移相关型、速度相关型、运动调谐型等；从消能减震装置外形出发，被动控制技术可以分为筒型、墙型、球型等。相对于其他形式的阻尼器，墙式阻尼器（阻尼墙）具有阻尼力高、性能稳定的特点。然而，阻尼墙在研发、试验、设计、施工等方面的难度和复杂度给结构工程师带来很大的挑战，在以往的工程实践中，选用阻尼墙消能减震的建筑主要集中在日本等发达国家。

本书作者及其团队历时多年研究与实践，针对目前阻尼墙在结构工程领域的诸多重点、难点问题，深入、细致、全面地研究了结构消能减震技术中的两类主要的阻尼墙——黏弹性阻尼墙和黏滞阻尼墙。对这两种阻尼墙的力学性能、力学模型、相似设计、减震结构动力性能、减震结构设计方法、减震结构工程实践等方面进行了系统总结。

本书的主要内容源自以下研究项目的部分成果：国家自然科学基金项目（项目编号：51678449、51878502）、"十三五"国家重点研发计划课题（项目编号：2016YFC701101）、中央高校基本科研业务费专项资金项目。本书所反映的主要成果是在同济大学土木工程防灾国家重点实验室中完成的，书中的阻尼墙及工程实例来源于国内外的大型设计研究院和企业，包括华东建筑设计研究总院、东南大学建筑设计研究院有限公司、同济大学建筑设计研究院（集团）有限公司、日本CONSTEC 株式会社、无锡圣丰建筑新材料有限公司等，在此作者对他们多年的支持表示衷心感谢。本书离不开李锐、张丹、龚顺明、陈鹏、葛平兰、Joaquim Minusse Tchamo、平添尧、黄智谦、赵雪莲等研究生的辛勤工作，在此表示衷心感谢。

由于作者水平所限，书中难免有不足之处，衷心希望读者不吝指正。

作　者
2018 年 6 月

目　　录

第一篇　黏弹性阻尼墙

第二篇　黏滞阻尼墙

第一篇

黏弹性阻尼墙

　　黏弹性阻尼墙是一种典型的被动减震装置，它在地震作用下产生剪切变形，可有效增加结构的总阻尼，使结构本身需消耗的能量大幅减少，这意味着结构的地震响应和破坏将减小，从而使结构的综合性能得到提高。本篇系统地总结了黏弹性阻尼墙力学性能（第1章）、力学模型（第2章）、相似设计（第3章）、减震结构动力性能（第4章）、减震结构设计方法（第5章）、减震结构工程实践与实例（第6章）等6个方面的内容。

第1章 黏弹性阻尼墙力学性能

1.1 黏弹性阻尼墙力学性能试验方法

黏弹性阻尼墙需要进行性能试验，以便综合评价其性能。目前，我国针对黏弹性阻尼墙的性能有相关规定的规范主要包括《建筑抗震设计规范》（GB 50011—2010）、《建筑消能阻尼器》（JG/T 209—2012）和《建筑消能减震技术规程》（JGJ 297—2013）。其中《建筑抗震设计规范》（GB 50011—2010）主要对黏弹性阻尼墙的设计要点及性能检测做了详细规定；《建筑消能阻尼器》（JG/T 209—2012）和《建筑消能减震技术规程》（JGJ 297—2013）主要对黏弹性阻尼墙的外观质量、材料性能、力学性能、疲劳性能及耐久性等方面做了详细规定。

《建筑消能阻尼器》（JG/T 209—2012）中针对黏弹性阻尼器在标准环境温度（23℃±2℃）条件下，力学性能试验应按照表 1.1.1 的规定进行。

表 1.1.1 黏弹性阻尼器力学性能试验方法

项目	试验方法
最大阻尼力	1）控制位移 $u=u_0 \times \sin(\omega t)$；工作频率取 f_1。在同一加载条件下，作 5 次具有稳定滞回曲线的循环，每次均绘制阻尼力-位移滞回曲线。 2）取第 3 次循环时滞回曲线的最大阻尼力值作为最大阻尼力的实测值
表观剪切模量	取第 3 次循环时滞回曲线长轴的斜率作为表观剪切模量值的实测值
损耗因子	取第 3 次循环时滞回曲线的最大位移对应的恢复力与零位移对应的恢复力的比值，作为损耗因子的实测值
表观剪应变极限值	1）工作频率取 f_1；控制位移 $u=u_1 \times \sin(\omega t)$。 2）$u_1$ 依次按 $1.1u_0$、$1.2u_0$、$1.3u_0$、$1.4u_0$、$1.5u_0$。 做试验的前提条件是黏弹性材料与约束钢板或约束钢管间不出现剥离现象，如有剥离现象，则认为阻尼器已破坏，试验停止，并取这时的 u_1 值作为确定表观剪应变极限值的依据

注：$\omega = 2\pi f_1$，ω 为圆频率；f_1 为结构基频；u_0 为阻尼器设计位移。

《建筑消能减震技术规程》（JGJ 297—2013）中针对在同种测量频率和温度下黏弹性消能器力学性能要求，应符合表 1.1.2 的规定。

表 1.1.2　黏弹性消能器力学性能要求

项目	性能要求
极限应变	每个产品极限位移实测值不应小于极限位移设计值
最大阻尼力	每个产品最大阻尼力的实测值偏差应为设计值的±15%；实测值偏差的平均值应为设计值的±10%
表观剪切模量	每个产品表观剪切模量的实测值偏差应为设计值的±15%；实测值偏差的平均值应为设计值的±10%
损耗因子	每个产品损耗因子的实测值偏差应为设计值的±15%；实测值偏差平均值应为设计值的±10%
滞回曲线面积	任一循环中滞回曲线包络面积实测值偏差应为设计值的±15%；实测值偏差的平均值应为设计值的±10%

1.2　黏弹性阻尼墙力学性能试验

黏弹性材料同时具有黏性液体及弹性体的力学特性，具有储存能量和耗散能量的特点。在交变应力作用下，黏弹性材料产生变形时，除一部分是弹性变形能以外，有一部分能量像位能一样被储存起来，还有一部分则被耗散转化成热能。黏弹性阻尼墙的力学性能通常用 G'、G'' 及 η 来确定[①]。

1）参数 G' 为黏弹性材料的表观剪切模量，定义如下：

$$G' = \frac{\tau}{\gamma} = \frac{\dfrac{F_{\max} + F_{\min}}{D_{\max} + D_{\min}}}{\dfrac{A}{h}} = \frac{K_{\mathrm{d}}}{\dfrac{A}{h}} \qquad (1.2.1)$$

式中，K_{d} 为等效刚度，$K_{\mathrm{d}} = \dfrac{F_{\max} + F_{\min}}{D_{\max} + D_{\min}}$；$\tau$ 为剪应力，$\tau = \dfrac{F_{\max} + F_{\min}}{2A}$；$\gamma$ 为剪应变，$\gamma = \dfrac{D_{\max} + D_{\min}}{2h}$；$D_{\max}$、$D_{\min}$ 分别为滞回曲线中最大位移、最小位移；$F_{\max}$、$F_{\min}$ 分别为滞回曲线中最大阻尼力、最小阻尼力；A 为黏弹性材料截面面积；h 为黏弹性层厚度。

2）参数 G'' 为黏弹性材料的剪切损失模量，它是黏弹性材料每个循环所消耗能量的度量，$G'' = G' \times \eta$。

3）参数 η 为黏弹性材料的损耗因子，是表征黏弹性材料耗能能力的重要指标，即 η 越大，则黏弹性材料的耗能能力越强。损耗因子 η 可以采用每一个滞回

---

① 本书中除特殊标注外，均采用 kN-mm 单位系统。

环上最大位移对应的恢复力与零位移对应的恢复力的比值来确定。

目前国内与黏弹性阻尼墙的设计及使用标准相关的规范及规程中规定，需对黏弹性阻尼墙进行如下内容，即外观质量、尺寸偏差、最大阻尼力、表观剪切模量、损耗因子、滞回曲线、表观剪应变极限值、频率相关性能、极限荷载下的性能和疲劳性能的检测。现行规范及规程对黏弹性阻尼墙的性能要求如表 1.2.1 所示。

表 1.2.1　现行规范及规程对黏弹性阻尼墙的性能要求

项目	性能要求
外观质量	黏弹性阻尼器钢板应平整、光滑、无锈蚀、无毛刺，黏弹性材料表面应密实、平整，黏弹性材料与薄钢板之间应密实、无裂缝
尺寸偏差	黏弹性消能器钢构件尺寸偏差不超过产品设计值的±2%，黏弹性层长宽尺寸偏差不超过产品设计值的±2%，黏弹性层厚度偏差不超过产品设计值的±3%，不同地方厚度偏差不超过±5%
最大阻尼力	每个实测值不小于产品设计值的 120%
表观剪切模量	每个实测值偏差应在产品设计值的±15%以内，实测值偏差的平均值应在产品设计值的±10%以内
损耗因子	每个实测值应不小于产品设计值的 85%，实测平均值不小于产品设计值的 90%
滞回曲线	实测滞回曲线应光滑，无异常
表观剪应变极限值	每个实测值不小于产品设计值的 120%
频率相关性能	测定在输入位移 $u=u_0 \times \sin(\omega t)$，频率 f 为 0.5Hz、1.0Hz、1.5Hz 时的最大轴向恢复力，并求得与 1.0Hz 下的相应值的比值
疲劳性能	在阻尼墙设计位移和设计速度幅值下，以结构基本频率往复循环 30 圈后，阻尼墙的主要设计指标误差和衰减量不应超过 15%

1.2.1　黏弹性阻尼墙力学性能试验一

本节介绍日本某公司生产的 5 个黏弹性阻尼墙试件的力学性能试验。

阻尼墙试件由 3 块钢板与 2 块黏弹性材料层叠加组成。试验采用足尺试件，每块黏弹性材料的尺寸为 400mm×400mm×15mm。黏弹性阻尼墙的尺寸及照片如图 1.2.1 所示。

试验通过对试件施加一系列以位移为控制指标的动力荷载来测量该型号阻尼墙的动力特性，位移由一台最大荷载为 1000kN 的作动器施加。试验加载装置如图 1.2.2 所示，作动器连接钢架和反力墙，以保证试件的轴心受力。

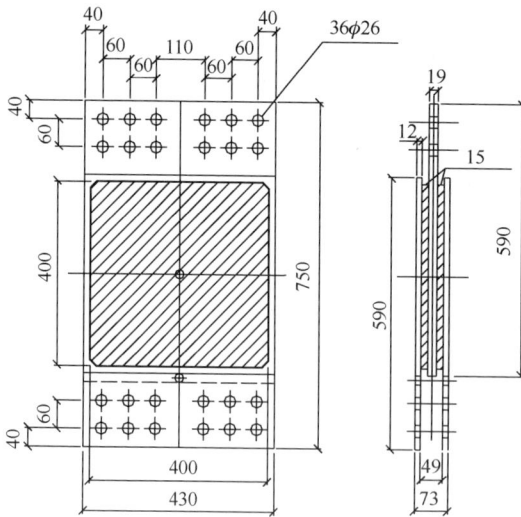

（a）阻尼墙试件尺寸示意图　　　　　　　　（b）阻尼墙试件照片

图 1.2.1　阻尼墙试件的尺寸示意图及照片

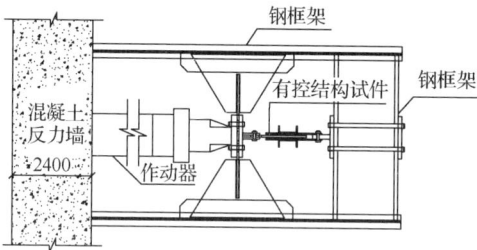

（a）试验装置的构造示意图　　　　　　　　（b）试验装置照片

图 1.2.2　试验装置的构造示意图及照片

试验工况由加载频率、位移幅值及加载周期数作为控制指标。试验过程中的环境温度保持在（20±3）℃。试验工况如表 1.2.2 所示。

表 1.2.2　试验工况

内容	试件编号	输入波	幅值/mm	应变/%	频率/Hz	圈数/圈
变形相关性能	1、2	正弦波	±（7.50～45.00）	50～300	0.1	5
频率相关性能	3	正弦波	±15.00	100	0.25～1.5	5
极限荷载性能	4	正弦波	±52.50	350	0.1	5
疲劳性能	5	正弦波	±15.00	100	0.1	30

1. 黏弹性阻尼墙应变幅值相关性

本节对 1 号及 2 号黏弹性阻尼墙试件进行应变幅值相关性试验，并对以下方面的性能，如外观质量、尺寸偏差、最大阻尼力、损耗因子、滞回曲线、表观剪切模量及表观剪应变进行了检测。根据测试结果，各工况中试件的外观质量及尺寸偏差均满足规范要求，因此外观及尺寸偏差情况在后面各工况中不再赘述。

为了研究该黏弹性阻尼墙的应变幅值相关性，在环境温度为（20±3）℃的条件下，对阻尼墙的加载频率为 0.1Hz，加载幅值从 7.5mm 逐渐增加至 45mm，其与黏弹性材料层厚度的比率关系依次为±50%、±100%、±110%、±120%、±130%、±140%、±150%、±180%、±200%、±250%、±300%，每次进行 5 圈的正弦加载，并取第 3 圈滞回曲线的数据用于确定阻尼墙的性能指标。试验中所获得的各工况的典型滞回曲线如图 1.2.3 所示。黏弹性阻尼墙的力学性能与剪切应变幅值的相关性如图 1.2.4 所示。

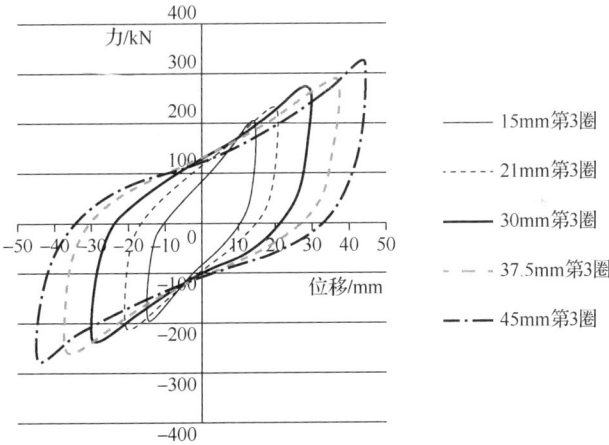

图 1.2.3　各工况的典型滞回曲线

从图 1.2.4 中可以看出，该黏弹性阻尼墙的损耗因子在应变幅值为 100%～200%时，可以维持在一个相对较小的变化范围之内，但当应变幅值超过 200%时，损耗因子将会明显下降。阻尼墙的表观剪切模量及剪切损失模量随着应变幅值的增长而逐渐下降。当应变幅值逐渐从 7.5mm 增长到 45mm 时，在黏弹性材料与钢板的界面处未发生连接破坏，因而根据试验结果测得表观剪应变极限值大于 300%的黏弹性材料层厚度。

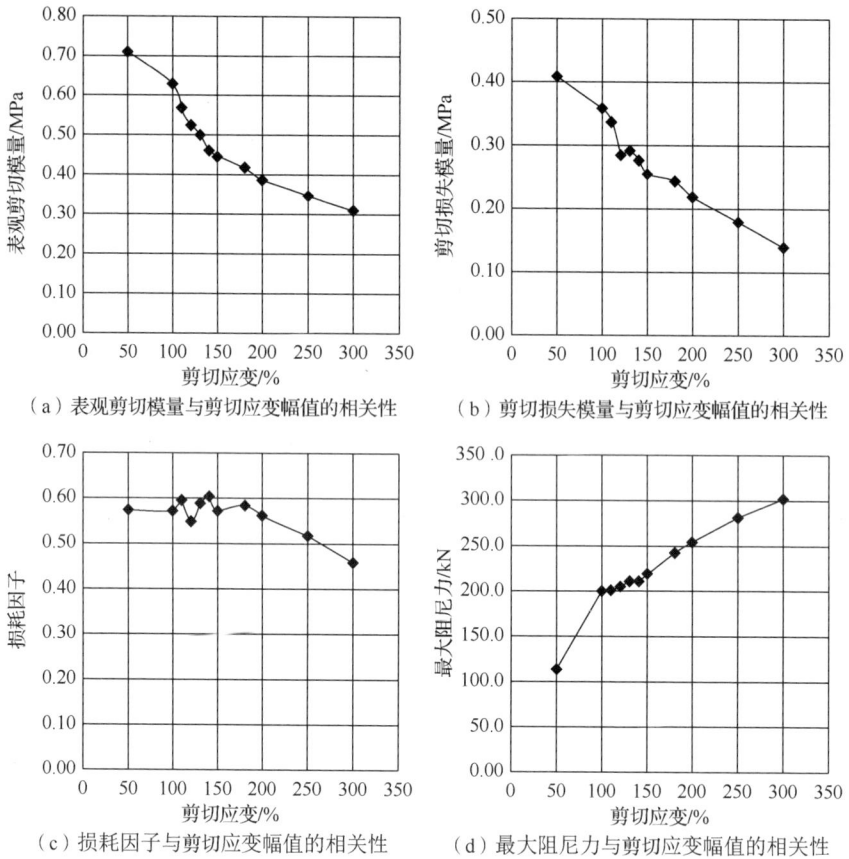

（a）表观剪切模量与剪切应变幅值的相关性　　（b）剪切损失模量与剪切应变幅值的相关性

（c）损耗因子与剪切应变幅值的相关性　　（d）最大阻尼力与剪切应变幅值的相关性

图 1.2.4　黏弹性阻尼墙力学性能与剪切应变幅值的相关性

2. 黏弹性阻尼墙加载频率相关性

为了考察该黏弹性阻尼墙在不同加载频率下的性能变化规律，在环境温度为（20±3）℃的条件下，以相当于100%黏弹性材料层厚度的15mm为加载幅值，对3号阻尼墙试件分别进行0.25Hz、0.5Hz、0.75Hz、0.8Hz、1.0Hz和1.5Hz不同频率的正弦加载，在每一个频率下进行5圈的正弦加载，并取第3圈滞回曲线的数据用于确定阻尼墙的性能指标。在加载工况下主要检测以下几方面，如外观质量、尺寸偏差、表观剪切模量、滞回曲线及损耗因子的性能。试验中所获得的典型的滞回曲线如图1.2.5所示。黏弹性阻尼墙的力学性能与加载频率的相关性如图1.2.6所示。

从图1.2.6中可以看出，表观剪切模量及剪切损失模量均随加载频率的提高而增长，而损耗因子可以在一个较宽的频率范围内维持在一个相对稳定的数值范围之中。另外，试验中不同频率下所获得的滞回曲线均较为光滑，并具有较好的外形，以加载频率为0.25Hz曲线为例，如图1.2.5所示。

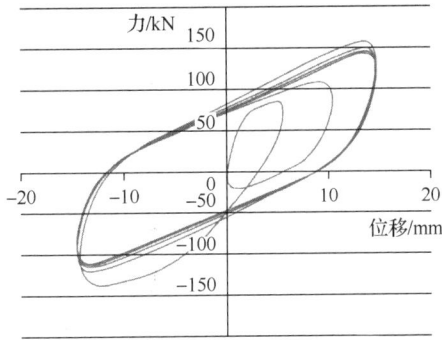

图 1.2.5　加载频率为 0.25Hz 时的滞回曲线

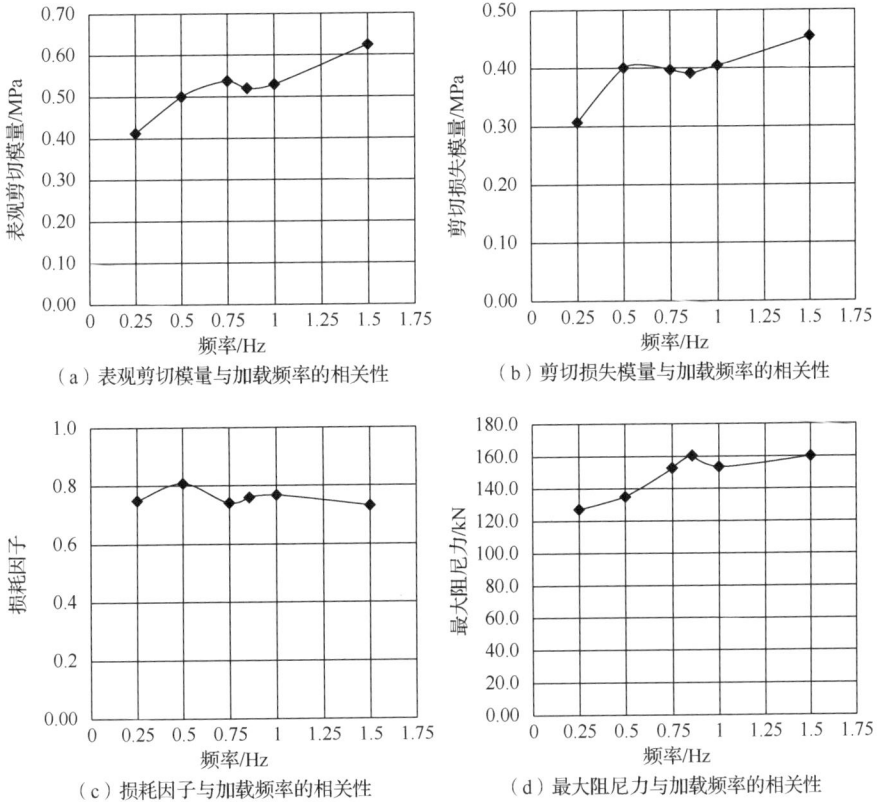

（a）表观剪切模量与加载频率的相关性

（b）剪切损失模量与加载频率的相关性

（c）损耗因子与加载频率的相关性

（d）最大阻尼力与加载频率的相关性

图 1.2.6　黏弹性阻尼墙力学性能与加载频率的相关性

3. 黏弹性阻尼墙极限荷载下的性能

为了考察该黏弹性阻尼墙在极限荷载下的性能，在环境温度为（20±3）℃的条件下，对 4 号试件进行加载频率为 0.1Hz、位移幅值为相当于 350%黏弹性材料层厚度的 52.5mm、加载圈数为 5 圈的正弦加载。经过试验发现，试件在经历了该工况的加载后，在钢板与黏弹性材料的连接界面处未发生破坏，破坏仅发生在黏弹性材料的外围材料上。极限荷载试验后的试件如图 1.2.7 所示，该工况下加载幅值为 52.5mm 时的滞回曲线如图 1.2.8 所示，阻尼墙能够满足相关规范对于极限荷载下性能的要求。

图 1.2.7　极限荷载试验后的试件

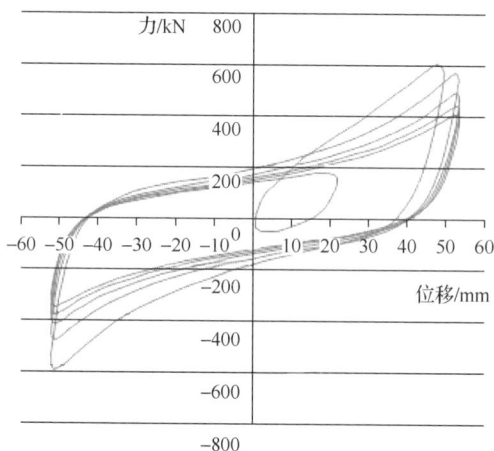

图 1.2.8　加载幅值为 52.5mm 时的滞回曲线

4. 黏弹性阻尼墙的抗震疲劳性能

为了考察该黏弹性阻尼墙的疲劳性能，根据规范对试件在疲劳性能工况下进行试验，在试验环境温度为（20±3）℃的条件下对 5 号试件进行加载频率为 0.1Hz、加载位移幅值为 15mm、加载圈数为 30 圈的正弦加载。根据第 3 圈、10 圈、15 圈、20 圈、30 圈滞回曲线的数据计算阻尼墙的各项指标，并考察阻尼墙的性能变化情况。试验中所获得的 30 圈滞回曲线如图 1.2.9（a）所示。黏弹性阻尼墙的力学性能与加载圈数的相关性如图 1.2.9（b）～（d）和表 1.2.3 所示。

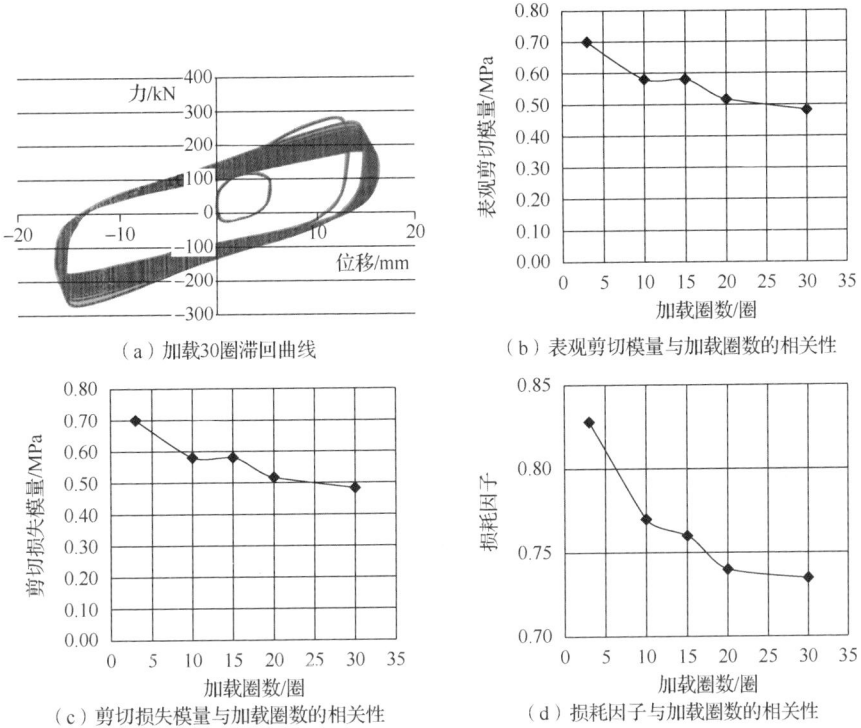

（a）加载30圈滞回曲线

（b）表观剪切模量与加载圈数的相关性

（c）剪切损失模量与加载圈数的相关性

（d）损耗因子与加载圈数的相关性

图 1.2.9　黏弹性阻尼墙的力学性能与加载圈数的相关性

表 1.2.3　黏弹性阻尼墙力学性能随加载圈数变化情况

力学参数	数值				
加载频率/Hz	0.1				
加载位移幅值/mm	±15				
应变/%	±100				
圈数/圈	3	10	15	20	30
表观剪切模量/MPa	0.70	0.58	0.57	0.52	0.48
表观剪切模量比率	1.00	0.82	0.81	0.74	0.69
剪切损失模量/MPa	0.58	0.45	0.43	0.35	0.35
剪切损失模量比率	1.00	0.78	0.74	0.60	0.60
损耗因子	0.83	0.77	0.75	0.74	0.73
损耗因子比率	1.00	0.92	0.90	0.89	0.88

注：比率表示第 n 圈数值除以第 3 圈数值，其中 n=3，10，15，20，30。

　　从表 1.2.3 中可以看出，在反复荷载作用下滞回曲线第 3 圈与第 30 圈相比得知，该黏弹性阻尼墙的表观剪切模量下降了 31%，剪切损失模量下降了 40%，损耗因子则下降了 12%，黏弹性阻尼墙的性能发生了较大的变化，但是滞回曲线的形状基本保持不变，黏弹性阻尼墙尚能较为有效地耗能。这种在反复荷载作用下，黏弹性阻尼墙力学性能大幅降低的情况时有发生，具体内容将在本书第 2 章和第 4 章中进行详细的介绍分析。

1.2.2　黏弹性阻尼墙力学性能试验二

本节介绍 VE100×100×5 与 VE60×60×10 黏弹性阻尼墙试件的力学性能试验。

1）VE100×100×5　性能试验使用的黏弹性阻尼墙试件剪切面积为 100mm×100mm，厚度为 5mm，其尺寸示意图及照片如图 1.2.10 所示。试验加载装置采用 INSTRON 拉压试验机（图 1.2.11），其主要参数如表 1.2.4 所示。用位移控制方式加载，输入正弦波形，加载内容如表 1.2.5 所示，试验时记录下实验室的室温。

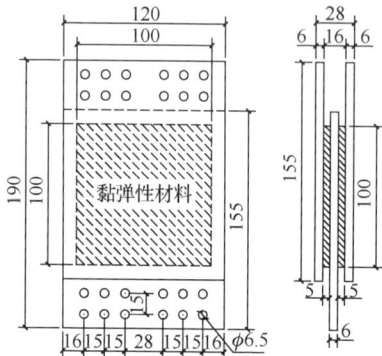

（a）VE100×100×5黏弹性阻尼墙示意图

（b）VE100×100×5黏弹性阻尼墙照片

图 1.2.10　VE100×100×5 黏弹性阻尼墙构造示意图及照片

（a）试验机

（b）试件

图 1.2.11　VE100×100×5 黏弹性阻尼墙试验加载装置

表 1.2.4　INSTRON 拉压试验机主要参数

性能	指标
最大出力/kN	250
最大位移/mm	162.6

表 1.2.5　VE100×100×5 黏弹性阻尼墙加载内容

内容	频率/Hz	应变/%	圈数/圈
不同幅值下	0.1	50、100、110、120、130、140、150、180、200、250、300	每次 5
不同频率下	0.25、0.50、0.75、0.85、1.00、1.50、2.00、2.50、3.00、3.50、4.00、4.50、5.00、6.00	100	每次 5
极限荷载下	0.1	350	5
反复荷载下（抗震疲劳性能）	0.1	100	30

2）VE60×60×10　性能试验使用的黏弹性阻尼墙试件剪切面积为 60mm×60mm，厚度为 10mm，其尺寸示意图及照片如图 1.2.12 所示，试验加载装置与 VE100×100×5 黏弹性阻尼墙使用的装置相同。用位移控制方式加载，输入正弦波形，加载内容如表 1.2.6 所示，试验时记录下实验室的室温。

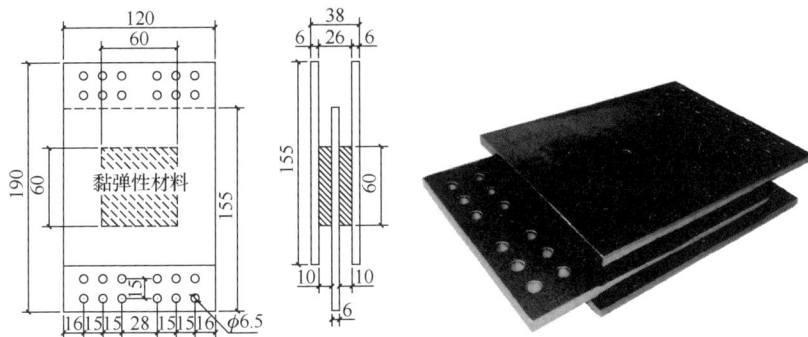

图 1.2.12　VE60×60×10 黏弹性阻尼墙尺寸及照片

表 1.2.6　VE60×60×10 黏弹性阻尼墙加载内容

内容	频率/Hz	应变/%	圈数/圈
不同幅值下	0.1	50、100、110、120、130、140、150、180、200	每次 5
不同频率下	0.25、0.50、0.75、0.85、1.00、1.50、2.00、2.50	100	每次 5

内容	频率/Hz	应变/%	圈数/圈
反复荷载下 （抗震疲劳性能）	0.1	100	30
抗风疲劳性能	0.4	10	10000

根据对上述两种黏弹性阻尼墙性能试验数据的分析，从最大阻尼力、表观剪切模量、损耗因子、表观剪应变极限值、滞回曲线、频率相关性、极限荷载下性能、抗震疲劳性能和抗风疲劳性能等方面对它们进行性能评价。

1. 最大阻尼力

根据《建筑消能阻尼器》（JG/T 209—2012）中第 7.1.3.1 规定：控制位移 $u = u_0 \sin(\omega t)$；工作频率取 f_1，在同一加载条件下，作 5 次具有稳定滞回曲线的循环，每次均绘制阻尼力-位移滞回曲线。取第 3 次循环时滞回曲线的最大阻尼力值作为最大阻尼力的实测值。两种尺寸的阻尼墙在频率为 0.1Hz 和最大变形为 $1.0u_0$ 时的滞回曲线如图 1.2.13 所示。VE100×100×5 和 VE60×60×10 阻尼墙最大阻尼力分别为 17.38kN 和 5.42kN。

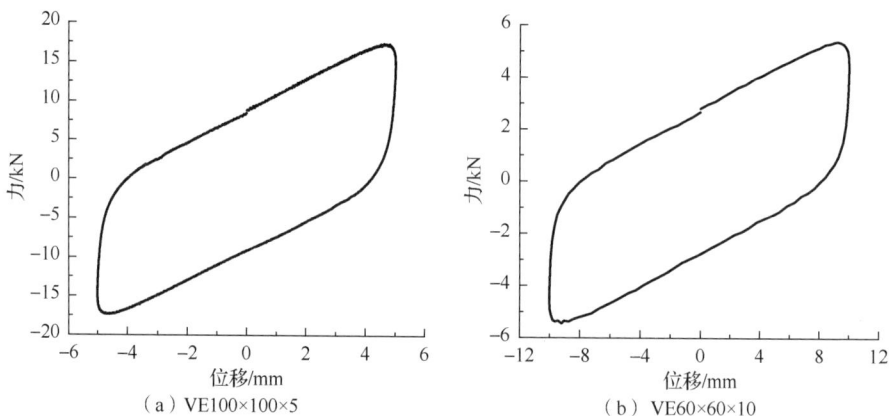

（a）VE100×100×5　　　　　　　　（b）VE60×60×10

图 1.2.13　两种黏弹性阻尼墙频率为 0.1Hz 和最大变形为 u_0 时的滞回曲线

2. 表观剪切模量

根据《建筑消能阻尼器》（JG/T 209—2012）中第 7.1.3.1 条规定：控制位移 $u = u_0 \sin(\omega t)$；工作频率取 f_1，在同一加载条件下，作 5 次具有稳定滞回曲线的循环，每次均绘制阻尼力-位移滞回曲线。取第 3 次循环时滞回曲线长轴的斜率作为表观剪切模量值的实测值。表观剪切模量计算公式同式（1.2.1）。经计算，VE100×100×5 和 VE60×60×10 黏弹性阻尼墙的表观剪切模量分别为 0.87MPa 和 0.75MPa，其表观剪切模量不同的原因是它们的试验温度不同，如 VE100×100×5

和 VE60×60×10 黏弹性阻尼墙的试验温度分别是 14℃和 22℃。后续章节建立黏弹性阻尼墙相似理论时，会引入温度对表观剪切模量的影响。

3. 损耗因子

根据《建筑消能阻尼器》（JG/T 209—2012）中第 7.1.3.1 条规定：控制位移 $u = u_0 \sin(\omega t)$；工作频率取 f_1，在同一加载条件下，作 5 次具有稳定滞回曲线的循环，每次均绘制阻尼力-位移滞回曲线。取第 3 次循环时滞回曲线的最大位移对应的恢复力与零位移对应的恢复力的比值，作为损耗因子的实测值。经计算，VE100×100×5 和 VE60×60×10 黏弹性阻尼墙的损耗因子均为 0.61。

4. 表观剪应变极限值

根据《建筑消能阻尼器》（JG/T 209—2012）中第 7.1.3.1 条规定：工作频率取 f_1，控制位移 $u = u_1 \sin(\omega t)$，u_1 依次按 $1.1 u_0$、$1.2 u_0$、$1.3 u_0$、$1.4 u_0$、$1.5 u_0$。做试验的前题条件是黏弹性材料与约束钢板或约束钢管间不出现剥离现象，如有剥离现象，则认为阻尼器已破坏，试验停止，并取这时的 u_1 值作为确定表观剪应变极限值的依据。其值为黏弹性材料切向位移与黏弹性材料厚度之比的最大值，表观剪切应变极限用百分率表示。VE100×100×5 和 VE60×60×10 黏弹性阻尼墙在 $1.5 u_0$ 下完全没有发生肉眼可见的破损且性能稳定，继续增加加载幅值，VE100×100×5 黏弹性阻尼墙在 300%应变下没有发生剥离现象，因此可以认为它的表观剪应变极限值为 300%。

5. 滞回曲线

根据《建筑消能减震技术规程》（JGJ 297—2013）中第 5.1.4 条规定：消能器在要求的性能检测试验工况下，试验滞回曲线应平滑、无异常。VE100×100×5 和 VE60×60×10 黏弹性阻尼墙在不同工况下的滞回曲线如图 1.2.14 和图 1.2.15 所示，由此可知试验滞回曲线光滑，无异常。

同时，通过图 1.2.14（a）和图 1.2.15（a）可知，VE100×100×5 和 VE60×60×10 黏弹性阻尼墙具有较大的初始刚度。

6. 频率相关性

根据《建筑消能阻尼器》（JG/T 209—2012）中第 7.1.3.3 条规定：测定产品在输入位移 $u = u_0 \sin(\omega t)$，频率 f 为 0.5Hz、1.0Hz、1.5Hz、2.0Hz 时（且在极限速度内）的最大阻尼力，并计算与 1.0Hz 下的相应值的比值。VE100×100×5 黏弹性阻尼墙频率相关性曲线如图 1.2.16 所示，由图可知，当频率小于 1.0Hz 时，最大阻尼力随着频率的增加而减小；当频率大于 1.0Hz 时，黏弹性材料的频率相关性不明显。这也是近年生产的黏弹性材料区别于早年频率相关性材料的重要特点。

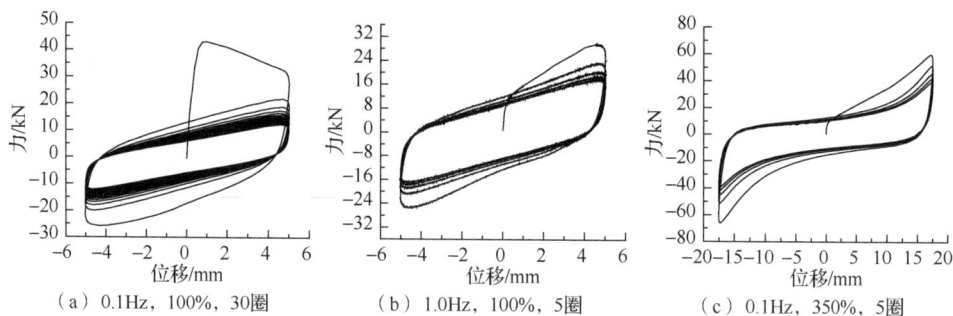

（a）0.1Hz，100%，30圈　　　（b）1.0Hz，100%，5圈　　　（c）0.1Hz，350%，5圈

图 1.2.14　VE100×100×5 黏弹性阻尼墙不同工况下的滞回曲线

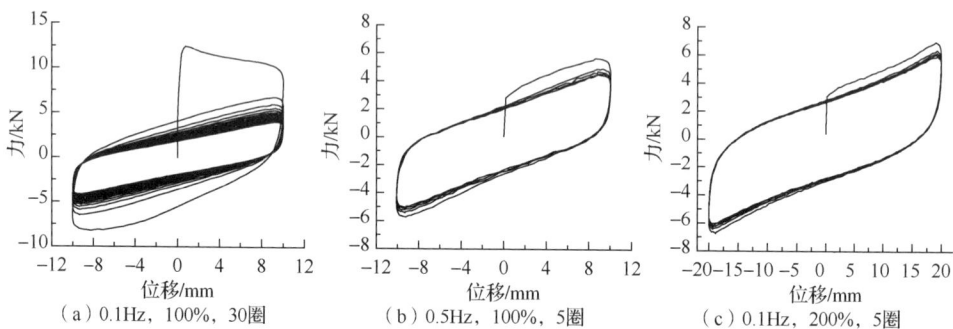

（a）0.1Hz，100%，30圈　　　（b）0.5Hz，100%，5圈　　　（c）0.1Hz，200%，5圈

图 1.2.15　VE60×60×10 黏弹性阻尼墙不同工况下的滞回曲线

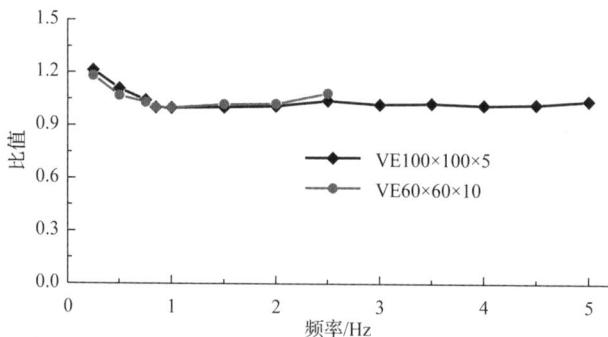

图 1.2.16　两种黏弹性阻尼墙频率相关性曲线

7. 极限荷载下的性能

第 5.3.8 条规定：每个产品极限位移实测值不应小于极限位移设计值。VE100×100×5 黏弹性阻尼墙的力学性能试验结果满足此要求。

8. 抗震疲劳性能

根据《建筑消能阻尼器》(JG/T 209—2012) 中第 6.1.3.2 条规定：对黏弹性阻尼器疲劳性能的要求，最大阻尼力、表观剪切模量、损耗因子变化率不应大于 ±15%。

VE100×100×5 和 VE60×60×10 黏弹性阻尼墙在 30 圈应变为 100%、频率为 0.1Hz 的反复荷载下的滞回曲线分别如图 1.2.14（a）和图 1.2.15（a）所示，性能变化率如表 1.2.7 所示。

表 1.2.7 VE100×100×5 和 VE60×60×10 阻尼墙抗震疲劳性能

阻尼墙	圈数/圈	最大阻尼力/kN	表观剪切模量/MPa	损耗因子
VE100×100×5	3	17.38（1.00）	0.87（1.00）	0.61
	30	11.30（0.65）	0.57（0.66）	0.50
	变化率	−35%	−34%	−18%
VE60×60×10	3	5.42（1.00）	0.27（1.00）	0.61
	30	3.52（0.65）	0.18（0.67）	0.51
	变化率	−35%	−33%	−16%

注：括号内数字为阻尼墙加载 30 圈后的力学性能相对于加载 3 圈后力学性能的比值。

由表 1.2.7 中数据可知，黏弹性阻尼墙的最大阻尼力下降 35%，表观剪切模量下降 33%～34%，损耗因子下降 16%～18%，黏弹性材料抗震疲劳性能未能满足表 1.1.2 中的要求。然而黏弹性阻尼墙所用的是一种优良的材料，将其试件放置一段时间后，其性能又有所恢复。故 1.5 节中将讨论对其试验方法及评定的改进研究。

1.3 黏弹性阻尼墙抗风疲劳试验

在同济大学力学实验中心，对 1 组剪切面积为 60mm×60mm 的黏弹性阻尼墙进行抗风疲劳性能试验，阻尼墙尺寸示意图及照片如图 1.3.1 所示。

根据《建筑消能阻尼器》(JG/T 209—2012) 中第 7.1.3.2 条的试验方法：采用正弦激励法，对阻尼器施加频率为 f_1 的正弦力，当主要用于风振时，输入位移 $u = 0.1u_0 \sin(\omega t)$，每次连续加载不应少于 2000 次，累计加载 10000 个循环。试验工况如表 1.3.1 所示。

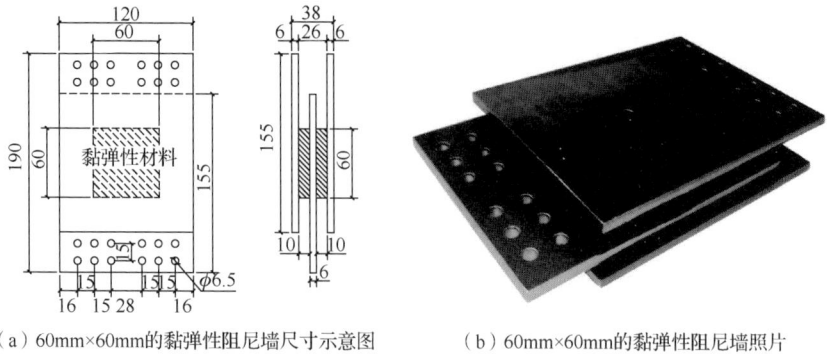

（a）60mm×60mm的黏弹性阻尼墙尺寸示意图　　　（b）60mm×60mm的黏弹性阻尼墙照片

图 1.3.1　60mm×60mm 黏弹性阻尼墙尺寸示意图及照片

表 1.3.1　试验工况

内容	幅值/mm	应变/%	频率 f_1/Hz	圈数/圈
抗风疲劳性能	±1.0	10	0.40	10000

试验采用同济大学力学实验中心 INSTRON 试验机进行试验，试验装置照片如图 1.3.2 所示。

图 1.3.2　试验装置照片

连续加载 10000 圈，每隔 10 圈记录一次数据，实验室温度为 24℃。《建筑消能阻尼器》(JG/T 209—2012)中第 6.1.3.2 条对黏弹性阻尼器疲劳性能的要求如表 1.3.2 所示。

表 1.3.2　黏弹性阻尼器疲劳性能要求

项目	性能指标
变形	变化率不应大于±15%
最大阻尼力、表观剪切模量、损耗因子	变化率不应大于±15%
外观	目测无变化

1. 变形

阻尼墙中黏弹性材料层的变形率如表 1.3.3 所示，平均变形率为 7%。因此，黏弹性阻尼墙试验后黏弹性材料层变形满足规程要求。

表 1.3.3　变形率

黏弹性材料层	变形/mm	变形率/%	平均变形变化率/%
上侧	0.06	6	7
下侧	0.08	8	

2. 外观

试验前后黏弹性阻尼墙照片如图 1.3.3 所示，外观目测无变化。因此，黏弹性阻尼墙试验后外观满足规程要求。

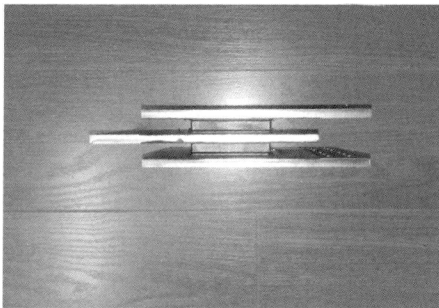 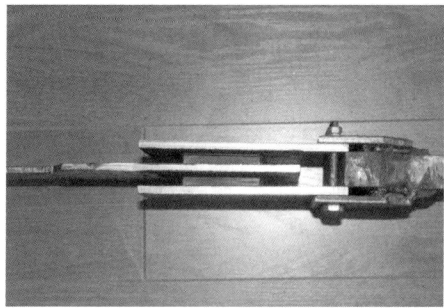

（a）试验前　　　　　　　　　　　　　　　（b）试验后

图 1.3.3　试验前后黏弹性阻尼墙照片

3. 力学性能

由于该黏弹性阻尼墙初始刚度的存在，第一圈滞回曲线的阻尼力存在很大的突起，因此以第 10 圈的数据作为计算阻尼墙力学性能变化率的起点。试验所得典型的滞回曲线如图 1.3.4 所示。

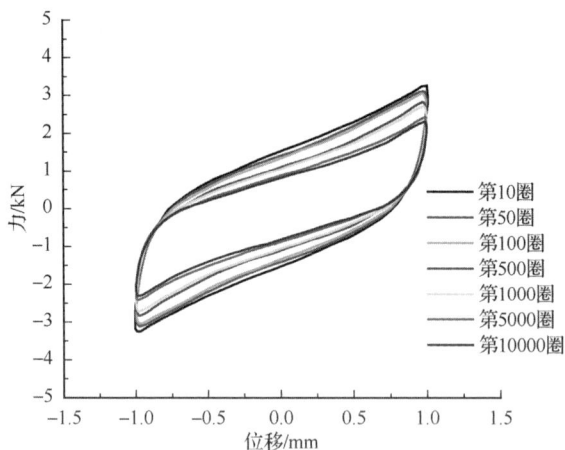

图 1.3.4　典型的滞回曲线

（1）最大阻尼力

黏弹性阻尼墙典型圈数的最大阻尼力如表 1.3.4 所示，变化趋势图如图 1.3.5 所示，可知阻尼墙的最大阻尼力变化率为-29%。

（2）表观剪切模量

黏弹性阻尼墙典型圈数的表观剪切模量如表 1.3.5 所示，变化趋势图如图 1.3.6 所示，可知阻尼墙的表观剪切模量变化率为-29%。

表 1.3.4　最大阻尼力

圈数/圈	最大阻尼力/kN	圈数/圈	最大阻尼力/kN
10	3.26	600	2.80
20	3.20	700	2.77
30	3.18	800	2.75
40	3.15	900	2.73
50	3.12	1000	2.72
60	3.10	2000	2.58
70	3.08	3000	2.51
80	3.07	4000	2.46
90	3.06	5000	2.42
100	3.05	6000	2.39
200	2.95	7000	2.36
300	2.90	8000	2.34
400	2.86	9000	2.32
500	2.84	10000	2.31

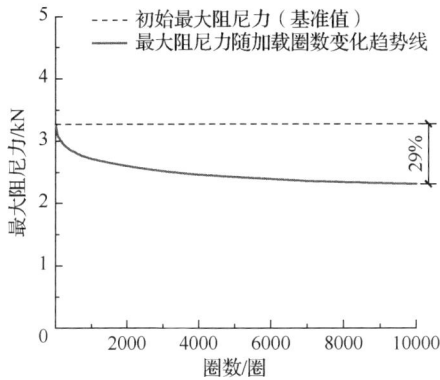

图 1.3.5　最大阻尼力变化趋势图

表 1.3.5　表观剪切模量

圈数/圈	表观剪切模量/MPa	圈数/圈	表观剪切模量/MPa
10	4.49	600	3.89
20	4.44	700	3.85
30	4.41	800	3.82
40	4.38	900	3.79
50	4.33	1000	3.77
60	4.30	2000	3.60
70	4.28	3000	3.48
80	4.26	4000	3.42
90	4.25	5000	3.36
100	4.25	6000	3.32
200	4.10	7000	3.28
300	4.04	8000	3.25
400	3.97	9000	3.23
500	3.95	10000	3.20

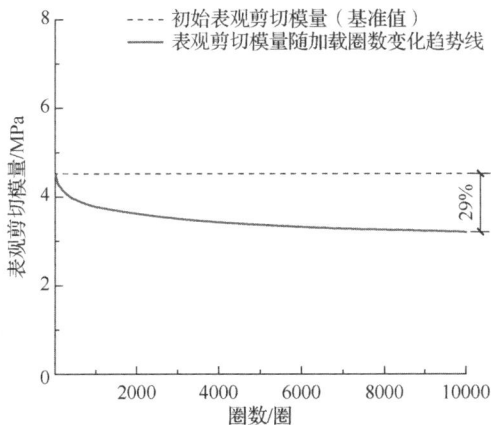

图 1.3.6　表观剪切模量变化趋势图

（3）损耗因子

取滞回曲线的最大位移对应的恢复力与零位移对应的恢复力的比值，作为损耗因子。黏弹性阻尼墙典型圈数的损耗因子如表 1.3.6 所示，变化趋势图如图 1.3.7 所示，可知阻尼墙的损耗因子变化率为-30%，不满足规程±15%的要求。

表 1.3.6　损耗因子

圈数/圈	损耗因子	圈数/圈	损耗因子
10	0.53	600	0.41
20	0.52	700	0.41
30	0.51	800	0.41
40	0.51	900	0.41
50	0.51	1000	0.41
60	0.50	2000	0.40
70	0.50	3000	0.40
80	0.50	4000	0.39
90	0.50	5000	0.39
100	0.49	6000	0.39
200	0.47	7000	0.38
300	0.45	8000	0.38
400	0.43	9000	0.38
500	0.42	10000	0.37

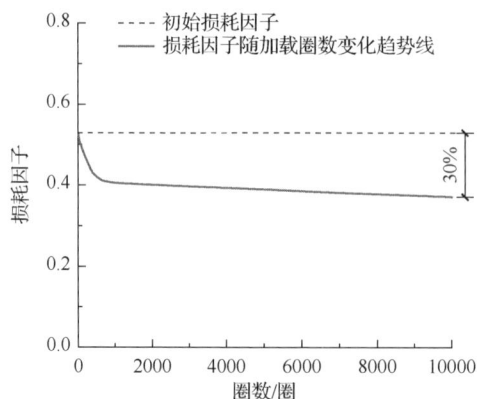

图 1.3.7　损耗因子变化趋势图

4. 试验结论

1）经过连续加载 10000 圈，黏弹性材料平均变形率为 7%。

2）经过连续加载 10000 圈，外观目测无变化。

3）经过连续加载 10000 圈，黏弹性阻尼墙的最大阻尼力从 3.26kN 降为 2.31kN，变化率为-29%。

4）经过连续加载 10000 圈，黏弹性阻尼墙的表观剪切模量从 4.49MPa 降为 3.20MPa，变化率为-29%。

5）经过连续加载 10000 圈，黏弹性阻尼墙的损耗因子从 0.53 降为 0.37，变化率为-30%。

1.4　黏弹性阻尼墙温度依存性试验

随着温度的增加，黏弹性材料内部会发生某些变化，即从玻璃态区经历转变区逐渐进入高弹区，导致材料性能的变化。本章根据温度对黏弹性材料的影响可以将黏弹性阻尼墙分为两类。

第一类黏弹性阻尼墙的损耗因子 η 在使用温度范围内随温度变化不明显，其他参数随着温度呈规律性变化：随着温度增加，储能剪切模量 G' 和耗能剪切模量 G'' 呈指数趋势降低。

第二类黏弹性阻尼墙的损耗因子 η 随着温度增加会出现先增加后减小的现象，存在一个温度 T_g，在该温度下损耗因子最大。随着温度增加，储能剪切模量 G' 和耗能剪切模量 G'' 降低。

不管是哪类黏弹性阻尼墙，当它们应用在建筑结构中，随着温度的增加，黏弹性阻尼墙的减震效果变差。

因为温度相关性能与试件的尺寸无关，属于材料的固有属性，所以采用了小尺寸试件 VE40×40×8 进行试验。在试验装置上同时使用 2 个试件进行单轴剪切试验，试件尺寸示意图及试验加载装置照片如图 1.4.1 所示。

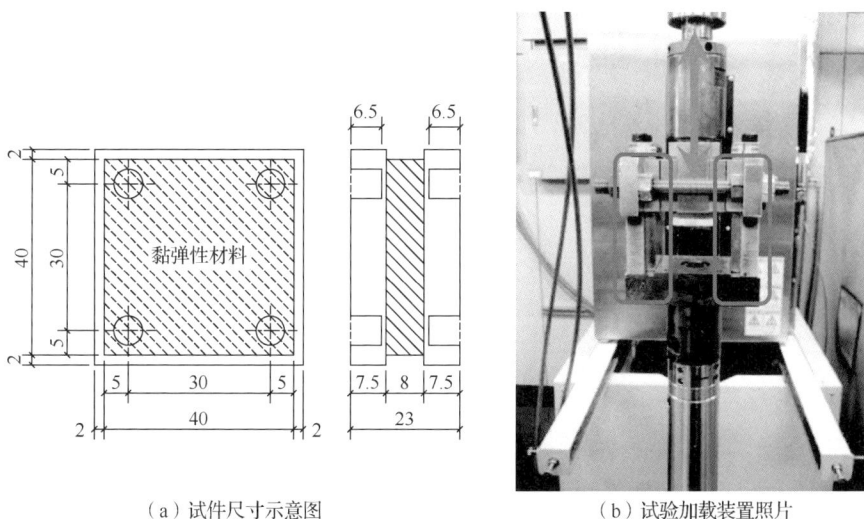

（a）试件尺寸示意图　　　　　　　　　（b）试验加载装置照片

图 1.4.1　试件尺寸示意图及试验加载装置照片

分别在-20℃、0℃、10℃、20℃、30℃、40℃和60℃的温度条件下对试件进行4个循环的反复加载试验,采用位移控制方式加载,输入正弦波形,频率为0.1Hz,阻尼墙的变形幅值为±8mm,最大应变为100%。试验中使用了2个试件,因此测得的水平力需除以2,得到的是单个试件的水平力,取第3圈时的滞回曲线作为基准,所得不同温度下第3圈单个试件的滞回曲线如图1.4.2所示。

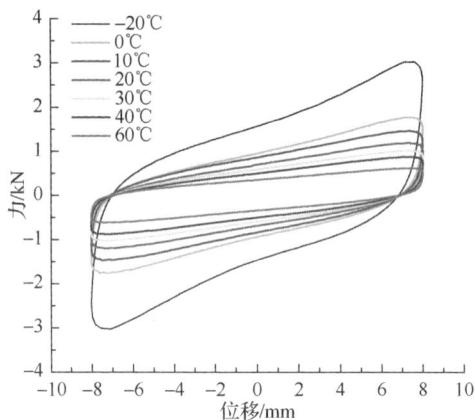

图1.4.2 试件在不同温度下的滞回曲线

试验得到了VE40×40×8在不同温度下的最大阻尼力$\overline{F_0}$(表1.4.1),使用曲线拟合方式得到最大阻尼力$\overline{F_0}$与温度T的相关性表达式为

$$\overline{F_0} = 0.4516 + 1.372\mathrm{e}^{(-T/31.9607)} \quad (1.4.1)$$

表1.4.1 试验测得不同温度下最大阻尼力与曲线拟合值对比

温度 T/℃	最大阻尼力/kN	曲线拟合值/kN	相对误差/%
-20	3.03	3.02	-0
0	1.77	1.82	3
10	1.47	1.45	-1
20	1.19	1.19	-1
30	1.02	0.99	-3
40	0.88	0.84	-4
60	0.62	0.66	7

曲线拟合结果如表1.4.1和图1.4.3所示,可以看出拟合效果良好,上述表达式可以作为该黏弹性阻尼墙的最大阻尼力的温度相关性表达式。

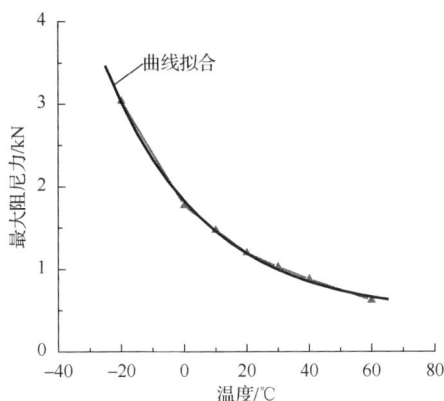

图 1.4.3　最大阻尼力的温度相关性曲线拟合

1.5　黏弹性阻尼墙疲劳性能试验加载制度改进研究

1.5.1　试验研究目的及数据来源

如 1.1 节介绍，现行规范及规程要求黏弹性阻尼墙主要力学性能参数的实测值偏差应为设计值的±15%，而黏弹性阻尼墙由于其材料特殊性，在规定的加载制度下难以满足现行规范及规程要求，但试件若不发生破坏，放置一段时间后黏弹性阻尼墙的力学性能会有明显恢复。因此，有必要研究黏弹性阻尼墙疲劳性能试验的加载制度，从而推动黏弹性阻尼墙的工程应用。

采用 VE60×60×10 黏弹性阻尼墙进行疲劳性能试验（加载频率为 0.1Hz，应变幅值为 100%，圈数为 30 圈），其滞回曲线如图 1.5.1 所示，随着加载圈数的改变，最大阻尼力的变化如表 1.5.1 所示。可知相对第 3 圈，第 30 圈的最大阻尼力下降 31.7%。表观剪切模量的下降率和最大阻尼力的下降率相等，因此表观剪切模量也下降 31.7%。

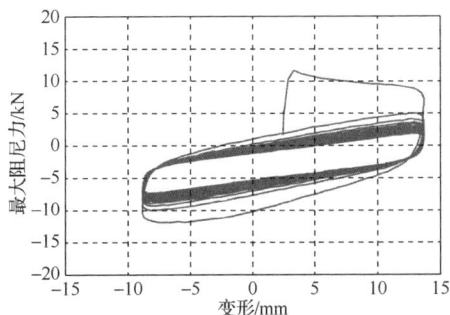

图 1.5.1　VE60×60×10 黏弹性阻尼墙疲劳性能试验的滞回曲线

表 1.5.1　最大阻尼力的下降率

圈数/圈	最大阻尼力/kN	下降率/%	圈数/圈	最大阻尼力/kN	下降率/%
3	5.971	0.00	17	4.332	27.45
4	5.540	7.22	18	4.296	28.06
5	5.277	11.63	19	4.287	28.20
6	5.109	14.44	20	4.251	28.81
7	4.965	16.85	21	4.211	29.48
8	4.880	18.27	22	4.202	29.64
9	4.760	20.29	23	4.184	29.92
10	4.675	21.71	24	4.148	30.53
11	4.596	23.03	25	4.142	30.63
12	4.561	23.62	26	4.119	31.02
13	4.505	24.55	27	4.097	31.38
14	4.451	25.45	28	4.093	31.46
15	4.405	26.23	29	4.076	31.74
16	4.367	26.86	30	4.080	31.68

1.5.2　改进的加载制度

1. 改进加载制度的提出

针对包含初始刚度的黏弹性阻尼墙，对其各项力学性能指标的评定，均宜在100%应变幅值下预先加载 5 圈，剔除初始刚度的影响，再进行相关加载试验。

针对疲劳性能试验，在进行预先加载 5 圈之后，再进行 30 圈加载，即 5 圈100%应变幅值加载→20 圈 50%应变幅值加载→5 圈 100%应变幅值加载（加载位移曲线如图 1.5.2 所示）。取第 30 圈与第 3 圈对比，要求黏弹性阻尼墙的各项力学性能指标下降率不超过 15%。

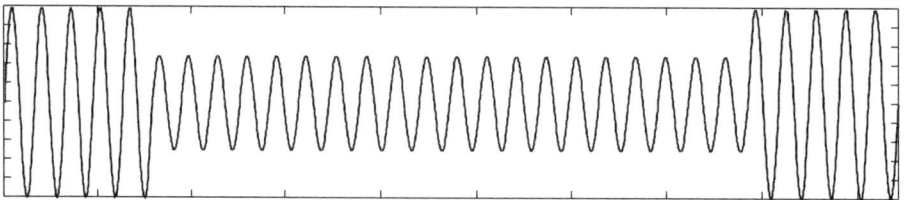

图 1.5.2　黏弹性阻尼墙疲劳性能试验改进的加载位移曲线

2. 采用改进加载制度重新评价黏弹性阻尼墙疲劳性能

按照上述加载制度，先按照估算，重新评价黏弹性阻尼墙的疲劳性能：黏弹性阻尼墙经历了 5 圈 100%加载之后，再加载 30 圈，该 30 圈中，第 3 圈的最大阻尼力为 4.880kN（如表 1.5.1 第 8 圈数据）。

此后加载的 30 圈，由于其中 20 圈为 50%（应变变为 100%时的 0.5 倍，应力约为 100%时的 0.7 倍），这 20 圈 50%加载近似相当于 7（=20×0.5×0.7）圈、应变为 100%时的加载效果。总共 30 圈的加载相当于 17 圈、应变为 100%时的加载，因此估算 30 圈中最后一圈的阻尼力为 4.202kN（如表 1.5.1 中第 22 圈数据）。此时，4.202kN 相比于上述的 4.880kN，下降率为 13.9%，小于 15%，满足要求。

1.5.3　改进加载制度的合理性论证

从地震能量的角度论证改进加载制度的合理性，证明该加载制度中加载位移形成的黏弹性阻尼墙滞回耗能大于绝大部分地震波位移形成的黏弹性阻尼墙滞回耗能，即在提出的改进加载制度下，阻尼墙需要消耗的能量及经历的疲劳性能下降比绝大部分地震波更大。

1. 工作流程

对于改进加载制度合理性的验证，工作流程如图 1.5.3 所示。

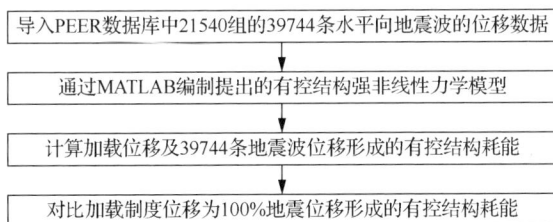

导入PEER数据库中21540组的39744条水平向地震波的位移数据

通过MATLAB编制提出的有控结构强非线性力学模型

计算加载位移及39744条地震波位移形成的有控结构耗能

对比加载制度位移为100%地震位移形成的有控结构耗能

图 1.5.3　加载制度的工作流程

2. 黏弹性阻尼墙强非线性力学模型

黏弹性阻尼墙强非线性力学模型相关表达式见本书 2.3 节的七参数力学模型，本节仅引用相关结果，不对力学模型内容做详细介绍。

3. 滞回耗能的计算

（1）加载制度位移形成的滞回耗能

通过计算，在如图 1.5.2 所示的加载制度位移（最大应变幅值为 100%）下，形成的总滞回耗能为 1936.4kN·mm。

（2）地震波位移形成的滞回耗能

利用 PEER 地震波数据库中 39744 条水平向地震波的位移数据作为对黏弹性阻尼墙的加载输入，阻尼墙最大应变幅值为 100%。经计算，滞回耗能大于

1936.4kN·mm 的地震波为 2723 条，仅占总数的 6.85%。也就是说，该加载制度位移形成的滞回耗能大于 93.15% 的地震波形成的滞回耗能。

上述结果表明，如果采用该加载制度进行疲劳性能测试，且满足性能下降限值要求的黏弹性阻尼墙，在绝大多数地震波下满足疲劳性能的要求。这从地震能量的角度论证了改进加载制度的合理性。

1.5.4 小结

1）现行规范对于黏弹性阻尼墙疲劳加载及要求过于苛刻，使许多性能优良的黏弹性阻尼墙不能满足规范的疲劳性能要求，因此本节改进了抗震疲劳加载制度，并从能量角度对其合理性进行了验证。

2）针对包含初始刚度的黏弹性阻尼墙，对其各项力学性能指标的评定，均宜在 100% 应变幅值下预先加载 5 圈，以剔除初始刚度的影响，再进行相关加载试验。

3）改进的黏弹性阻尼墙疲劳性能试验加载制度：在进行预先加载 5 圈的基础上，再进行 30 圈加载。取第 30 圈与第 3 圈对比，要求各项力学性能下降率不超过 15%。

4）比较地震波数据和加载制度位移形成的滞回耗能，该加载制度位移形成的滞回耗能大于 93.15% 的地震波，由此验证了该加载制度的合理性。

第 2 章　黏弹性阻尼墙力学模型

2.1　既有黏弹性阻尼墙力学模型

最初的对黏弹性阻尼墙的设计方法是纽约州立大学水牛分校提出的等效刚度和等效阻尼方法，其中等效阻尼是通过模态应变能方法求得的。严格来讲，这不能算作是一种力学模型，而是一种等效分析方法。Aiken 等（1993）使用等效阻尼和等效刚度模型进行了振动台试验的数值模拟。Aiken 等使用 SAP90 软件对模型结构进行线弹性分析，将附加阻尼比和有效刚度设置在程序中，能够一定程度上捕捉黏弹性阻尼墙的阻尼和刚度特性。针对等效刚度和等效阻尼模型，Chang 等（1992）指出虽然该模型可以取得不错的数值模拟效果，但是这种方法更适用于小震下的初步设计。许多学者很早就认识到黏弹性材料在大应变加载下具有非线性特征，因此在强震作用下采用什么样的黏弹性阻尼墙分析模型和参数还需要进一步研究。但是，Lai 等（1996，1999）通过研究表明，丙烯酸型黏弹性材料大部分的非线性是源于内部升温效应。因此，大应变下的材料特征可以使用小应变下的线性模量，同时以升温效应的修正来考虑，其中可以采用温频等效转换的方法来考虑升温效应。所以，丙烯酸型黏弹性材料在剔除升温效应影响的基础上，认为其是线性黏弹性材料。

除了等效刚度和等效阻尼方法，另一种简单的方法是频域中使用耗能模量和储能模量两参数的方法。由于黏弹性材料的特性受温度和频率影响，在特定温度下，可以相对容易地建立其频域下的耗能模量和储能模量的数学表达式并进行结构分析。但是这是一种频域方法，不能用于存在弹塑性变形的体系中，并且对于非线性黏弹性阻尼墙，耗能模量和储能模量也随着应变幅值的变化而变化，加上多频率分量的激励，使这种方法具有明显的局限性且不便于应用。

为了全面表征阻尼墙的动态力学特征，并考察结构的局部特性，有必要进行阻尼墙全过程滞回特征的模拟。一种方式是使用一系列的弹簧（弹性或超弹性）和黏壶（线性或非线性）组成的物理元件模型，其中比较初级的是麦克斯韦（Maxwell）和开尔文（Kelvin）模型，两者均可通过复刚度的形式表达。Maxwell 模型由一个线性弹簧和一个线性黏壶串联组成，而 Kelvin 模型则是由一个线性弹簧和一个线性黏壶并联组成。Maxwell 模型从滞回曲线形状上，不太适合黏弹性阻尼墙，因为其不能表现阻尼墙的刚度；Kelvin 模型可以模拟线性黏弹性阻尼墙的滞回曲线，但是不能反映黏弹性阻尼墙的各种因素的复杂相关性。

因此，学者提出了针对 Maxwell 模型和 Kelvin 模型的各种改进模型。Kirekawa 等（1992）提出了五单元退化 Maxwell 模型，该模型通过两个 Maxwell 模型和一个弹簧并联组成，可以考虑特定温度下的频率相关性。Asano 等（2000）同样利用五单元退化 Maxwell 模型模拟了日本产的丙烯酸型和二烯型黏弹性阻尼墙的滞回曲线，可以考虑其频率相关性。氨基钾酸酯-沥青型和橡胶-沥青型黏弹性阻尼墙使用的则是含双线性黏壶的四单元退化 Maxwell 模型，该模型可以看成是一个 Kelvin 模型和一个 Maxwell 模型并联组成，只是 Maxwell 模型中的线性黏壶被替换成双线性黏壶，可以考虑其加载圈数和应变幅值相关性。Hsu 和 Fatitis（1992）针对某种高弹性黏弹性材料提出了非线性开尔文-沃伊特（Kelvin-Voigt）模型，该模型由一个弹簧和一个黏壶并联组成，只是弹簧的刚度和黏壶的阻尼系数并非常数，而是一个高弹性材料硬度的三次方关系式，数值模拟结果和试验结果表明该模型可以取得足够的精度。Bratosin 和 Sireteanu（2002）针对非线性 Kelvin-Voigt 模型进行了参数分析。Soda 和 Takahashi（2000）还通过 3 个 Maxwell 模型并联组成的 M3 模型，分析温度和频率的相关性。Tezcan 和 Uluca（2003）使用一系列的线性和非线性黏壶与弹簧串联模拟黏弹性阻尼墙，并进行了 1 个 7 层钢结构、1 个 10 层钢筋混凝土结构和 1 个 20 层钢筋混凝土结构的减震分析。Chang 等（2009）提出 Kelvin 链模型和 Maxwell 梯模型用以模拟线性黏弹性阻尼墙。Kelvin 链模型使用一个弹簧和多个 Kelvin 模型串联组成，Maxwell 梯模型使用一个弹簧和多个 Maxwell 模型并联组成，结果表明这两种模型可以取得良好的模拟效果。

总之，为了考虑黏弹性阻尼墙的各种特征和相关性，学者对物理元件进行各种形式的改造和组合以期模拟其力学特征。这种物理元件模型的力学成分简单明确，便于使用。但是由于它们需要大量的弹簧和黏壶来覆盖工程上感兴趣的周期点，某些情况下精确度不高。

除了这种物理元件模型，还可以直接从数学角度出发提出合理的本构方程，其中比较典型的是 Tsai 分数导数模型和 Kasai 分数导数模型。Lee 和 Tsai（1992）提出了一种基于分数导数的黏弹性本构方程，该模型能够准确描述循环荷载下黏弹性阻尼墙的滞回特征，并且通过对全过程滞回特征的模拟，克服了等效阻尼比方法的局限性，能够考查结构的局部特性。该模型还有一个明显优势，其采用温频等效转换的方法考虑内部升温引起的材料软化现象，即能够考虑随着阻尼墙耗能的增加，其损耗模量和储能模量的衰减。Tsai 和 Lee（1993）又改进上述提出的分数导数模型，使其不仅可以考虑动力荷载和升温效应，还可以考虑环境温度。Lee（1994）将该模型用于近海结构的抗风和抗震分析当中。Kasai 等（1993）提出另一种考虑黏弹性阻尼墙滞回特性的分数导数模型，通过增加一个黎曼-刘维尔（Riemann-Liouville）积分项，使其更加精确和合理。通过使用热力学原理考虑耗能产生的材料升温效应，黏弹性阻尼墙模量的温度效应同样通过温频等效转换原则来模拟，最后通过不同循环加载试验验证了该模型。Gupta 和 Mutsuyoshi（1996）给出了 Kasai 分数导数模型在时域和频域下的力-位移关系求解的数值算法。Higgins（1996）对比了全局瑞利（Rayleigh）阻尼模型、局部 Rayleigh 阻尼模型和 Kasai 分数导数模型针对某振动台试验进行的数值模拟结果，结果表明 Kasai 的分数导数模型模拟效果最好。Munshi（1997）使用 Kasai 分数导数模型研究了黏弹性阻尼墙对于钢筋混凝土结构滞回曲线、延性和耗能的影响。

上述提及的等效刚度和等效阻尼模型、频域耗能模量和储能模量模型、不同构造形式的物理元件模型和分数导数模型是比较普遍的几类黏弹性阻尼墙力学模型，除此之外还有基于其他原理和方法提出的力学模型。Lewandowski 等（2011）提出了一种分数流变模型及其参数识别方法，该模型由弹簧与 Scott-Blair 单元串联或者并联，分别称为分数 Maxwell 模型和分数 Kelvin-Voigt 模型。Gandhi 等（1996）提出了一种非线性固体模型，由一个四次软化弹簧和一个线性 Kelvin 模型并联组成，可以表现高弹性材料的力学特征。Xu 等（2010）针对标准线性固体模型，通过引入温频等效原则考虑其升温效应。Shen 和 Soong（1995）认为通过分数导数模型得到的黏弹性阻尼墙滞回曲线仍然和试验滞回曲线有偏差，特别是在较宽的频率范围之内，因此，提出了一个基于玻尔兹曼（Boltzmann）叠加原理和约化变量方法的分析模型，用以预测黏弹性阻尼墙的滞回特征。Liu 和 Qi（2010）同样基于 Boltzmann 叠加原理提出一种标准固体模型。Inaudi 等（1996）针对分数导数模型的计算和参数识别的复杂性问题，提出了更加易于工程应用的 Maxwell 链模型，该模型同样能够考虑材料内部升温效应。Dall'asta 和 Ragni（2006）针对高阻尼橡胶材料黏弹性阻尼墙提出了其在工程应用中所关注的应变幅值和应变速率范围内的一种应力-应变关系模型，该模型将黏弹性阻尼墙的响应划分为瞬态响应和稳态响应。Sause 等（2007）同样针对高阻尼橡胶材料黏弹性阻尼墙提出了与应变速率相关和不相关的力学模型。速率不相关模型是通过不同的渐近线函数来模拟不同的滞回特征；速率相关模型是将速率不相关模型和一个黏壶并联组成，该模型可同时模拟应变幅值相关性和频率相关性。

有学者认为，最精准的力学模型不一定是最好的，在实际工程应用中采用合适的简化模型也能够取得足够的精度，并且可以极大降低力学模型的使用难度并提高计算效率。Lee 等（2005）提出了非线性黏弹性阻尼墙的等效线性化方法，将非线性黏弹性阻尼墙简化考虑为线性黏弹性阻尼墙，然后对其应用线性黏弹性阻尼墙的分析和设计方法。简化原则是，应力和应变最大值相等，滞回曲线包络面积相等。通过一个典型的非延性钢筋混凝土框架使用黏弹性阻尼墙进行加固的算例验证了此方法。

国内方面，徐赵东等（2001）介绍了上述黏弹性阻尼墙力学模型中的 Maxwell

模型、Kelvin 模型、标准线性固体模型、四参数模型及 Tsai 分数导数模型，并且提出了等效标准固体模型，该模型能够体现温度和频率的影响。韩建平等（2005）利用复刚度模型和分数导数模型进行了一座带黏弹性阻尼墙的 16 层钢筋混凝土结构在小震下动力时程分析。陈敏和唐小弟（2010）从随机响应的角度出发，推导出一个黏弹性阻尼墙附加等效阻尼比的计算公式。结果表明，黏弹性阻尼墙的消能减震特性可以仅用这个阻尼比来表征，从而简化了黏弹性阻尼墙减震结构的分析与设计，和常规方法相比具有足够的精度，设计结果是偏于安全的。周云等（2015）针对某种高阻尼黏弹性阻尼墙提出一种由 Kelvin 模型、Maxwell 模型和双线性-RO 模型并联组成的五单元模型，并在不同加载频率和应变幅值下分别进行了参数识别。

2.2   黏弹性阻尼墙非线性性能来源分析

黏弹性材料的软化和硬化特征（即其强非线性特征的主要方面）明显，并且受多种机理的混合控制。通过对阻尼墙滞回曲线的观察可知，存在初始刚度、软化特征、硬化特征及滞回曲线形状变化等，各种非线性来源复杂且受多种因素的影响。利用基于控制变量法的性能试验结果的分析，确定该种强非线性黏弹性材料主要的非线性来源包括相位差非线性引起滞回曲线形状的改变、初次加载大应变速率引起的初始刚度、升温效应和疲劳性能引起的软化、马林斯效应导致的大应变幅值下的软化、捏拢效应导致的大应变幅值下的硬化等几个方面，示意图如图 2.2.1 所示。

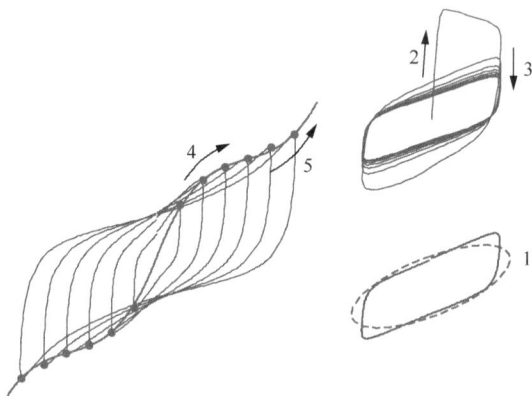

图 2.2.1   强非线性黏弹性材料非线性来源示意图

1—相位差；2—初始刚度；3—疲劳软化；4—大应变幅值下软化；5—大应变幅值下硬化

以下对新型黏弹性材料的 5 种非线性来源的规律进行研究，并对其软化和硬化特征进行多种机理的分离、识别和修正。

2.2.1　相位差

1. 应力-应变曲线

黏弹性阻尼墙的应力和应变之间存在相位差,才使应力-应变曲线形成滞回圈并包络一定面积,所包络面积表征其耗散的地震能量。VE60×60×10 在不同应变幅值下正弦激励的归一化应力和应变曲线如图 2.2.2 所示,从图中观察到应变明显滞后于应力。

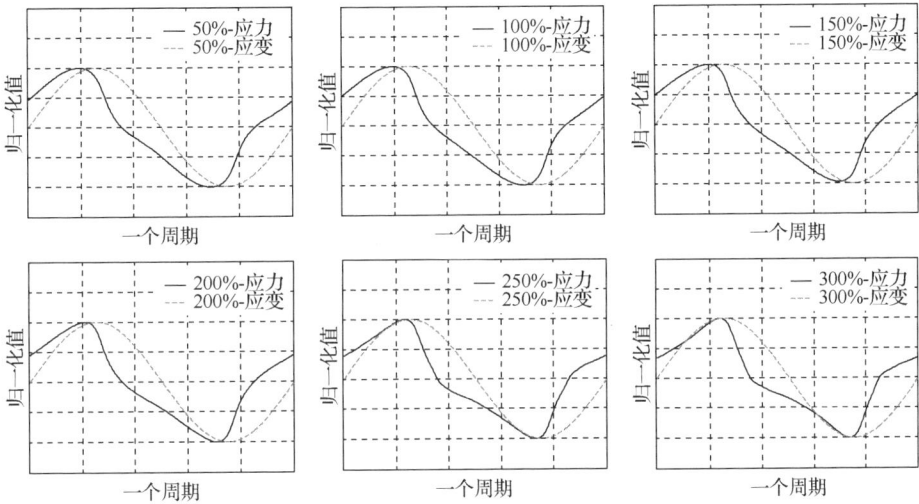

图 2.2.2　VE60×60×10 黏弹性阻尼墙不同应变幅值下的应力和应变曲线

2. 强非线性与线性黏弹性阻尼墙相位差对比

线性黏弹性阻尼墙在正弦加载时的力-位移关系满足椭圆方程关系,因此其滞回曲线是椭圆形。对于线性黏弹性阻尼墙,应力和应变之间的相位差 δ 为定值,应力 $\tau(t)$ 和应变 $\gamma(t)$ 的表达式为

$$\begin{cases} \gamma(t) = \gamma_0 \sin(\omega t) \\ \tau(t) = \tau_0 \sin(\omega t + \delta) \end{cases} \tag{2.2.1}$$

由式(2.2.1)可知,线性黏弹性阻尼墙的应变滞后于应力的相位为一定值,即应变与应力间的相位差为一常数;然而对于强非线性黏弹性阻尼墙,相位差却并非常数。线性黏弹性阻尼墙和强非线性黏弹性阻尼墙应力、应变曲线对比如图 2.2.3 所示。从图 2.2.3 中可知,强非线性黏弹性阻尼墙的相位差是一直变化的,导致其滞回曲线不再是椭圆形。在应力为最大时,强非线性黏弹性阻尼墙的相位差较小;而在应力为零时,强非线性黏弹性阻尼墙的相位差较大。

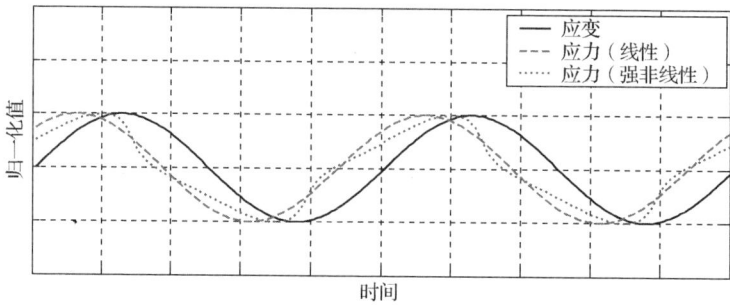

图 2.2.3　线性黏弹性阻尼墙和强非线性黏弹性阻尼墙应力、应变曲线

3. 强非线性黏弹性阻尼墙相位差非线性

VE60×60×10 黏弹性阻尼墙在不同应变幅值下的一个周期内的相位差曲线如图 2.2.4 所示。不同应变幅值下的最大和最小相位差如图 2.2.5 所示。

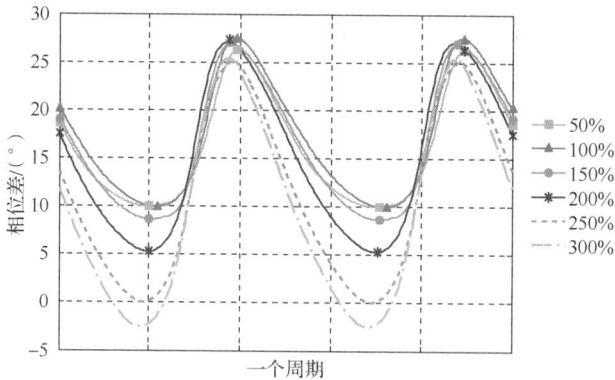

图 2.2.4　VE60×60×10 黏弹性阻尼墙不同应变幅值下的一个周期内的相位差曲线

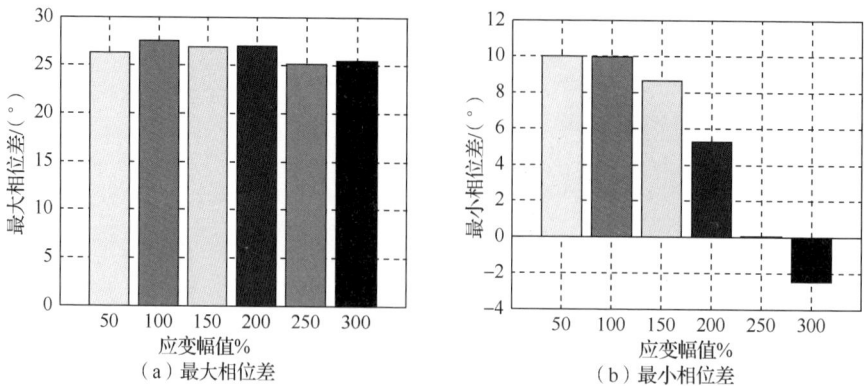

（a）最大相位差

（b）最小相位差

图 2.2.5　VE60×60×10 黏弹性阻尼墙不同应变幅值下的最大和最小相位差

由图 2.2.4 和图 2.2.5 可得如下结论：

1）强非线性黏弹性阻尼墙具有明显的相位差，应变基本上滞后于应力，由于存在较大的相位差，其滞回曲线包络面积较大，耗能能力较强。

2）阻尼墙的相位差不为定值，在一个加载周期范围内变化明显，相位差范围为-2.5°～27.0°。

3）最大相位差发生在应力为零时，不同应变下差别不大，为25.1°～27.0°；最小相位差发生在应力为最大时，不同应变幅值下差别较大，为-2.5°～10.0°，且随着应变的增加而减小，在300%应变幅值下甚至出现短暂的负相位差。

4）在应变幅值为 50%～150%时，不同应变幅值下相位差比较接近；当应变幅值达到200%及以上时，不同应变幅值下相位差发生较大的变化，主要原因是阻尼墙开始呈现硬化特征。

5）阻尼墙的软化特征基本上不影响一个周期内的相位差规律，但是硬化特征却明显造成一个周期内相位差规律的改变，主要表现为最大应力处相位差急剧减小。

4. 强非线性黏弹性阻尼墙应力梯度曲线

相位差的不同造成了应力梯度的不同。线性黏弹性阻尼墙和强非线性黏弹性阻尼墙应力梯度曲线如图 2.2.6 所示。从图 2.2.6 中可知，线性黏弹性阻尼墙的应力梯度曲线仍是简谐曲线，而强非线性黏弹性阻尼墙的应力梯度则并非简谐曲线，并且在应力最大时应力梯度更大。表现在滞回曲线上则是，当应力为最大时，强非线性黏弹性阻尼墙滞回曲线更尖，而线性黏弹性阻尼墙则更圆。

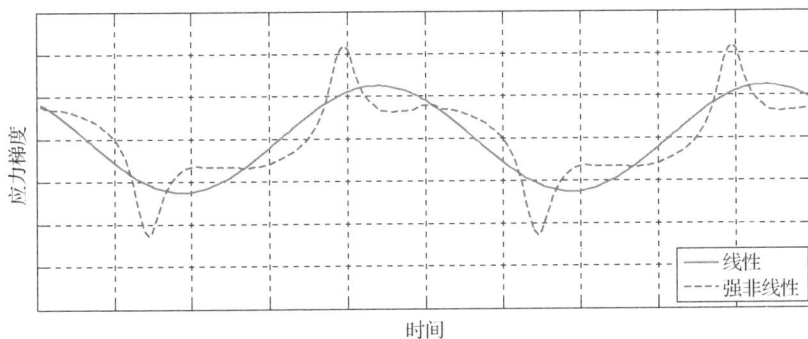

图 2.2.6 线性黏弹性阻尼墙和强非线性黏弹性阻尼墙应力梯度曲线

2.2.2 初始刚度

性能试验中的黏弹性阻尼墙经历初次加载时，应变在一瞬间突然增加，导致应力大幅增加，从而使其具有较大的初始刚度。如果减震设计不合理，该类黏弹性阻尼墙在结构中不能产生有效变形，则阻尼墙就以提供较大初始刚度为主，有可能造成局部楼层加速度控制效果不佳，或者与阻尼墙支撑相连接的节点发生破坏的不利影响。不过，通过试验数据可知，该初始刚度的不利影响可以在阻尼墙经历 2 圈加载后消除，因此只要通过合理设计，可以忽略初始刚度的影响。

2.2.3　升温−疲劳软化

1. 升温效应和疲劳性能所致软化现象

黏弹性阻尼墙不可避免受升温效应的影响，但是该种强非线性黏弹性阻尼墙还受自身疲劳性能的影响。线性黏弹性阻尼墙（剔除升温效应的影响）和强非线性黏弹性阻尼墙在往复加载下的应力曲线如图 2.2.7 所示。从图 2.2.7 中可知，强非线性黏弹性阻尼墙随着加载圈数的增加，出现软化现象。

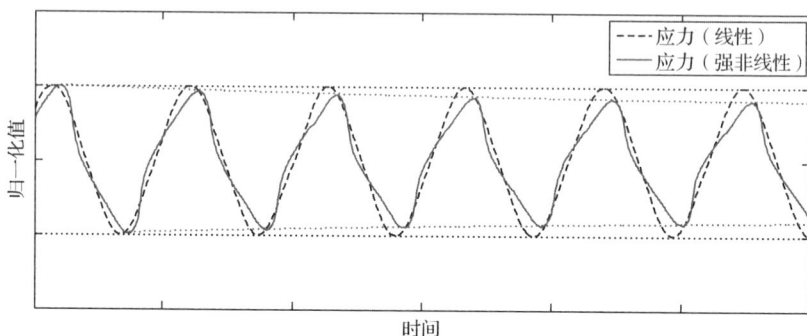

图 2.2.7　线性黏弹性阻尼墙和强非线性黏弹性阻尼墙往复加载下应力曲线

2. 升温效应和疲劳性能所致软化现象的机理

在黏弹性阻尼墙研究的早期阶段，现在认定的线性黏弹性材料也被普遍认为在反复加载或大应变加载下具有非线性特征，主要表现在随着循环圈数或应变幅值增加，其剪切模量和耗能模量下降，因此对于设计人员带来一个疑问：在设计和分析过程中究竟应该采用什么应变幅值下的阻尼墙参数？有学者研究指出，这类黏弹性阻尼墙的非线性主要来源于材料内部的升温效应，因此可以在较大应变范围内使用相同的力学参数对其进行设计和分析，并配以升温效应的修正即可。一般采用温度-频率等效原则，这是因为这一类阻尼墙升温效应与频率改变引起的阻尼墙性能改变趋势相似。也就是说，对内部升温所致软化现象进行修正后，这一类黏弹性阻尼墙呈现出线性特征。

黏弹性材料内部升温所致的软化现象是不可避免的，然而通过能量守恒方程得到的反复荷载作用下强非线性黏弹性材料温度将会升至不合理值。因而，除升温效应之外，材料本身的疲劳性能也会造成软化现象。因此，反复荷载作用下的软化现象是升温效应和疲劳性能共同造成的。

3．升温效应和疲劳性能所致软化现象的规律

VE60×60×10 黏弹性阻尼墙在抗震疲劳性能试验中，往复加载 30 圈，黏弹性阻尼墙的表观剪切模量、储能剪切模量、耗能剪切模量、损耗因子、耗能等效刚度和等效黏滞阻尼比变化曲线如图 2.2.8 所示。

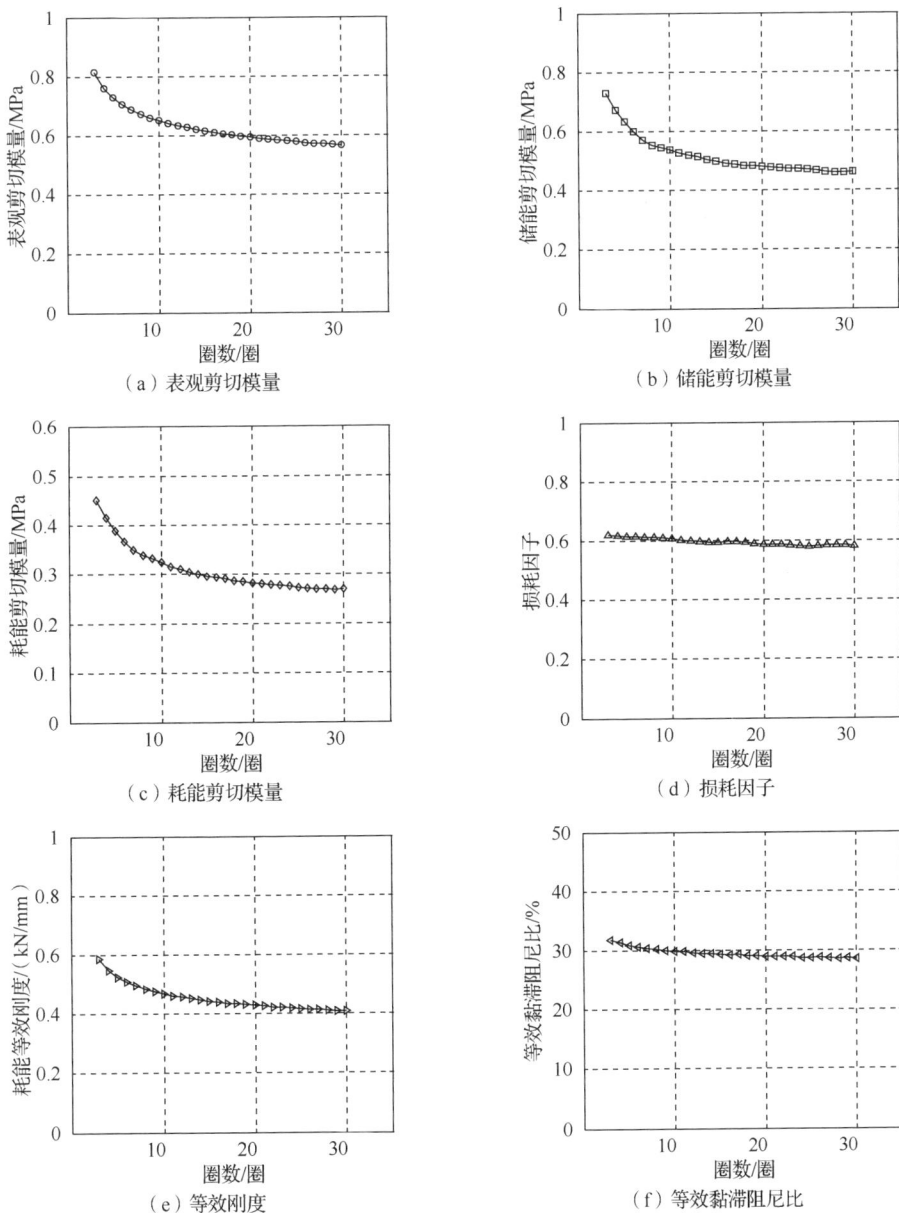

图 2.2.8　VE60×60×10 黏弹性阻尼墙往复加载 30 圈下力学性能参数变化曲线

由图 2.2.8 可得出如下结论：

1）随着加载圈数的增加，强非线性黏弹性阻尼墙呈现出软化特征，主要表现为表观剪切模量、储能剪切模量、耗能剪切模量和耗能等效刚度等力学性能参数随着加载圈数的增加而减小，均呈现先急后缓的下降趋势。

2）损耗因子和等效黏滞阻尼比随着加载圈数的增加变化不大，仅呈现轻微下降趋势。

3）整个往复加载过程中，等效黏滞阻尼比基本等于损耗因子的一半，这点和线性黏弹性阻尼墙一致。

2.2.4　升温-疲劳软化的修正

1. 疲劳-升温等效假定

对于强非线性黏弹性阻尼墙，需要消除升温效应和疲劳性能引起的软化现象，才能更准确地描述阻尼墙的其他力学性能。

首先，考虑升温效应，根据热力学原理，随着黏弹性材料的往复变形，黏弹性材料在 t 时刻的温度 $T(t)$ 为

$$T(t) = T_0 + \frac{1}{C_T}\int_0^t \tau \mathrm{d}\gamma \tag{2.2.2}$$

式中，T_0 为环境（初始）温度；C_T 为黏弹性材料的热惯性矩，为黏弹性材料的固有属性；τ 和 γ 分别为剪应力和剪应变。$\int_0^t \tau \mathrm{d}\gamma$ 为 t 时刻单位体积累积耗能。

其次，考虑材料本身的疲劳性能，认为材料随着耗能的增加，其内部高分子链和不同组分相互关系发生改变，造成软化效应。由于微观层面的疲劳机理复杂，通过观察发现疲劳性能与温度改变引起的阻尼墙性能改变趋势相似，可以采用疲劳-升温等效假定，将疲劳性能引起的软化现象等效为升温引起的软化现象，最后采用试验数据对这一等效假定进行验证。

因此，结合式（2.2.2）和温度相关性公式，假定材料性能指标 Ω 与单位体积累积耗能的关系为

$$\Omega = c_1 + c_2 e^{c_3 + c_4 \int_0^t \tau \mathrm{d}\gamma} \tag{2.2.3}$$

式中，c_1、c_2、c_3 和 c_4 为待定参数。

式（2.2.3）表达了综合考虑升温效应和疲劳性能引起的软化现象。

2. 软化现象的参数识别

由于强非线性黏弹性阻尼墙在反复荷载作用下损耗因子改变较小，其软化特征可以通过最大阻尼力来表征，也就是说各圈滞回曲线可以通过最大阻尼力的比例关系对阻尼力进行缩放而相互转换，因此选择最大阻尼力作为材料性能指标，

届时再根据获得的修正参数对滞回曲线阻尼力进行缩放调整以修正软化现象。下面以 VE60×60×10 黏弹性阻尼墙在 100%应变下的抗震疲劳性能曲线对式（2.2.3）进行参数识别。

1）VE60×60×10 黏弹性阻尼墙的抗震疲劳性能试验所得的应力-应变曲线如图 2.2.9 所示。

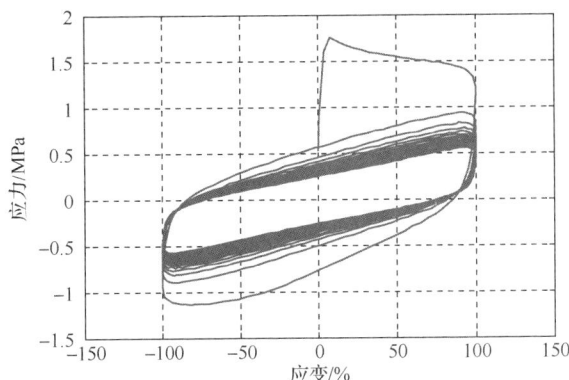

图 2.2.9　VE60×60×10 的抗震疲劳性能应力-应变曲线

2）为了消除滞回曲线中存在的初始刚度造成的影响，采用第 3～30 圈的数据进行参数识别。提取出第 n 圈的最大阻尼力 $F_{0,n}$，并求出对应时刻单位体积累积耗能 w_n，两者之间存在如下关系：

$$F_{0,n} = c_1 + c_2 \mathrm{e}^{c_3 + c_4 w_n} \tag{2.2.4}$$

3）根据试验数据，进行参数识别，求得 $c_1 = 4.044$、$c_2 = 4.190$、$c_3 = -0.222$、$c_4 = -0.109$，则有

$$F_{0,n} = 4.044 + 4.190 \mathrm{e}^{-0.222 - 0.109 w_n} \tag{2.2.5}$$

试验数据和参数识别结果对比如图 2.2.10 所示，从图中看出参数识别结果良好，并且验证了疲劳-升温等效假定。

3. 软化现象的修正

通过本节"2. 软化现象的参数识别"中的方法，得到升温效应和疲劳性能引起的软化现象关系式，即可对这类软化现象进行修正。采用如下方法：结合试验加载的实际情况，计算各工况之前黏弹性材料已有的单位体积累积耗能，根据软化现象关系式将其滞回曲线进行修正，进而得到第 3 圈的滞回曲线，将其作为阻尼墙在该应变下剔除升温软化和疲劳软化后的基准滞回曲线。

经过上述修正，得到 VE60×60×10 黏弹性阻尼墙在不同应变幅值（50%～300%）、频率为 0.1Hz 下的第 3 圈滞回曲线如图 2.2.11 所示。

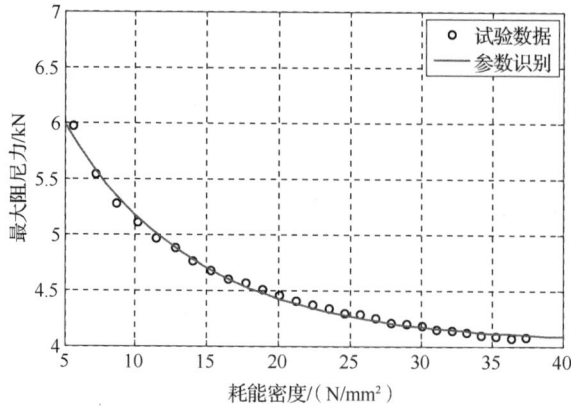

图 2.2.10　VE60×60×10 黏弹性阻尼墙软化现象的参数识别结果对比

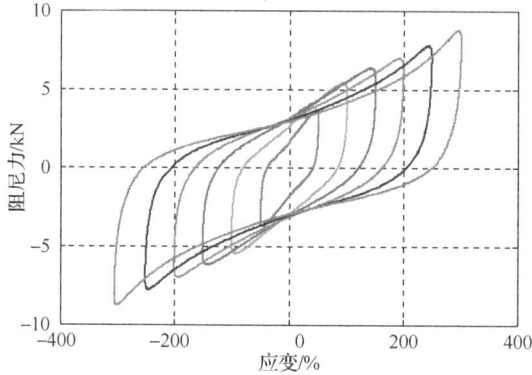

图 2.2.11　修正后的 VE60×60×10 黏弹性阻尼墙不同应变下的第 3 圈滞回曲线

2.2.5　大应变幅值下的软化和硬化

1. 软化和硬化特征

软化特征表现为阻尼墙的各项参数和力学性能随着应变幅值的增大而减小，造成该特征的主要原因是橡胶材料的马林斯效应；硬化特征表现为大应变下滞回曲线最大阻尼力处出现尖角，造成该特征的主要原因是黏弹性材料的捏拢效应。VE60×60×10 黏弹性阻尼墙在不同应变幅值下一个周期内应力曲线如图 2.2.12 所示，通过图 2.2.12 和图 2.2.11 可以直观观察到该种强非线性黏弹性阻尼墙表现出来的软化和硬化特征。

将黏弹性阻尼墙在不同应变幅值下的最大阻尼力构成的点串成其骨架曲线，如图 2.2.13 所示。从图 2.2.13 中可以看到，200% 应变幅值是转折点，虽然在整个应变幅值范围内阻尼墙均存在软化和硬化特征，但当应变幅值小于 200% 时，软化特征尤为明显；当应变幅值大于 200%时，则硬化特征尤为明显。

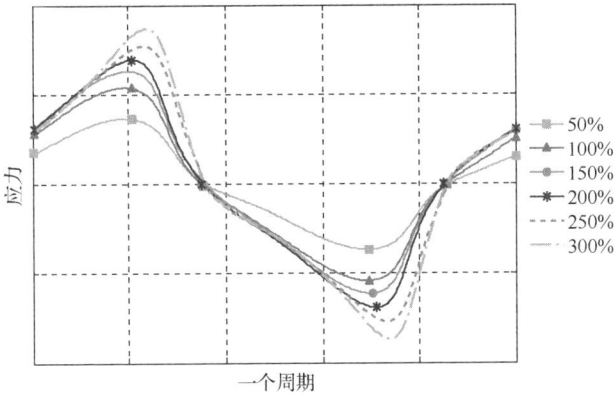

图 2.2.12　VE60×60×10 黏弹性阻尼墙不同应变幅值下一个周期内应力曲线

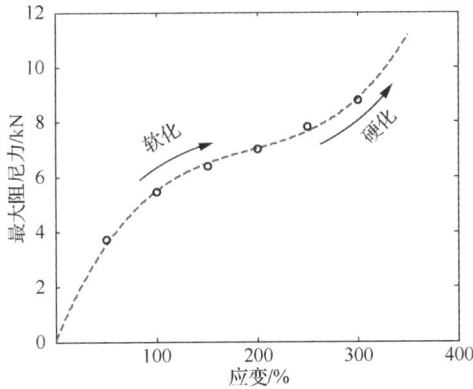

图 2.2.13　VE60×60×10 骨架曲线

2. 应变幅值相关性与软化规律

随着应变幅值的增加，黏弹性阻尼墙的表观剪切模量 G_e、储能剪切模量 G'、耗能剪切模量 G''、损耗因子 η、等效刚度 K_d 和等效黏滞阻尼比 ξ_d 变化曲线如图 2.2.14 所示，各参数在不同阻尼墙应变幅值 γ_d 下的经验表达式分别为

$$G_e(\gamma_d) = 0.3425 + 1.1150 e^{-1.0575\gamma_d} \tag{2.2.6}$$

$$G'(\gamma_d) = 0.3268 + 0.9492 e^{-1.1679\gamma_d} \tag{2.2.7}$$

$$G''(\gamma_d) = 0.0082\gamma_d^3 - 0.0141\gamma_d^2 - 0.1708\gamma_d + 0.5599 \tag{2.2.8}$$

$$\eta(\gamma_d) = 0.0386\gamma_d^3 - 0.2722\gamma_d^2 + 0.4751\gamma_d + 0.3760 \tag{2.2.9}$$

$$K_d(\gamma_d) = 0.2466 + 0.8028 e^{-1.0575\gamma_d} \tag{2.2.10}$$

$$\xi_d(\gamma_d) = 0.0116\gamma_d^3 - 0.0802\gamma_d^2 + 0.1318\gamma_d + 0.2448 \qquad (2.2.11)$$

式（2.2.6）～式（2.2.11）与实测数据的对比如图 2.2.14 所示，它们可表征强非线性黏弹性阻尼墙各项材料参数和力学参数的应变幅值相关性。

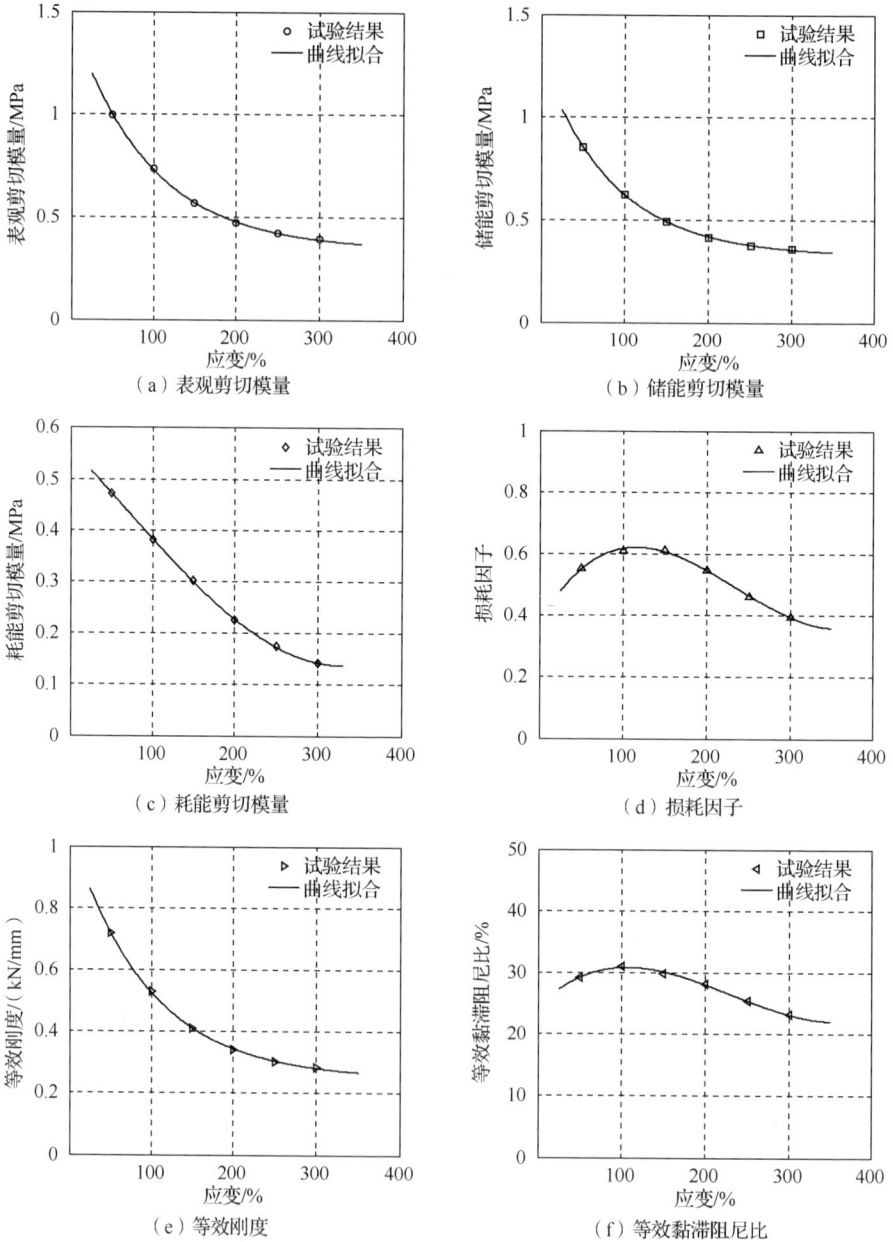

图 2.2.14　VE60×60×10 黏弹性阻尼墙不同应变幅值下材料性能与力学性能参数变化曲线

由图 2.2.14 可得出如下结论：

1）随着应变幅值的增加，黏弹性阻尼墙呈现出软化特征，主要表现在表观剪切模量、储能剪切模量、耗能剪切模量和等效刚度等力学性能参数随着应变幅值的增加而减小。

2）表观剪切模量、储能剪切模量和等效刚度随着应变幅值增加呈现先急后缓的下降趋势，但是耗能剪切模量随着应变幅值增加呈现近似于直线的下降趋势，这是因为损耗因子在大应变幅值下的下降较快，呈现出的物理意义如下：大应变幅值下，阻尼墙硬化特征造成滞回曲线捏拢效应，阻尼墙的附加阻尼下降速度快于附加刚度。

3）损耗因子和等效黏滞阻尼比随着应变幅值的增加，呈现先增后减的变化趋势，在 100%应变幅值下最大，大应变幅值下的下降主要是硬化特征导致的。

4）当应变幅值不大于 200%时，等效黏滞阻尼比基本等于损耗因子的一半，这点和线性黏弹性阻尼墙一致；当应变幅值大于 200%时，硬化现象导致最大应力处的应力突变，使损耗因子下降幅度超过等效黏滞阻尼比下降幅度，因此不再满足等效黏滞阻尼比基本等于损耗因子一半的规律。

5）各材料性能与力学性能参数试验结果与曲线拟合结果吻合良好，因此拟合公式可以较准确地表达该种新型强非线性黏弹性阻尼墙的应变幅值相关性。

3. 大应变幅值下的硬化规律

阻尼墙的硬化特征可通过应力梯度来描述，最大应力处的应力梯度越大，说明硬化特征越明显。VE60×60×10 黏弹性阻尼墙在不同应变幅值下一个周期内应力梯度曲线如图 2.2.15 所示，通过此图可以看出应力梯度最大值发生在应力为最大时；随着应变幅值的增加，应力梯度增加，特别是当应变幅值大于 200%时增加速度更快。

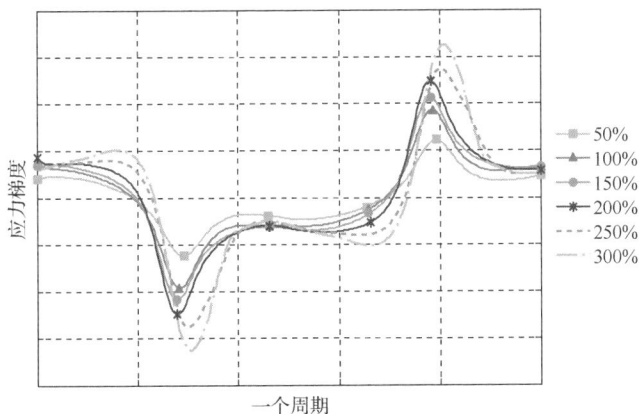

图 2.2.15　VE60×60×10 黏弹性阻尼墙不同应变幅值下一个周期内应力梯度曲线

2.3　黏弹性阻尼墙七参数力学模型

2.3.1　力学模型的提出

基于上述提出的各项非线性和影响因素的考虑方法，再进行力学元件归并、参数整合与优化，最终提出强非线性黏弹性阻尼墙的力学模型。该力学模型由3 部分并联组成，分别为马林斯效应单元、非线性弹簧和非线性黏壶，其示意图如图 2.3.1 所示。

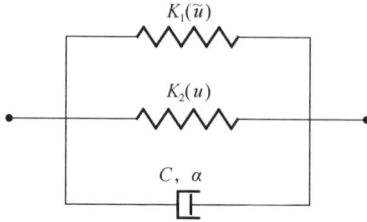

图 2.3.1　强非线性黏弹性阻尼墙力学模型示意图

该力学模型表达式为

$$\begin{cases} F = \lambda_1 \lambda_2 (F_1 + F_2 + F_3) \\ F_1 = K_1(\tilde{u})u \\ F_2 = K_2(u)u \\ F_3 = C\dot{u}^\alpha \end{cases} \quad (2.3.1)$$

式中，F 和 u 分别为阻尼墙的力和位移；$\tilde{u}$ 为软化控制位移；$\dot{u}$ 为阻尼墙的变形速率；F_1、F_2 和 F_3 分别代表马林斯效应单元、非线性弹簧和非线性黏壶提供的阻尼力；λ_1 和 λ_2 分别为考虑环境温度和升温-疲劳软化的修正系数；K_1 为马林斯效应单元的刚度；K_2 为非线性弹簧的刚度；C 和 α 为非线性黏壶的阻尼系数和阻尼指数。

1.　马林斯效应单元

马林斯效应单元的瞬时刚度 $K_1(\tilde{u})$ 是一个与软化控制位移 $\tilde{u}$ 相关的非线性弹簧，其表达式为

$$K_1(\tilde{u}) = a_1\tilde{u}^2 + a_2\tilde{u} + a_3 \quad (2.3.2)$$

随着 $\tilde{u}$ 的增大，$K_1(\tilde{u})$ 减小，表征黏弹性阻尼墙因马林斯效应而产生的软化现象。

软化控制位移 $\tilde{u}$ 为当前位移与历史最大位移的较大值，即

$$\tilde{u}(t) = \max \left(|u(t)|, |u|_{\max} \right) \tag{2.3.3}$$

如果当前位移小于历史最大位移，则软化控制位移和瞬时刚度保持不变，马林斯效应单元不发生软化，但已然发生的软化也不可逆；如果当前位移大于历史最大位移，则软化控制位移随当前位移而增大，瞬时刚度变小，马林斯效应单元发生瞬时而不可逆的软化。

马林斯效应单元的力与位移关系为

$$F_1 = a_1\tilde{u}^2 u + a_2\tilde{u}u + a_3 u \tag{2.3.4}$$

2. 非线性弹簧单元

非线性弹簧单元的刚度 $K_2(u)$ 为

$$K_2(u) = b_1 u^2 + b_2 \tag{2.3.5}$$

$K_2(u)$ 能模拟黏弹性阻尼墙大应变下的硬化特征，定义成偶函数形式是为了保证非线性弹簧刚度在正负位移上刚度相等。

非线性弹簧单元的力与位移关系为

$$F_2 = b_1 u^3 + b_2 u \tag{2.3.6}$$

3. 非线性黏壶

为了准确模拟强非线性黏弹性阻尼墙滞回曲线的形状，应取阻尼指数 $\alpha<1$。为了表征黏弹性阻尼墙的频率不相关性，定义黏壶的阻尼系数 C 为

$$C = c/f^{\alpha} \tag{2.3.7}$$

式中，c 为 $f=1\text{Hz}$ 时识别的黏壶阻尼系数。

非线性黏壶的力与位移关系为

$$F_3 = \frac{c}{f^{\alpha}}\dot{u}^{\alpha} = c\left(\frac{\dot{u}}{f}\right)^{\alpha} \tag{2.3.8}$$

不管频率为多少，非线性黏壶的阻尼力均相同，因此消除了频率对阻尼力的影响。在进行结构时程分析时，f 可取为结构基本频率。

通过上述分析可知，强非线性力学模型共包含 2 个修正系数和 7 个待定参数：修正系数为 λ_1 和 λ_2，可通过性能试验结果获得；待定参数为 a_1、a_2、a_3、b_1、b_2、c 和 α，需要根据性能试验数据进行参数识别获得。

2.3.2　参数识别及验证

1. 参数识别

使用实测温度 22℃、加载频率 1.0Hz 下 VE60×60×10 强非线性黏弹性阻尼

墙性能试验数据，在 kN-mm 单位系统下对力学模型进行参数识别与验证。其他温度下，通过修正系数 λ_1 调整阻尼力；其他尺寸下，根据相似准则调整参数取值。

修正系数 λ_1 和 λ_2 表达式为

$$\begin{cases} \lambda_1 = 0.396 + 1.203\mathrm{e}^{-0.0313\theta} \\ \lambda_2 = \dfrac{4.044 + 4.190\mathrm{e}^{-0.222-0.109w_t}}{4.044 + 4.190\mathrm{e}^{-0.222-0.109w_0}} \end{cases} \tag{2.3.9}$$

式中，θ 为环境温度，℃；w_0 为初始累积耗能密度；w_t 为 t 时刻累积耗能密度。

待定参数识别结果如表 2.3.1 所示。

表 2.3.1　力学模型待定参数识别结果

待定参数	取值
a_1	2.60×10^{-4}
a_2	-2.45×10^{-2}
a_3	0.50
b_1	1.91×10^{-4}
b_2	5.34×10^{-2}
c	0.80
α	0.30

因此，力学模型表达式为

$$\begin{cases} F = \lambda_1\lambda_2(F_1 + F_2 + F_3) \\ F_1 = 2.60\times10^{-4}\tilde{u}^2 u - 2.45\times10^{-2}\tilde{u}u + 0.50u \\ F_2 = 1.91\times10^{-4}u^3 + 5.34\times10^{-2}u \\ F_3 = 0.80(\dot{u}/f)^{0.30} \\ \tilde{u}(t) = \max\left(|u(t)|, |u|_{\max}\right) \end{cases} \tag{2.3.10}$$

下面通过对力学性能试验（详见 1.2 节）和振动台试验（详见 4.1 节）中黏弹性阻尼墙滞回曲线的模拟和对比，验证力学模型提出的合理性及参数识别的正确性。

2. 不同应变幅值下滞回曲线对比

根据得到的力学模型表达式（2.3.10）求得不同应变幅值下的力学模型滞回曲线，并将其与性能试验滞回曲线对比如图 2.3.2 所示。由图 2.3.2 可知，不同应变幅值下力学模型滞回曲线的形状与试验结果相近，力学模型滞回曲线最大阻尼力、包络面积与试验结果相差较小。

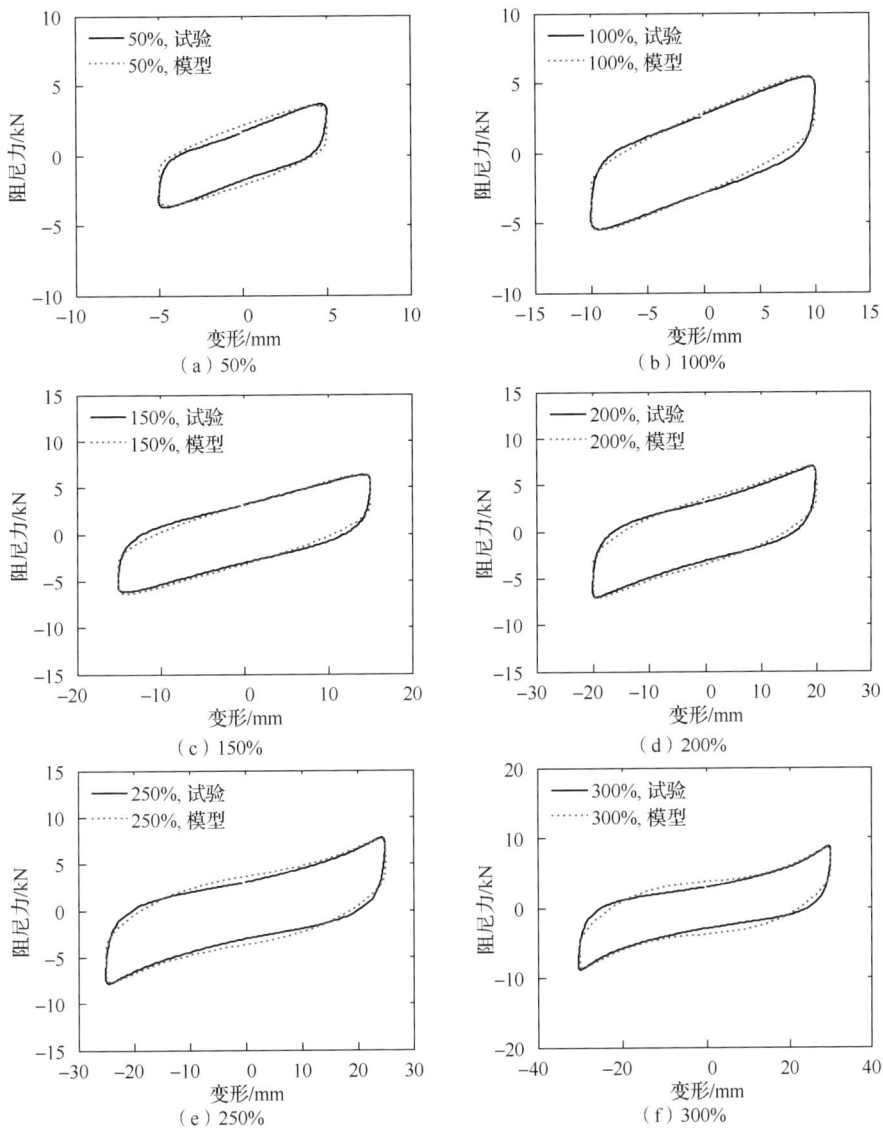

图 2.3.2　不同幅值下力学模型滞回曲线与试验滞回曲线对比

3. 地震作用下滞回曲线对比

将振动台试验过程中的实测阻尼墙变形的时程数据作为地震位移输入，计算出地震位移下的力学模型滞回曲线，并将其与振动台试验中阻尼墙滞回曲线进行对比，以考察提出的力学模型是否能模拟强非线性黏弹性阻尼墙的滞回特征和动态性能。由于输入台面峰值加速度较小时实测的阻尼墙变形中螺栓滑移部分所占比例较大，为了减小外界因素的干扰，仅针对输入台面峰值加速度为 0.3g～0.6g 的试验工况进行分析，地震位移下力学模型滞回曲线与试验滞回曲线对比如图 2.3.3 所示。

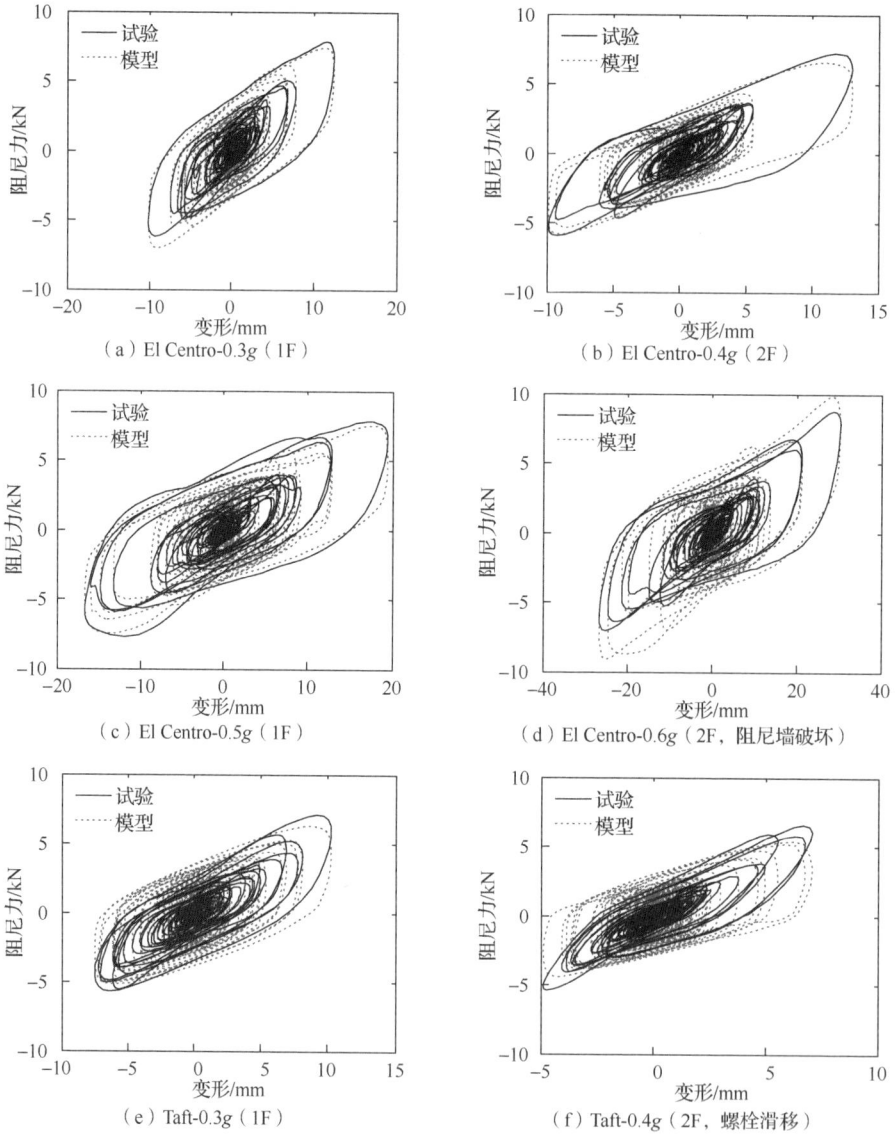

图 2.3.3　地震位移下力学模型滞回曲线与试验滞回曲线对比

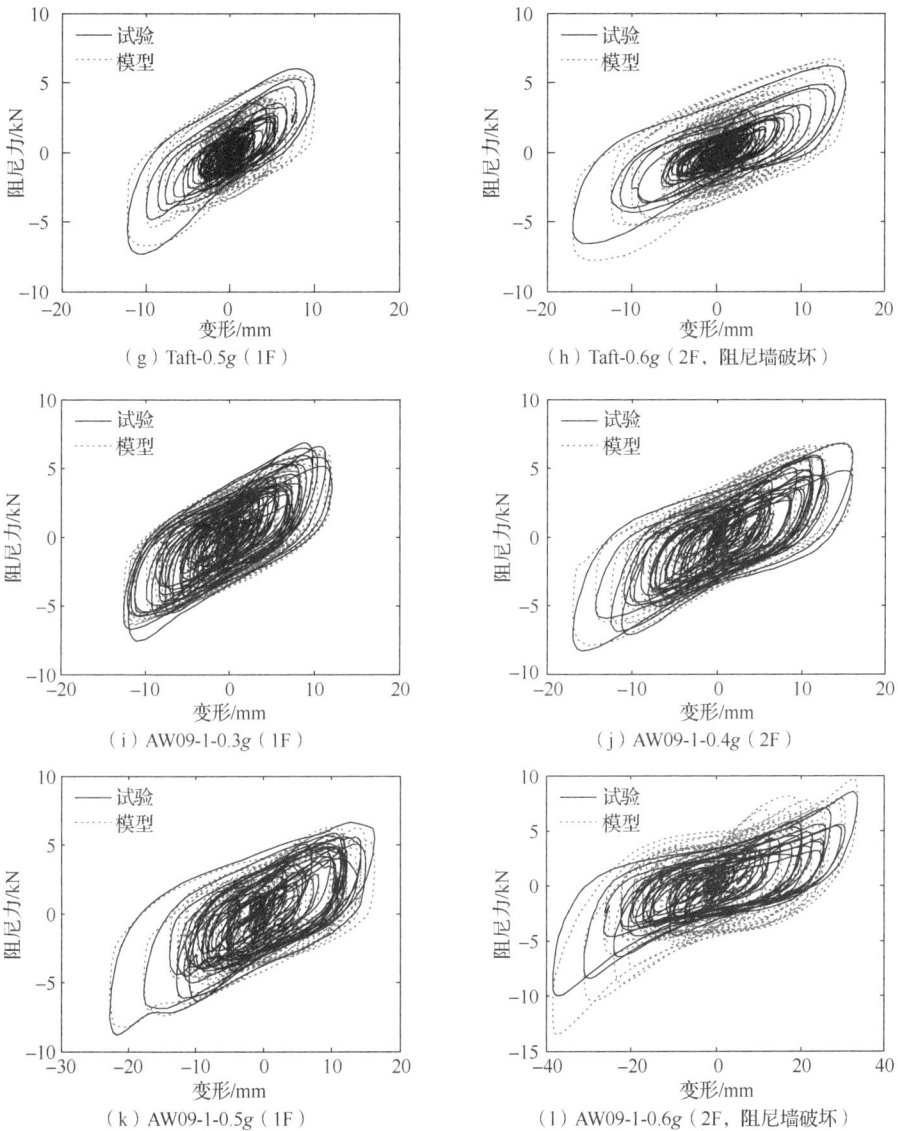

（g）Taft-0.5g（1F）

（h）Taft-0.6g（2F，阻尼墙破坏）

（i）AW09-1-0.3g（1F）

（j）AW09-1-0.4g（2F）

（k）AW09-1-0.5g（1F）

（l）AW09-1-0.6g（2F，阻尼墙破坏）

图 2.3.3　（续）

由图 2.3.3 可知，力学模型滞回曲线与试验滞回曲线总体吻合良好，两者存在的部分差异主要来源于以下 3 个方面：

1）在小变形下力学模型滞回曲线略大于试验滞回曲线，这是因为黏弹性阻尼墙在之前的试验工况中，历史最大变形已经超过当前较小变形，马林斯效应导致在该工况开始前阻尼墙已出现不可逆的软化，只有当该工况的应变超过之前工况的历史最大应变时，之前工况马林斯效应的影响才结束，因此较大应变幅值下滞回曲线吻合效果更好。这是振动台试验中各工况连续加载的实际情况，在实际工程应用中则无需对此进行考虑。

2）当输入台面峰值加速度达到 0.6g 时，第 2 层黏弹性阻尼墙发生了相对严重的破坏（试验结束后第 1 层与第 2 层阻尼墙剖切照片对比如图 2.3.4 所示），黏弹性材料层有效剪切面积减小，导致 3 条地震波下试验滞回曲线的阻尼力均小于力学模型滞回曲线的阻尼力。AW09-1 下尤其如此，这是因为 AW09-1-0.6g 为最后一个工况，且阻尼墙变形幅值较大，黏弹性材料内部破坏加剧。

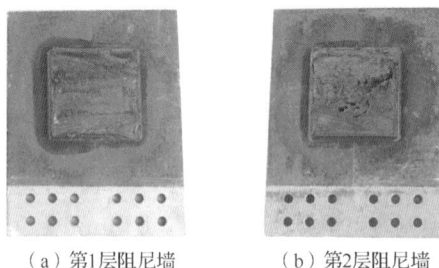

（a）第1层阻尼墙　　　　　　（b）第2层阻尼墙

图 2.3.4　试验结束后第 1 层与第 2 层阻尼墙剖切照片对比

3）Taft-0.4g 工况下，实测第 2 层阻尼墙变形较小，与阻尼墙连接的螺栓滑移较大且占阻尼墙变形比例较大，导致试验滞回曲线因为螺栓滑移呈现出一定的捏拢效应，与其他工况下滞回曲线形状存在明显差异。

排除上述由于试验不可避免原因和一些偶然因素外，通过对比发现力学模型滞回曲线与试验滞回曲线吻合良好，提出的力学模型能够模拟强非线性黏弹性阻尼墙的滞回特征和动态性能。通过上述对比，本节验证了提出的力学模型及参数识别结果，并且可知其具有如下优势：

1）该力学模型仅含 3 个元件，数学表达简洁，待识别参数较少。

2）一组参数下力学模型即可表达阻尼墙的强非线性，无需在不同工况下分别进行参数识别。

3）所得滞回曲线与试验结果吻合良好，滞回曲线的最大阻尼力和包络面积与试验结果相差较小。

4）能够呈现其多种非线性因素和规律，如相位差非线性、升温-疲劳软化、环境温度相关性、频率不相关性、马林斯效应、大应变下的软化和硬化等。

第 3 章　黏弹性阻尼墙相似设计

3.1　黏弹性阻尼墙力学模型

黏弹性材料的物理意义可使用 Kelvin 模型来表征，即由一个弹簧和一个黏壶并联而成，分别表征其黏性和弹性部分，其力-位移关系为

$$F_\mathrm{d} = K_1 u + \frac{\eta K_1}{\omega} \dot{u} \qquad (3.1.1)$$

式中，F_d 为阻尼力；u 为阻尼墙位移；K_1 为储能刚度；η 为损耗因子；ω 为激励频率。

黏弹性阻尼墙典型的力-位移滞回曲线如图 3.1.1 所示。其中：u_0 为阻尼墙的最大位移；F_0 为阻尼墙的最大阻尼力；F_1 为最大位移 u_0 处的阻尼力；F_2 为零位移处的阻尼力。

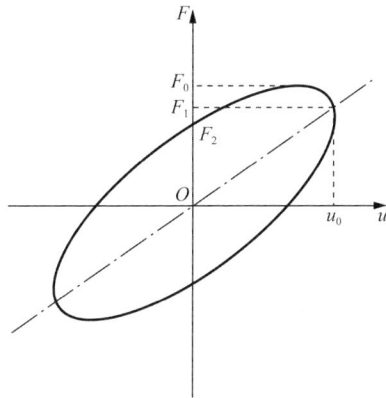

图 3.1.1　黏弹性阻尼墙典型滞回曲线

黏弹性材料的储能剪切模量 G'、耗能剪切模量 G'' 和损耗因子 η 如下所示：

$$G' = \frac{F_1 h}{n A u_0} \qquad (3.1.2)$$

$$G'' = \frac{F_2}{F_1} G' \qquad (3.1.3)$$

$$\eta = \frac{G''}{G'} \qquad (3.1.4)$$

式中，n 为黏弹性材料层数；A 和 h 分别为黏弹性材料层的剪切面积和厚度。

黏弹性阻尼墙常用的特征参数有储能刚度 K_1、等效刚度 K_2、每圈耗能 W_d 和等效阻尼 C_e，计算式如下：

$$K_1 = \frac{F_1}{u_0} = \frac{nG'A}{h} \quad\quad (3.1.5)$$

$$K_2 = \frac{F_0}{u_0} \quad\quad (3.1.6)$$

$$W_d = \frac{n\pi G''Au_0^2}{h} \quad\quad (3.1.7)$$

$$C_e = \frac{W_d}{\pi\omega u_0^2} \quad\quad (3.1.8)$$

3.2　黏弹性阻尼墙相似设计

带黏弹性阻尼墙结构振动台试验中，模型阻尼墙和原型阻尼墙应采用相同的黏弹性材料，即它们的储能剪切模量、耗能剪切模量和损耗因子均相同，因此只需要确定模型阻尼墙的尺寸，其各项力学参数即可通过相关公式计算得到。

不同尺寸的黏弹性阻尼墙滞回曲线的力和位移需要满足一定的相似关系，即

$$S_u = \frac{u^m}{u^p} = \frac{u_0^m}{u_0^p} = \frac{h^m}{h^p} \quad\quad (3.2.1)$$

$$S_{F_d} = \frac{F_d^m}{F_d^p} = \frac{K_1^m u^m}{K_1^p u^p} = \frac{n^m G'A^m u_0^m / h^m}{n^p G'A^p u_0^p / h^p} = \frac{n^m G'A^m \gamma_0^m}{n^p G'A^p \gamma_0^p} \quad\quad (3.2.2)$$

式中，γ_0 为阻尼墙的最大应变；p 为原型结构的物理量；m 为模型结构的物理量。

根据试验目的的不同，带黏弹性阻尼墙结构振动台试验可分为两类。

第一类是为评估某实际工程的带黏弹性阻尼墙结构减震性能而设计的，该类试验需要模型阻尼墙能够表征原型阻尼墙在结构中的作用，因此依据模型阻尼墙与原型阻尼墙应变相等，且提供的阻尼力等效这一原则确定阻尼墙的尺寸。

黏弹性阻尼墙的力学性能受其应变幅值的影响，需要保证模型阻尼墙的应变等于原型阻尼墙的应变，即

$$S_\gamma = \frac{\gamma^m}{\gamma^p} = \frac{u^m / h^m}{u^p / h^p} = \frac{u^m / u^p}{h^m / h^p} = \frac{S_l}{S_h} = 1 \quad\quad (3.2.3)$$

因此，黏弹性材料每层厚度的相似常数等于结构长度的相似常数，即 $S_h = S_l$。据此即可确定模型阻尼墙黏弹性材料层的厚度为

$$h^{\mathrm{m}} = S_l h^{\mathrm{p}} \qquad (3.2.4)$$

阻尼力等效原则指的是阻尼力的相似常数等于结构的力相似常数，即 $S_{F_{\mathrm{d}}} = S_F$。根据式（3.2.2）和式（3.2.3）可得

$$S_{F_{\mathrm{d}}} = \frac{n^{\mathrm{m}} G' A^{\mathrm{m}} \gamma_0^{\mathrm{m}}}{n^{\mathrm{p}} G' A^{\mathrm{p}} \gamma_0^{\mathrm{p}}} = \frac{n^{\mathrm{m}} A^{\mathrm{m}}}{n^{\mathrm{p}} A^{\mathrm{p}}} = S_F \qquad (3.2.5)$$

因此，模型阻尼墙黏弹性材料层的剪切面积为

$$A^{\mathrm{m}} = \frac{n^{\mathrm{p}} A^{\mathrm{p}} S_F}{n^{\mathrm{m}}} \qquad (3.2.6)$$

由式（3.2.5）中可以看出，阻尼力仅与阻尼墙面积及层次相似。这样确定的模型阻尼墙，能够保证黏弹性阻尼墙的刚度和耗能相似关系与结构相匹配。

第二类是为考察某种黏弹性阻尼墙的耗能特征和减震效果而设计的。该类试验没有特定的原型结构，可以根据式（3.2.1）和式（3.2.2），依据原型阻尼墙（可以是任一特定尺寸阻尼墙）的试验滞回曲线，获得不同尺寸的模型阻尼墙滞回曲线与力学参数，并进行不同尺寸阻尼墙下的动力时程分析，最后根据分析结果综合考察阻尼墙的减震效果和最大应变，来确定用于振动台试验中合适的模型阻尼墙尺寸。具体步骤参考下面的实例。

【例 3.1】　　为综合评价如图 3.2.1 所示的某新型黏弹性阻尼墙的抗震性能，拟将其安装在一座三层钢框架结构（图 3.2.2）中进行振动台试验。

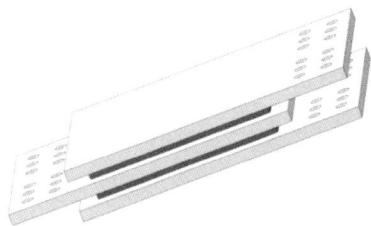

图 3.2.1　某新型黏弹性阻尼墙构造图　　　　图 3.2.2　三层钢框架结构

解：

（1）进行原型阻尼墙性能试验

原型阻尼墙剪切面积为 100mm×100mm、厚度为 5mm，其尺寸示意图如图 3.2.3 所示。对其进行轴向剪切的性能试验（图 3.2.4），获取其滞回曲线如图 3.2.5 所示。

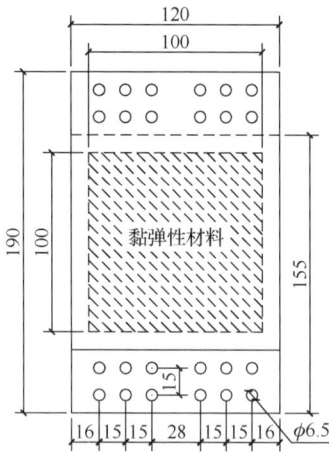

图 3.2.3　原型阻尼墙尺寸示意图　　　　图 3.2.4　性能试验加载装置

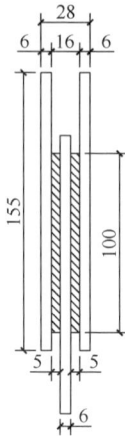

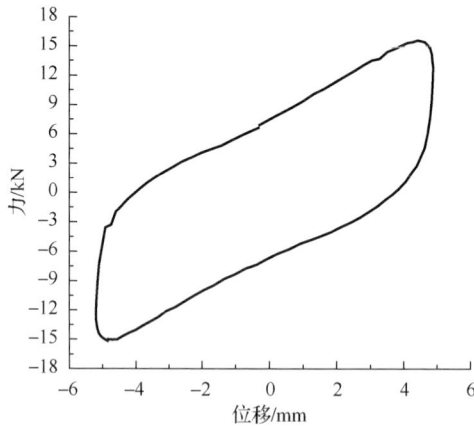

图 3.2.5　原型阻尼墙试验滞回曲线

（2）获取不同尺寸阻尼墙滞回曲线及力学参数

根据式（3.2.1）和式（3.2.2），将原型阻尼墙的试验滞回曲线转换为剪切面积为 50mm×50mm 至 80mm×80mm、厚度为 5mm 和 10mm 的一系列阻尼墙的滞回曲线。方便起见，使用式（3.2.7）的 Bouc-Wen 力学模型对其进行参数识别，所得滞回曲线及其参数识别如图 3.2.6 所示。Bouc-Wen 模型参数如表 3.2.1 所示。

$$\begin{cases} R = \alpha k x + (1-\alpha) k z \\ \dot{z} = A \dot{x} - \beta |\dot{x}| |z|^{n-1} z - \gamma \dot{x} |z|^{n} \end{cases} \tag{3.2.7}$$

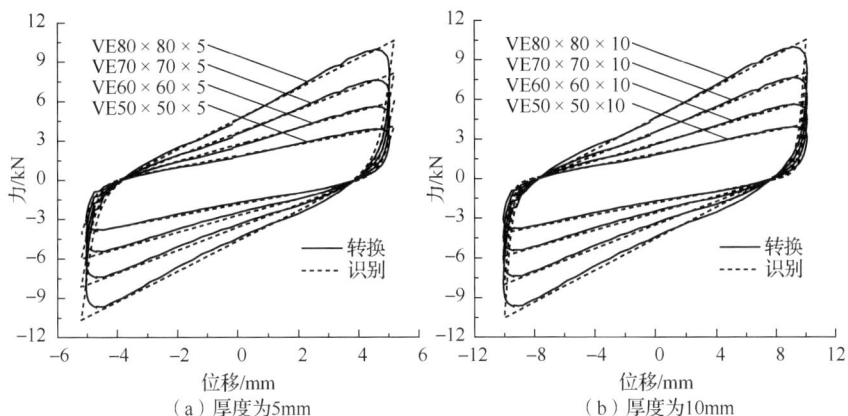

图 3.2.6　不同尺寸阻尼墙转换所得滞回曲线及其参数识别

表 3.2.1　不同尺寸阻尼墙的 Bouc-Wen 模型参数

尺寸	A	β	γ	n	k	α
VE50×50×5	1	1.3	1.3	0.8	6.6	0.065
VE60×60×5	1	1.3	1.3	0.8	9.6	0.066
VE70×70×5	1	1.3	1.3	0.8	12.8	0.068
VE80×80×5	1	1.3	1.3	0.8	16.5	0.070
VE50×50×10	1	1.3	1.3	0.8	6.4	0.035
VE60×60×10	1	1.3	1.3	0.8	9.0	0.036
VE70×70×10	1	1.3	1.3	0.8	12.1	0.037
VE80×80×10	1	1.3	1.3	0.8	15.7	0.038

（3）动力时程分析

利用 OpenSees 软件分别进行 0.1g、0.2g、0.3g 和 0.4g 下的 3 条地震波（El Centro 1940 EW 波、Taft 1952 NS 波和上海人工波 AW09-1[①]）作用下添加不同尺寸黏弹性阻尼墙结构和不添加阻尼墙结构的动力时程分析。

（4）综合评价并确定模型阻尼墙尺寸

通过综合考查黏弹性阻尼墙的减震效果和最大应变，最终选择的模型黏弹性阻尼墙为 VE60×60×10。使用该尺寸的阻尼墙，顶点加速度的减震效果达 18%～45%，第 1 层层间位移的减震效果为 73%～88%，符合试验期望。同时计算所得最大应变为 260%，而其极限应变值为 350%，阻尼墙极限应变大于可能达到的最大应变的 1.2 倍，满足规范要求。

---

① 此 3 条波分别简称为 El Centro 波、Taft 波和 AW09-1 波（除特殊情况外，本书均采用简称表示）。

3.3　黏弹性阻尼墙温度相关性设计

黏弹性阻尼墙的温度相关性可以用阻尼力的温度相关性来表征，即同一阻尼墙在不同温度下的滞回曲线可以通过对阻尼力进行缩放来相互转换，即通过阻尼力相似常数来实现。本节以 1.4 小节中 VE40×40×8 黏弹性阻尼墙为对象进行验证，以 20℃ 为基准温度，将其他温度下的滞回曲线的力乘以一个相似常数 S_F'' 转换为 20℃ 下的滞回曲线，S_F'' 为 20℃ 下最大阻尼力与该温度下最大阻尼力的比值，即

$$S_F'' = \frac{\overline{F_0}(20)}{\overline{F_0}(T)} \tag{3.3.1}$$

不同温度下按式（3.3.1）计算得到的滞回曲线如图 3.3.1 所示。由图 3.3.1 可以看出，所得曲线相差很小，特别是在 0℃ 以上时，各条曲线几乎重合。因此，验证了同一阻尼墙在不同温度下的滞回曲线可以通过阻尼力相似常数来实现。

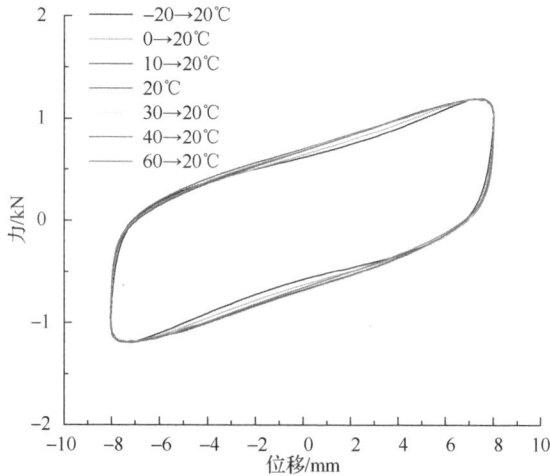

图 3.3.1　VE40×40×8 黏弹性阻尼墙在不同温度下的滞回曲线转化为 20℃ 下的滞回曲线对比

根据 G'、G'' 和 η 的表达式可知，某种尺寸的阻尼墙的 $\overline{G'}$、$\overline{G''}$ 仅仅分别和 F_1、F_2 相关，根据上述试验数据，在不同温度 T_1 和 T_2 下存在如下近似关系式：

$$\frac{\overline{G'}(T_1)}{\overline{G'}(T_2)} = \frac{\overline{G''}(T_1)}{\overline{G''}(T_2)} = \frac{\overline{F_0}(T_1)}{\overline{F_0}(T_2)} \tag{3.3.2}$$

$$\frac{\overline{\eta}(T_1)}{\overline{\eta}(T_2)} = 1 \tag{3.3.3}$$

而 G'、G'' 和 η 的温度相关性是与尺寸无关的，故有

$$\frac{G'(T_1)}{G'(T_2)}=\frac{G''(T_1)}{G''(T_2)}=\frac{\overline{F}_0(T_1)}{\overline{F}_0(T_2)} \qquad (3.3.4)$$

$$\frac{\eta(T_1)}{\eta(T_2)}=1 \qquad (3.3.5)$$

需要指出的是，式（3.3.5）是根据试验数据得出的近似关系式，具有较高精度，特别是在温度大于 0℃时，因此可以采用式（3.3.1）考虑滞回曲线的温度相关性。它的适用范围是损耗因子与温度相关性不明显的黏弹性材料，而大量的试验也表明相当部分的黏弹性材料的损耗因子受温度的影响不明显，因此这种考虑温度相关性的方法具有较广泛的适用性。如果损耗因子受温度影响明显，那么不同尺寸的黏弹性阻尼墙的滞回曲线只能在相同温度下才具有相似理论，特征参数只能在进行过试验的温度点上做相似转换，使用的方法类似，不再赘述。

第 4 章　黏弹性阻尼墙减震结构动力性能

4.1　黏弹性阻尼墙减震结构模拟地震振动台试验

对于任何一种耗能装置，除了需要进行性能试验了解其力学性能与非线性特征外，还需要进行振动台试验，以全面了解其减震特征和控制效果。

4.1.1　试验概况

针对一座 3 层钢框架结构，在每层 X 向安装 2 个强非线性黏弹性阻尼墙，输入 El Centro 波、Taft 波和 AW09-1 波，对比不同输入台面峰值加速度下无控结构和有控结构的结构现象和响应，综合考察黏弹性阻尼墙的减震效果和耗能特征。

1. 试验目的

1）考察新型材料的强非线性黏弹性阻尼墙的减震效果，分别从位移、加速度、剪力和弯矩响应方面进行考察。

2）研究强非线性黏弹性阻尼墙的耗能特征，主要从其动力特征、减震效果、滞回曲线、能量曲线等方面进行考察，考察内容包括软化和硬化特征、极限变形能力、频率相关性、应变幅值相关性、初始刚度影响、附加阻尼和刚度贡献度等。

3）通过振动台试验动力特性和地震响应，验证第 1 章基于性能试验得到的阻尼力力学性能规律。

4）验证层间柱的阻尼墙布置形式的高效性。

5）为力学模型和设计方法的提出提供启示和验证。

2. 钢框架模型

3 层钢框架模型的平面尺寸为 1.08m×2.00m，总高度为 4.90m。其柱截面为 10 号工字钢，底梁为 25a 号工字钢，主梁为 12 号工字钢，次梁为 2 根 10 号槽钢对接而成，均采用 Q345 钢材。6 个阻尼墙安装在弱轴 X 向，每层 2 个，采用层间柱的形式将阻尼墙和上下框架梁垂直连接，以保证阻尼墙变形尽量接近层间位移，充分发挥其耗能作用。由于地震波单向输入，本节试验不考虑阻尼墙的平面外变形。试验安装图如图 4.1.1 所示，黏弹性阻尼墙安装图及有控结构照片如图 4.1.2 所示。

（a）砝码质量块的安装　　　　（b）连接件与钢框架螺栓连接　　　（c）阻尼墙与连接件螺栓连接

（d）加速度传感器的布置　　　　（e）位移传感器的布置　　　　（f）测阻尼墙变形的位移计布置

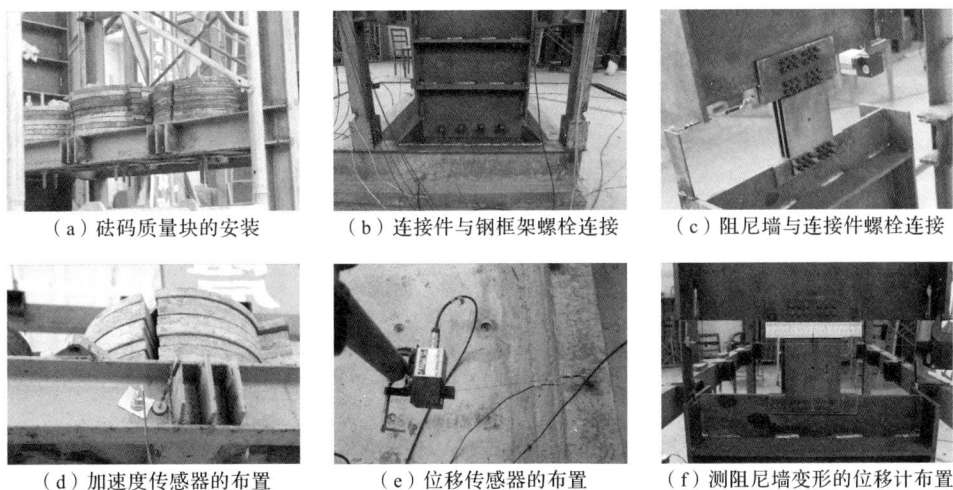

图 4.1.1　试验安装图

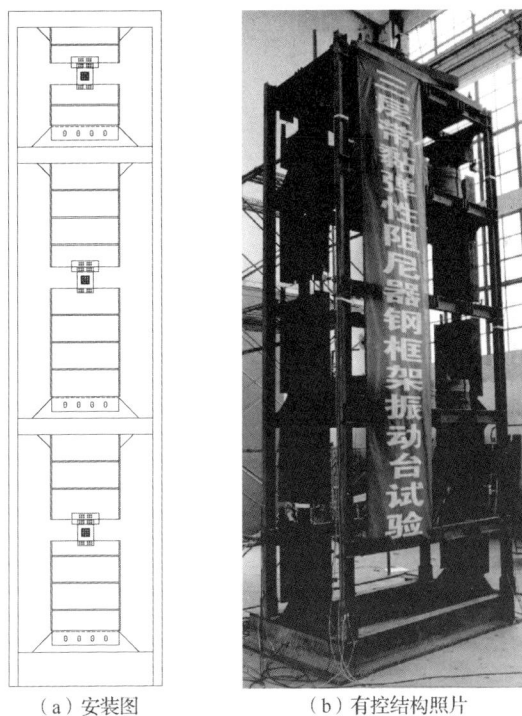

（a）安装图　　　　　　　　　（b）有控结构照片

图 4.1.2　黏弹性阻尼墙安装图及有控结构照片

利用似量纲分析法确定振动台试验各项物理量的相似常数（各项物理量的相似常数及关系式如表 4.1.1 所示），按照如下步骤确定：

1）确定长度相似常数 S_l：本试验 $S_l=1/4$。

2）确定应力相似常数 S_σ：由于使用和原型结构一样的钢材，故 $S_\sigma=1$。

3）确定加速度相似常数 S_g：为了避免竖向地震作用失真，故 $S_g=1$。

4）确定频率相似常数 S_f：经计算，得到本试验 $S_f=2$。

5）根据相似常数之间的关系式确定其他物理量的相似常数。

表 4.1.1　振动台试验相似常数

物理性能	物理参数	关系式	相似常数	备注
几何性能	长度	S_l	1/4	控制尺寸
	线位移	$S_\delta = S_l$	1/4	
	角位移	$S_\varphi = S_\sigma / S_E$	1	
材料性能	应变	$S_\varepsilon = S_\sigma / S_E$	1	控制材料
	弹性模量	$S_E = S_\sigma$	1	
	应力	S_σ	1	
	泊松比	S_v	1	
	质量密度	$S_\rho = S_\sigma / (S_a S_l)$	4	
	质量	$S_m = S_\sigma S_l^2 / S_a$	1/16	
荷载性能	集中力	$S_F = S_\sigma S_l^2$	1/16	—
	线荷载	$S_q = S_\sigma S_l$	1/4	
	面荷载	$S_p = S_\sigma$	1	
	力矩	$S_M = S_\sigma S_l^3$	1/64	
动力性能	阻尼	$S_c = S_\sigma S_l^{1.5} S_a^{-0.5}$	1/8	—
	周期	$S_T = S_l^{0.5} S_a^{-0.5}$	1/2	
	频率	$S_f = S_l^{-0.5} S_a^{0.5}$	2	
	速度	$S_v = (S_l S_a)^{0.5}$	1/2	
	加速度	S_a	1	控制试验
	重力加速度	S_g	1	

在各项物理量相似常数确定基础上，进而设计模型配重。考虑频率相似常数 S_f 为 2，在模型设计中使无控结构的基频为 1.0Hz，则原型结构基频为 0.5Hz，即一般高层结构的基频。为实现模型结构基频，经计算在第 1 至第 3 层分别添加 2.2t、2.4t、2.4t 的附加质量，而模型结构自身质量为 0.79t，则模型总质量为 7.79t。

3. 黏弹性阻尼墙尺寸

阻尼墙尺寸确定过程采用如下方法：

1）通过相似常数，获得不同尺寸的黏弹性阻尼墙滞回曲线。

2）使用 Bouc-Wen 模型简化考虑黏弹性阻尼墙，对采用不同尺寸黏弹性阻尼墙的振动台试验进行预分析。

3）根据预分析结果选取合适的黏弹性阻尼墙尺寸，要求黏弹性阻尼墙的减震效果和最大应变符合预期。

试件最终确定为 VE60×60×10 黏弹性阻尼墙，其尺寸示意图及实物图如图 4.1.3 所示。

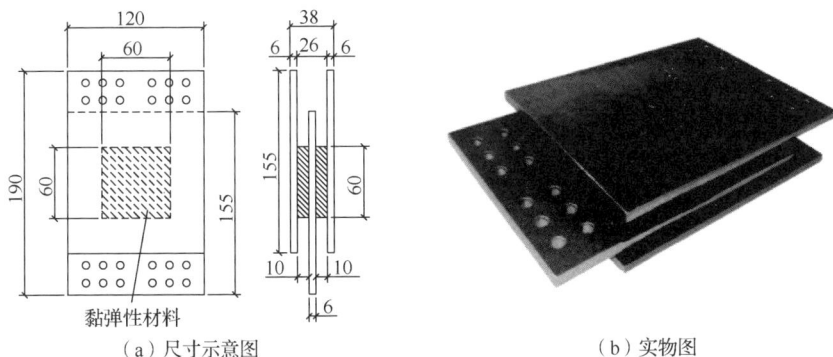

（a）尺寸示意图　　　　　　　　　　　（b）实物图

图 4.1.3　VE60×60×10 黏弹性阻尼墙尺寸及实物图

4. 输入地震加速度与试验工况

振动台试验的输入地震加速度选择 2 条天然地震波 El Centro 波（EW 向）、Taft 波（NS 向），以及生成的 1 条人工地震波（AW09-1 波），持时分别为 53.46s、54.36s 和 50.00s。输入地震动的地震波时程曲线如图 4.1.4 所示。反应谱与上海规程反应谱对比如图 4.1.5 所示，从图中可知两者比较接近。由表 4.1.1 可知，时间相似常数为 1/2，因此输入地震波的步长由 0.02s 压缩变为 0.01s，持时变为原来的一半。

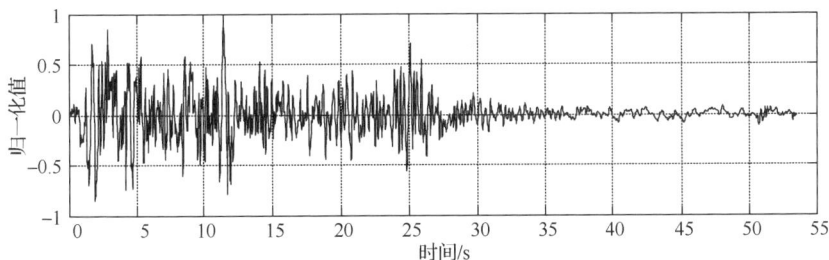

（a）El Centro 波(1940-05-18，持时：53.46s)

图 4.1.4　地震波时程曲线

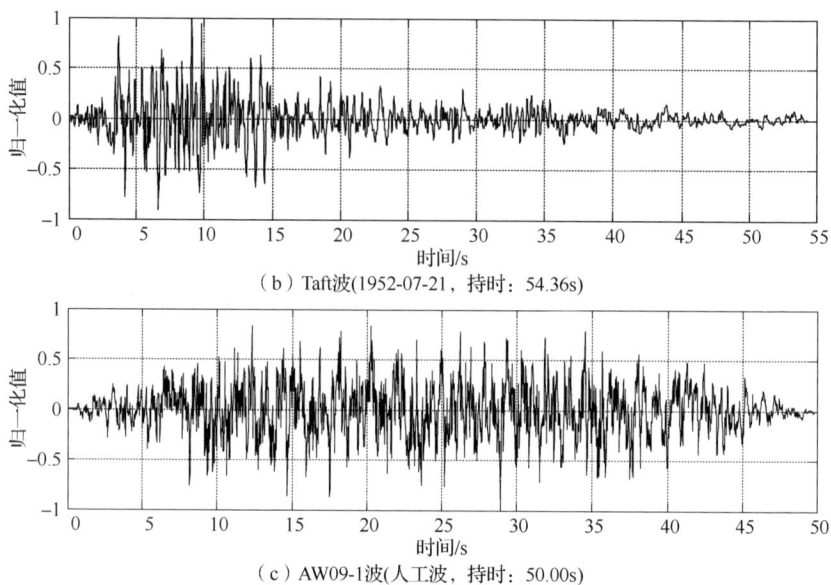

（b）Taft波(1952-07-21，持时：54.36s)

（c）AW09-1波(人工波，持时：50.00s)

图 4.1.4　（续）

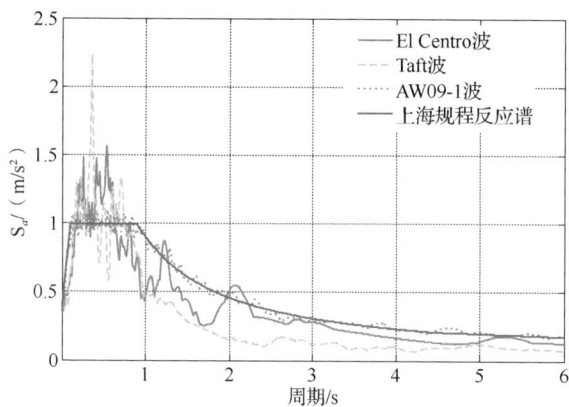

图 4.1.5　地震波加速度反应谱与上海规程反应谱对比（阻尼比 2%）

　　无控结构和有控结构的试验工况如表 4.1.2 所示，为防止无控结构钢框架屈服，无控结构试验从输入台面峰值加速度为 0.1g 进行至 0.4g，而有控结构试验从输入台面峰值加速度为 0.1g 进行至 0.6g。相同峰值加速度输入阶段中，根据各条地震波在无控结构基本周期处的加速度谱值从小到大的顺序，确定地震波输入顺序为 Taft 波→El Centro 波→AW09-1 波。

表 4.1.2　试验工况表

结构	输入台面峰值加速度	地震波输入顺序
无控结构	0.1g、0.2g、0.3g、0.4g	Taft 波→El Centro 波→AW09-1 波
有控结构	0.1g、0.2g、0.3g、0.4g、0.5g、0.6g	Taft 波→El Centro 波→AW09-1 波

5. 试验现象

试验实施过程中，先进行有控结构试验，再将阻尼墙拆除进行无控结构试验。个别工况下为了防止碰台风险，对输入地震波进行了滤波，以减小台面位移。

试验过程当中主要现象如下：

1）无控结构中，结构振动非常剧烈，地震波输入结束后数分钟结构才完全停止振动；有控结构振动则减小很多，输入结束后 10 余秒内停止振动。说明黏弹性阻尼墙的减震效果非常明显。

2）无控结构中第 2 层位移明显大于第 1 层，第 3 层位移和第 2 层相差不大；有控结构中各层位移趋于一致。无控结构和有控结构中均是 AW09-1 波下振动最明显。

3）黏弹性阻尼墙最大应变分别达到 291% 和 336%，由于阻尼墙经历数十个工况，数百圈大变形往复运动，6 个阻尼墙中有 3 个阻尼墙发生开裂，阻尼墙破坏情况如图 4.1.6 所示。

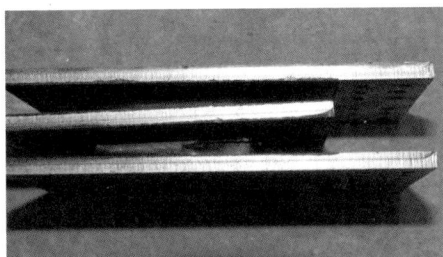

（a）第 1 层南

（b）第 2 层南

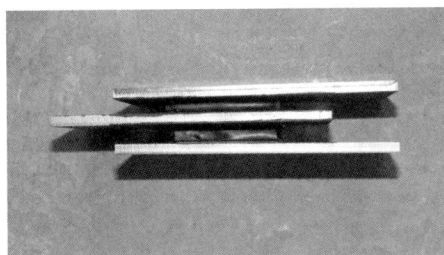

（c）第 2 层北

图 4.1.6　试验结束后阻尼墙破坏情况

4.1.2 位移和加速度响应

1. 楼层相对位移和相对加速度响应

无控结构和有控结构的楼层相对位移和相对加速度最大值对比如图 4.1.7 所示（图中 1F、2F 和 3F 分别代表第 1 层、第 2 层和第 3 层，余同）。

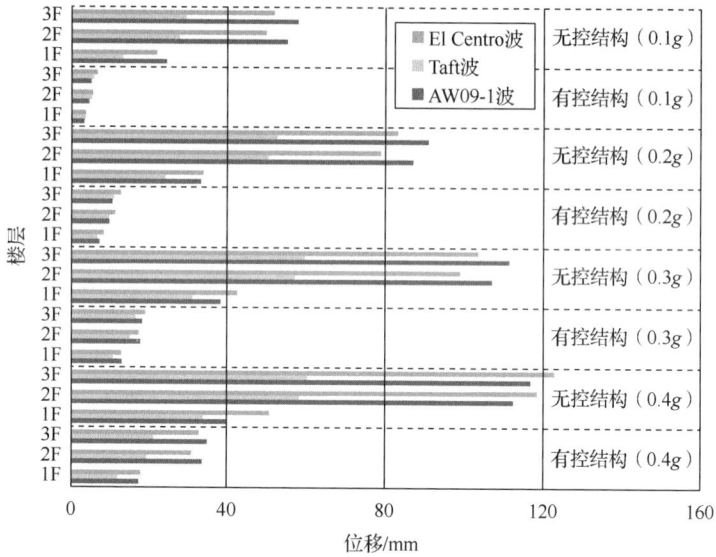

（a）楼层相对位移最大值

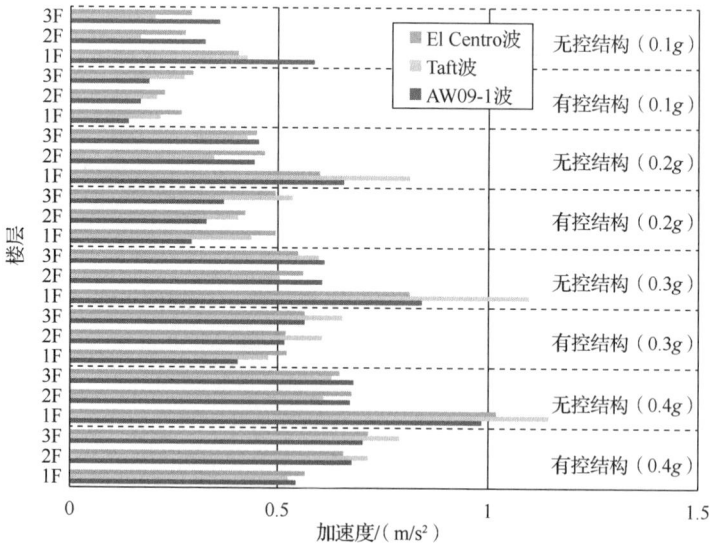

（b）楼层相对加速度最大值

图 4.1.7　有控结构和无控结构楼层相对位移和相对加速度最大值对比

从图 4.1.7 中可知，由于黏弹性阻尼墙提供的阻尼和刚度共同作用，位移减震效果显著，第 1 层减震效果为 57%～87%，第 2 层减震效果为 67%～92%，第 3 层减震效果为 65%～91%，随着输入台面峰值加速度的增加，位移减震效果降低，这是因为当阻尼墙在较大应变下其提供的附加刚度和附加阻尼均呈现下降趋势；结构加速度最大值减小，减震效果为 18%～68%，但是在部分工况下顶点加速度出现放大现象，这是由于第 3 层层高较小，黏弹性阻尼墙最大变形仅为 0.8mm，提供较大的初始刚度造成的。

2. 楼层加速度和位移响应谱

下面从振动台试验的顶点绝对加速度响应谱来探究其频率相关性。以 AW09-1-0.1g 工况为代表，该工况下顶点绝对加速度时程的加速度响应谱 S_a 和位移响应谱 S_d 如图 4.1.8 所示。

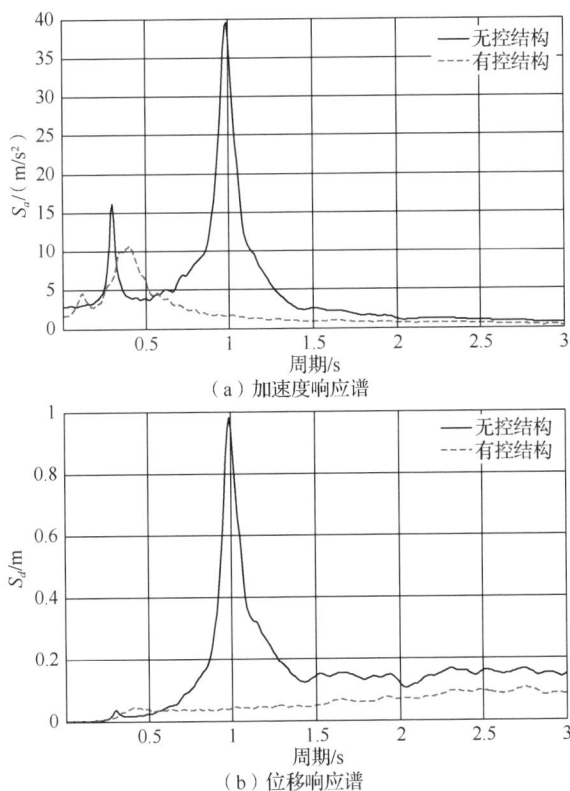

（a）加速度响应谱

（b）位移响应谱

图 4.1.8　顶点加速度时程响应谱

由图 4.1.8 可得出如下结论：

1）黏弹性阻尼墙提供的刚度，改变了结构的动力特性，使结构周期变小，加速度和位移响应谱中发生了峰值迁移。

2）响应谱中的峰值迁移，有控结构第一周期落在无控结构第一周期和第二周期之间，造成部分周期点上加速度响应谱放大，这解释了部分工况下有控结构出现加速度放大的现象。

3）有控结构相比无控结构，除了阻尼墙刚度造成部分周期段加速度响应谱放大外，由于阻尼墙提供的阻尼效应，其他周期段加速度响应谱均减小。

4）由于阻尼墙刚度和阻尼的共同作用，全周期段位移反应谱基本上均有减小，位移减震效果良好。

5）除峰值迁移区段，其他受结构频率改变影响较小区段（$T>1.5\text{s}$）加速度和位移响应谱均减小，且随着周期的改变，下降幅度基本保持一致，因此可以认为强非线性黏弹性阻尼墙的频率相关性不明显。

4.1.3　剪力和弯矩响应

结构第 i 层层间剪力和弯矩的计算公式如下：

$$V_i(t) = \sum_{i}^{3} m_i a_i(t) \qquad i=1, 2, 3 \qquad (4.1.1)$$

$$M_i(t) = \sum_{i+1}^{3} m_i a_i(t) h_i \qquad i=0, 1, 2 \qquad (4.1.2)$$

式中，m_i 表示第 i 层楼层质量；$a_i(t)$ 表示第 i 层楼层绝对加速度时程；h_i 表示第 i 层楼层高度。

无控结构和有控结构的层间剪力和楼层弯矩最大值对比如图 4.1.9 所示。

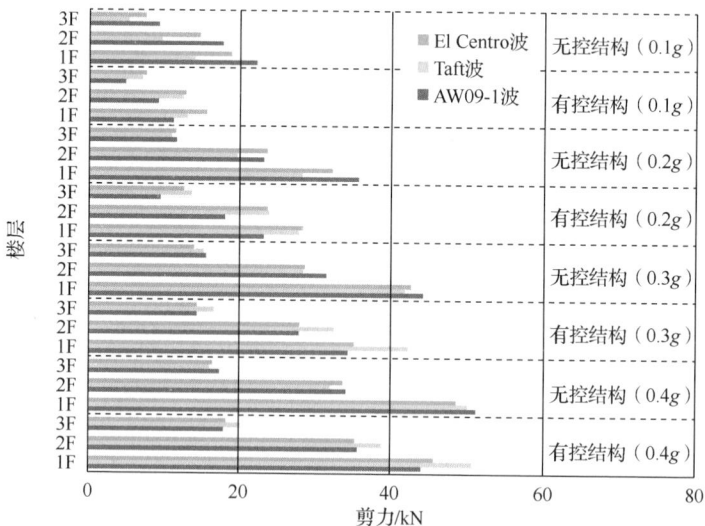

（a）层间剪力最大值

图 4.1.9　有控结构和无控结构的层间剪力和楼层弯矩最大值对比

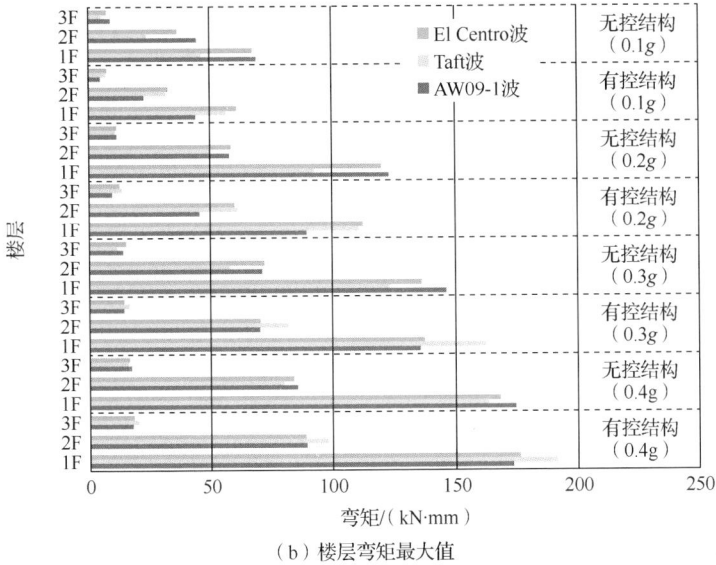

（b）楼层弯矩最大值

图 4.1.9　（续）

由图 4.1.9 可知，黏弹性阻尼墙提供的附加刚度，导致部分顶点加速度增大，进而导致对传递下来的剪力和弯矩控制效果有限。总体而言，随着输入台面峰值加速度的增加，剪力和弯矩控制效果变差，这是阻尼墙提供的附加阻尼降低导致的。3 条地震波下，AW09-1 波的剪力和弯矩控制效果最佳。

4.1.4　滞回曲线

振动台试验过程中没有安装力传感器，因此未获得黏弹性阻尼墙的阻尼力。但是，可以通过如下方法间接求得阻尼力，进而求得其滞回曲线，以反映强非线性黏弹性阻尼墙的动态非线性特征，并呈现出马林斯效应。

根据建立的无控结构剪切模型加以引申，有控结构每层的层间剪力则由三部分承担，分别是框架柱、黏壶（表征模态阻尼）、黏弹性阻尼墙，因此第 i 层单个黏弹性阻尼墙的阻尼力为

$$F_{di}(t) = \frac{V_i(t) - F_{ki}(t) - F_{ci}(t)}{2} \qquad i=1,2,3 \qquad （4.1.3）$$

式中，$F_{di}(t)$ 为第 i 层黏弹性阻尼墙的阻尼力；$V_i(t)$ 为第 i 层层间剪力，$V_i(t) = \sum_i^3 m_i a_i(t)$，$a_i(t)$ 为第 i 层绝对加速度；$F_{ki}(t)$ 为第 i 层框架柱承担剪力，$F_{ki}(t) = k_i \Delta_i(t)$，$k_i$ 为第 i 层剪切刚度，$\Delta_i(t)$ 为第 i 层层间位移；$F_{ci}(t)$ 为第 i 层模态黏壶阻尼力，$F_{ci}(t) = c_i \dot{\Delta}_i(t)$，$c_i$ 为第 i 层模态黏壶阻尼系数，$\dot{\Delta}_i(t)$ 为第 i 层层间速度。

按式（4.1.3）求得的振动台试验中黏弹性阻尼墙的滞回曲线如图 4.1.10 所示。

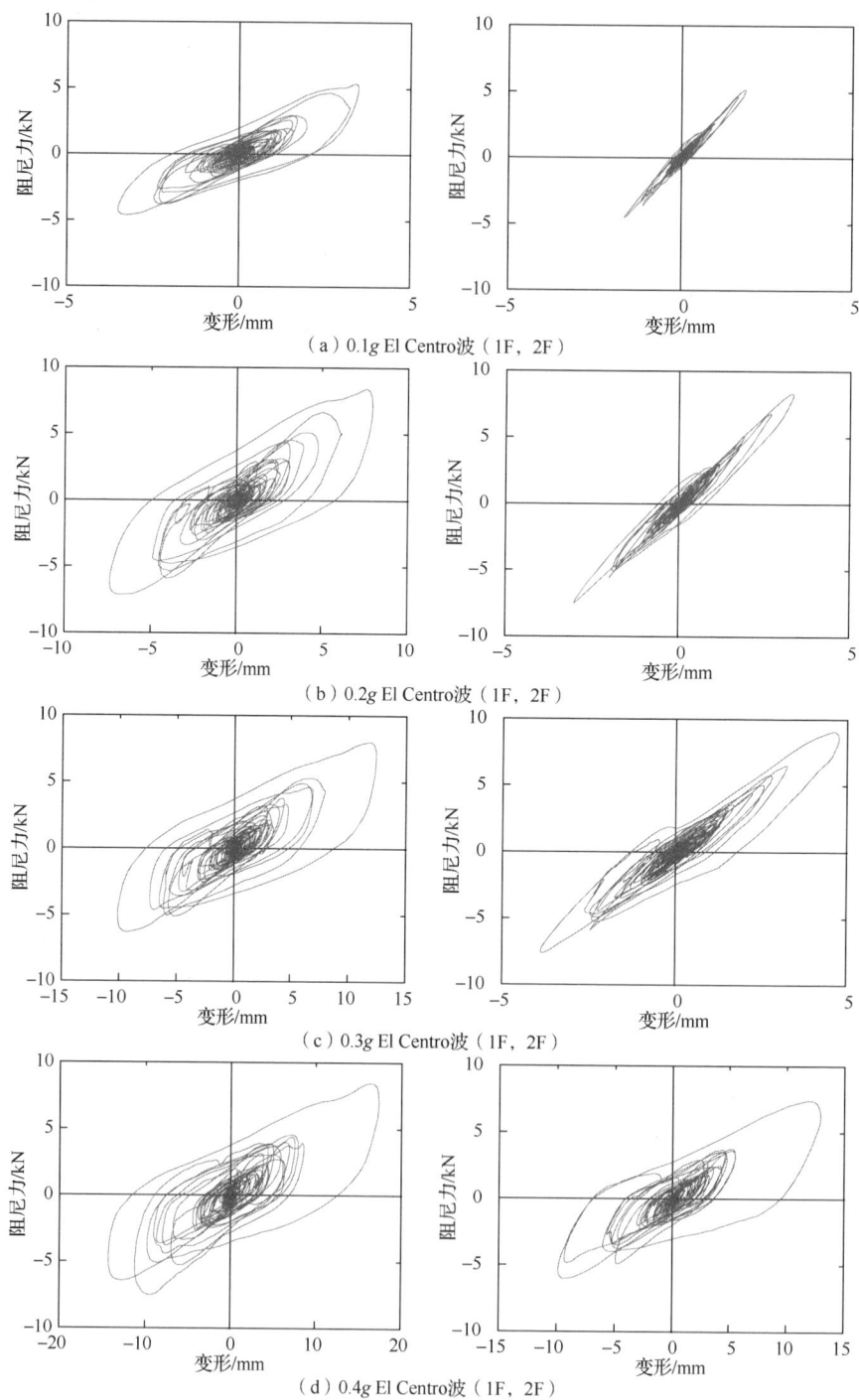

（a）0.1g El Centro波（1F，2F）

（b）0.2g El Centro波（1F，2F）

（c）0.3g El Centro波（1F，2F）

（d）0.4g El Centro波（1F，2F）

图4.1.10　振动台试验中黏弹性阻尼墙滞回曲线

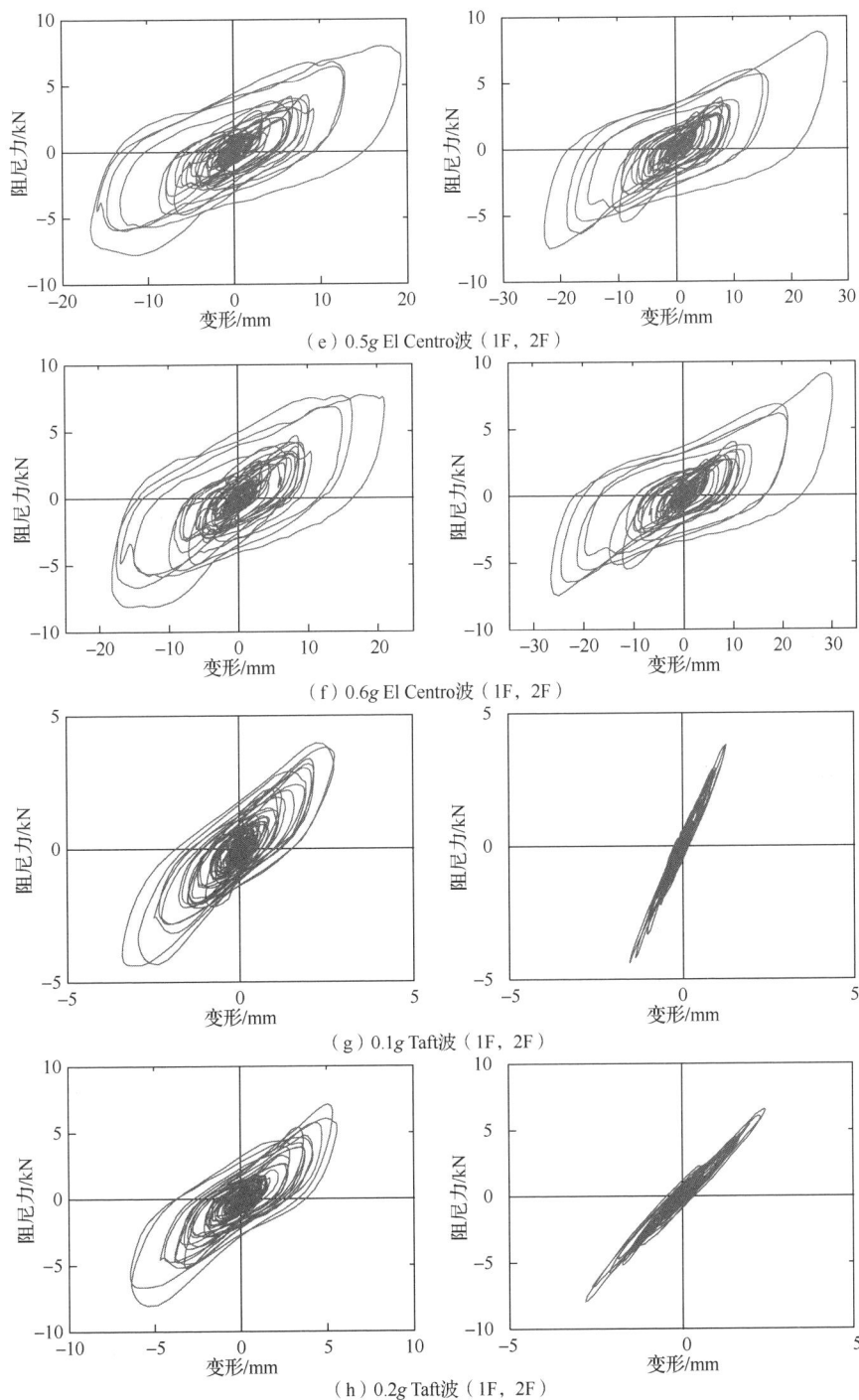

（e）0.5g El Centro 波（1F，2F）

（f）0.6g El Centro 波（1F，2F）

（g）0.1g Taft 波（1F，2F）

（h）0.2g Taft 波（1F，2F）

图 4.1.10　（续）

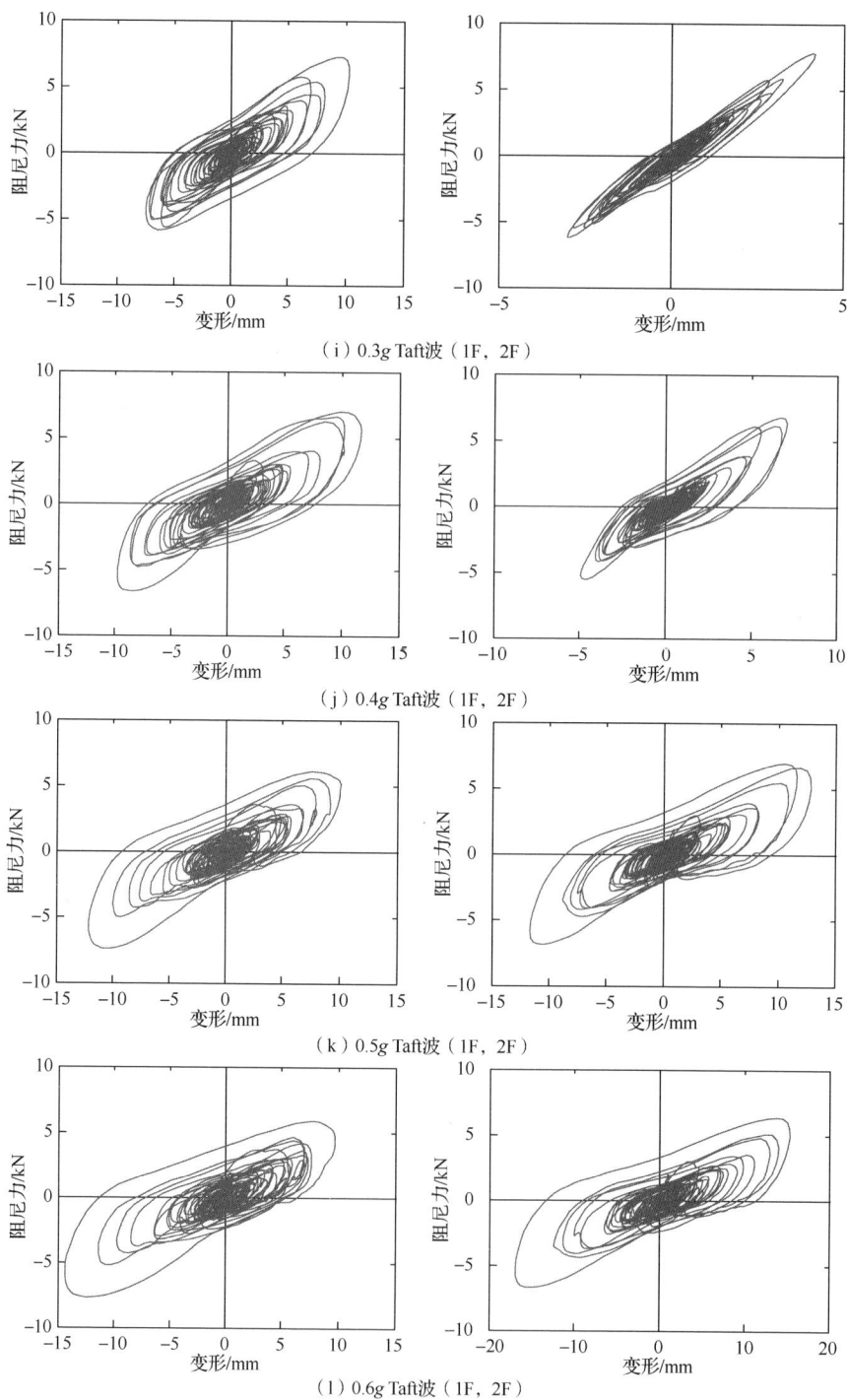

（i）0.3g Taft波（1F，2F）

（j）0.4g Taft波（1F，2F）

（k）0.5g Taft波（1F，2F）

（l）0.6g Taft波（1F，2F）

图 4.1.10 （续）

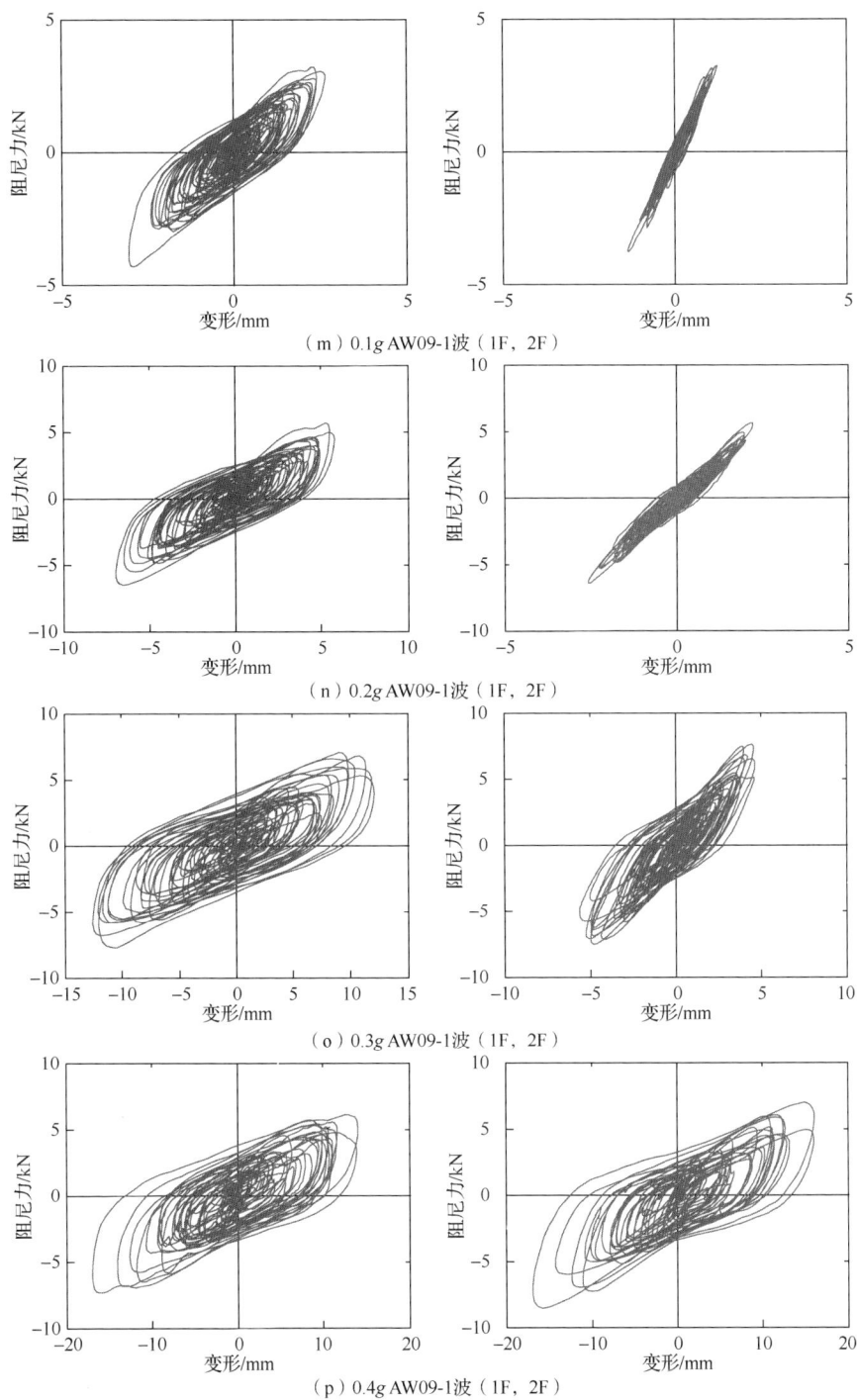

（m）0.1g AW09-1波（1F，2F）

（n）0.2g AW09-1波（1F，2F）

（o）0.3g AW09-1波（1F，2F）

（p）0.4g AW09-1波（1F，2F）

图 4.1.10　（续）

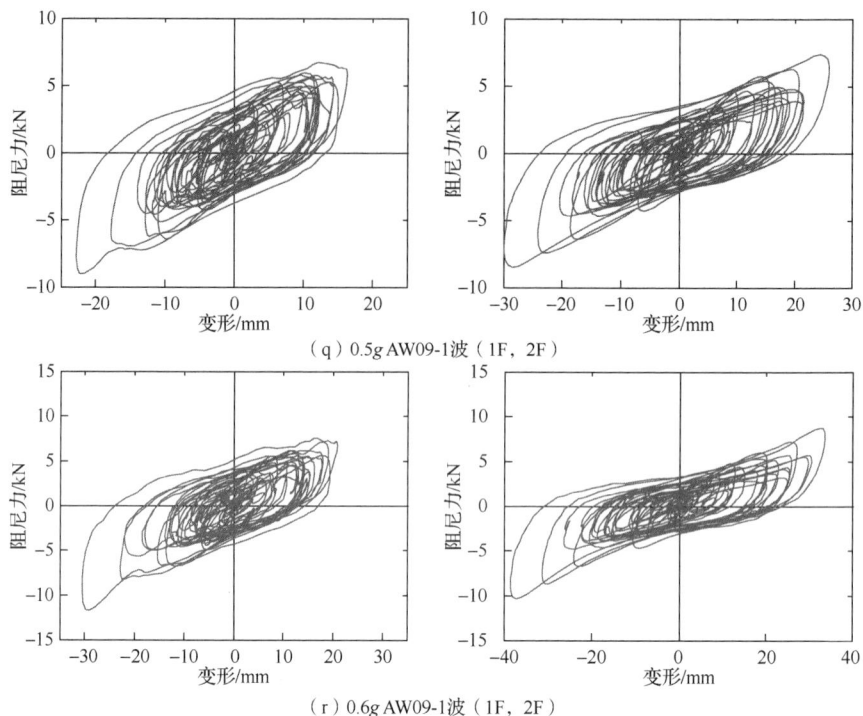

（q）0.5g AW09-1波（1F，2F）

（r）0.6g AW09-1波（1F，2F）

图 4.1.10　（续）

由图 4.1.10 可得出如下结论：

1）振动台试验中黏弹性阻尼墙滞回曲线形状、动态非线性特征、阻尼力与性能试验结果一致，可以认为求解的滞回曲线正确。

2）第 2 层黏弹性阻尼墙在小变形（δ 小于 5mm）下，由于螺栓的滑移小于 0.5mm，滞回曲线呈现轻微的捏拢效应，在大变形下则不明显，可以忽略。

3）滞回曲线中可以明显观察到和性能试验中一致的软化特征和硬化特征。

4）随着输入台面峰值加速度的增加，可以观察到相同变形下，黏弹性阻尼墙的阻尼力存在下降趋势，这是由阻尼墙升温效应和疲劳性能引起的性能下降。

5）黏弹性阻尼墙的滞回曲线一定程度上反映了地震波的频谱特性。

4.2　黏弹性阻尼墙减震结构有限元分析

对振动台试验进行数值模拟的目的是将数值模拟所得的主要结构特性和响应与振动台试验结果对比，以此验证结构有限元模型、阻尼墙力学模型和非线性分析方法的合理性。考虑到将模型结构还原为原型结构，会引入大量的干扰因素，如结构重力失真效应、阻尼墙频率敏感性问题等，本节利用 OpenSees 软件对振动台试验的模型结构进行数值模拟。

OpenSees 软件中物理量没有特定的单位，需要用户自行统一，因此在建模过程中使用统一的 kN-mm 单位系统，所有数据和参数均统一至该单位下输入。整个建模过程通过输入脚本语言命令流，即工具命令语言（tool command language，TCL）实现。

4.2.1　结构建模

对于无控结构，对其进行模态分析和动力时程分析。无控结构动力时程分析的建模过程可以分为以下步骤：

1）基本设置：模型维度设置为三维，自由度设置为 6 个。

2）输入各节点的三维坐标，将钢框架中各单元质量和附加砝码质量分配至各节点上，输入各节点的质量，对底部各节点 6 个自由度方向进行约束。

3）定义 Q345 钢材料和线性几何转换向量，以备后续定义单元时使用。

4）定义单元，由于试验过程中钢结构并未屈服，采用弹性梁柱单元，各单元不同截面信息如表 4.2.1 所示。

表 4.2.1　各单元不同截面信息

截面	截面面积 A /mm^2	弹性模量 E / (kN·mm^2)	剪切模量 G / (kN·mm^2)	扭转常数 J	惯性矩 I_y / (kg·m^2)	惯性矩 I_z / (kg·m^2)
柱	1434.5	206	79.23	20989	2450000	330000
底梁	4854.1	206	79.23	195275	50200000	2800000
主梁	1536.2	206	79.23	28467	3460000	374000
次梁	2511.8	206	79.23	4931081	3064852	3930783

5）设置记录器输出 X 向底梁、第 1 至 3 层主梁长度中点处的加速度和位移响应时程至文本文件。

6）对结构阻尼按照如下方法考虑：采用 Rayleigh 阻尼，通过编制的子程序计算质量系数和刚度系数，结构的 X 向前两阶振型的阻尼比为试验测定值。这是因为结构 X 向前两阶振型的振型质量参与系数之和大于 0.9，所占比重较大，所以主要控制此两阶振型的阻尼比即可满足分析要求。

7）定义动力时程分析，包括输入加速度时程文件名、调幅系数、输入方向和步长等，荷载模式为 Uniform Excitation Pattern。输入加速度时程为试验过程中，台面反馈的加速度时程记录，因此不同工况下加速度时程调幅系数均为1。

8）定义分析方法：采用普通的编号方式、transformation 约束方式和 umfpack 系统方法，使用能量收敛准则（energy increment test）和 Newton 迭代法，使用 Newmark 积分法，分析方法为瞬态分析（transient），并定义分析步长和步数。

对于有控结构，只考虑连接单元的非线性，对其进行动力非线性时程分析。有控结构和无控结构的建模过程的区别如下：

① 定义材料时增加 Bouc-Wen 材料，其参数采用 VE60×60×10 黏弹性阻尼墙的参数，如表 4.2.2 所示。

表 4.2.2　Bouc-Wen 材料参数

参数	α	k	n	γ	β	A
取值	0.036	9.0	0.8	1.3	1.3	1.0

② 增加 twoNodeLink 单元，赋予其 Bouc-Wen 材料，以模拟黏弹性阻尼墙。
③ 采用普通位移收敛准则（norm displacement increment test）。

4.2.2　无控结构数值模拟结果

1. 结构质量和动力特征

无控结构的总质量和试验测得动力特性与数值模拟结果对比如表 4.2.3 所示。

表 4.2.3　无控结构总质量和动力特性的试验和模拟对比

对比项目		试验	模拟	相差
总质量/kg		7987	8062	0.9%
X 向振型频率 /Hz	第 1 阶	1.027	1.011	-1.6%
	第 2 阶	3.361	3.325	-1.1%
	第 3 阶	7.592	7.562	-0.4%

由表 4.2.3 可知，数值模拟结果和试验结果相差很小，因此证明了无控结构有限元模型的正确性。

2. 结构加速度和位移响应

无控结构在各工况下楼层相对加速度和相对位移时程曲线的试验值和模拟值对比如图 4.2.1 所示。

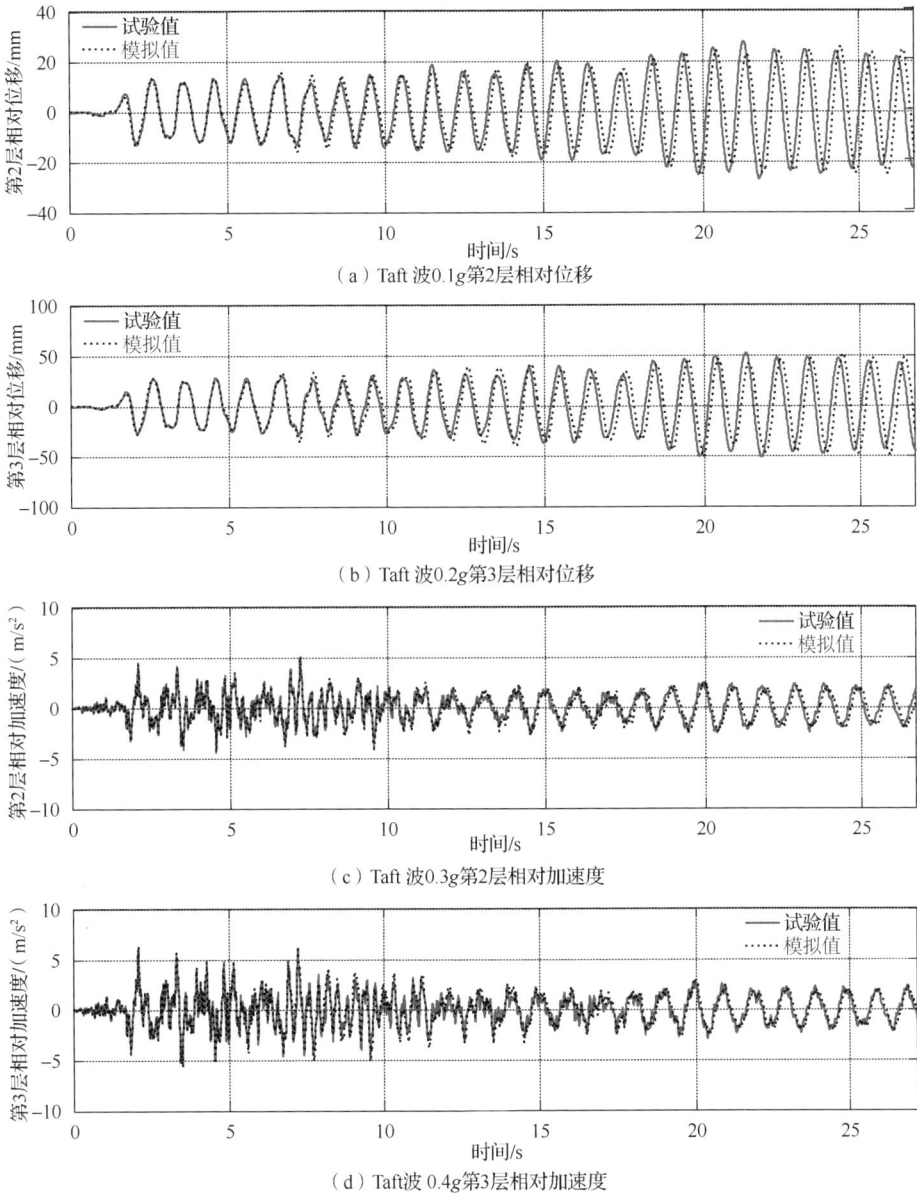

（a）Taft 波0.1g第2层相对位移

（b）Taft 波0.2g第3层相对位移

（c）Taft 波0.3g第2层相对加速度

（d）Taft波 0.4g第3层相对加速度

图 4.2.1　无控结构楼层相对加速度和相对位移时程曲线的试验值与模拟值对比

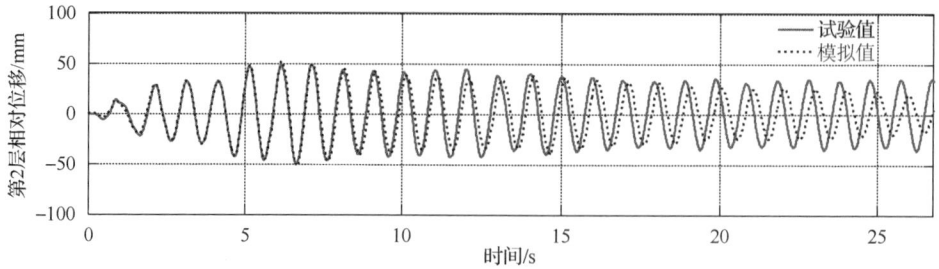

（e）El Centro波 0.1g第2层相对位移

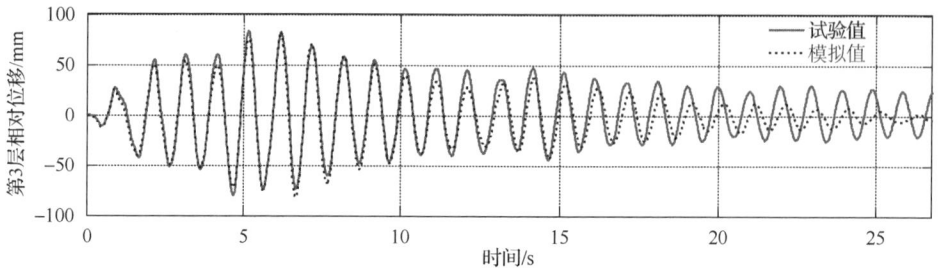

（f）El Centro波 0.2g第3层相对位移

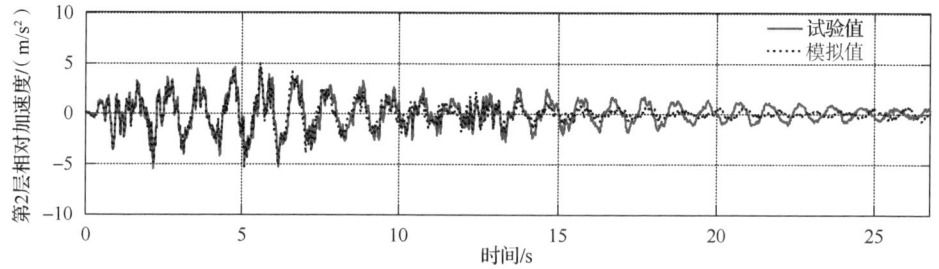

（g）El Centro波 0.3g第2层相对加速度

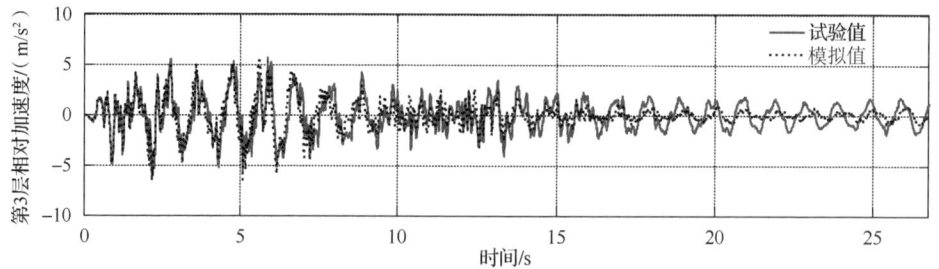

（h）El Centro波 0.4g第3层相对加速度

图 4.2.1　（续）

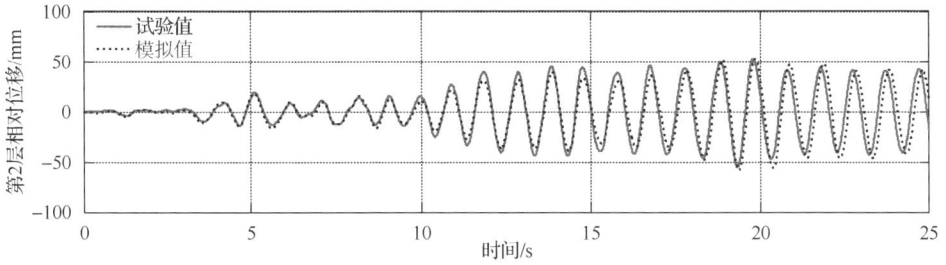

（i）AW09-1波 0.1g第2层相对位移

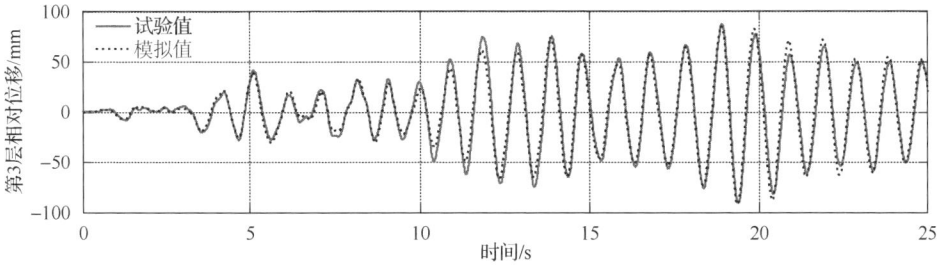

（j）AW09-1波 0.2g第3层相对位移

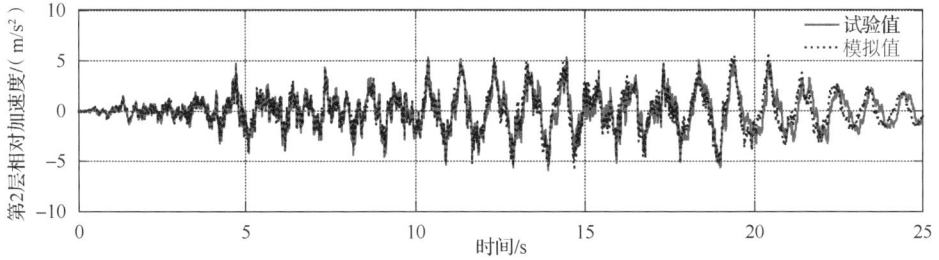

（k）AW09-1波 0.3g第2层相对加速度

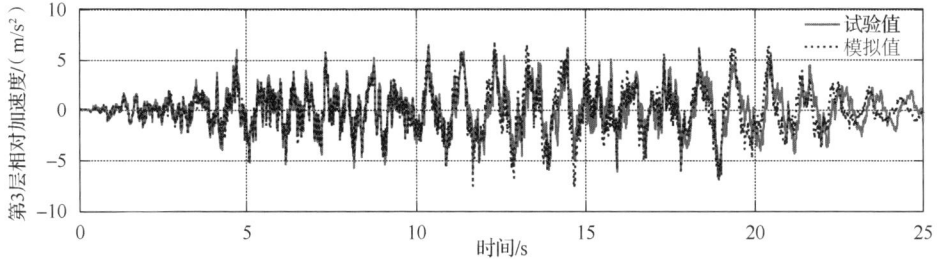

（l）AW09-1波 0.4g第3层相对加速度

图 4.2.1　（续）

　　无控结构各工况下最大楼层相对加速度曲线的试验值和模拟值对比如图 4.2.2 所示。

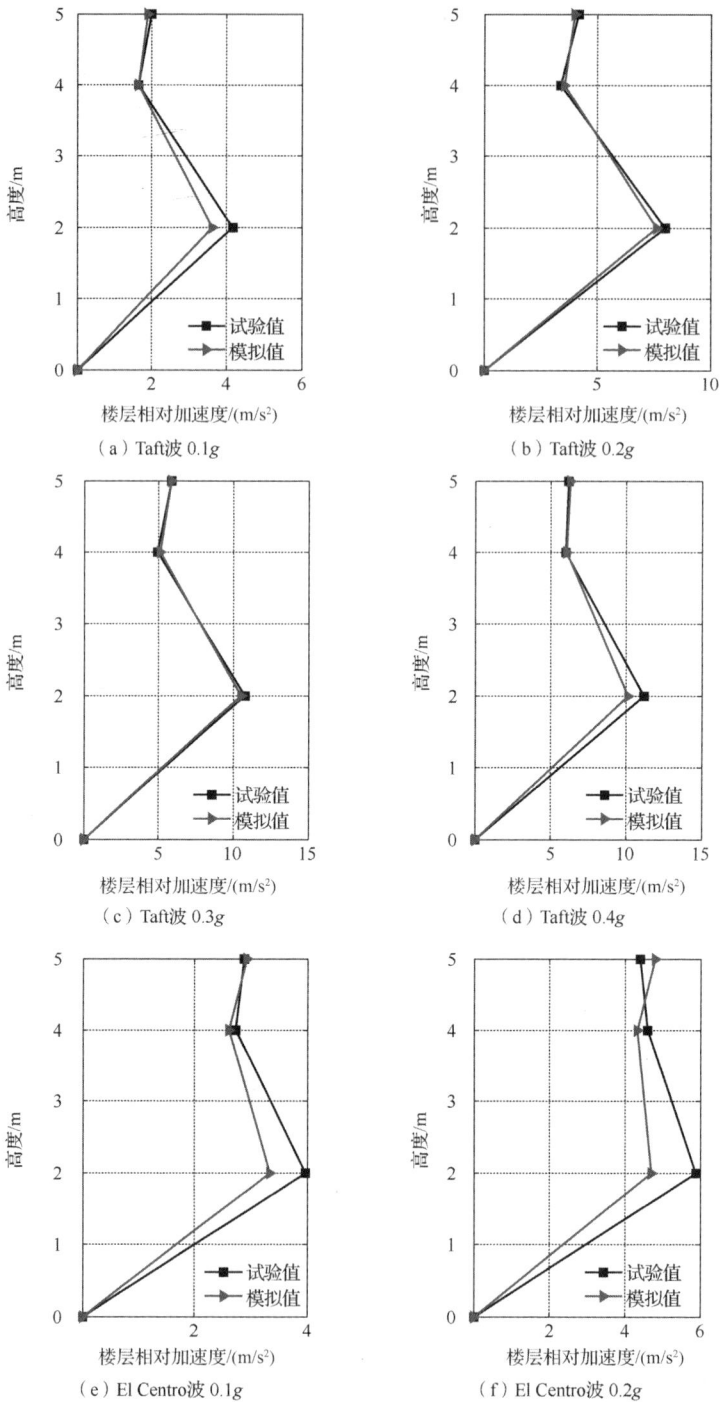

（a）Taft波 0.1g

（b）Taft波 0.2g

（c）Taft波 0.3g

（d）Taft波 0.4g

（e）El Centro波 0.1g

（f）El Centro波 0.2g

图 4.2.2　无控结构各工况下最大楼层相对加速度曲线的试验值与模拟值对比

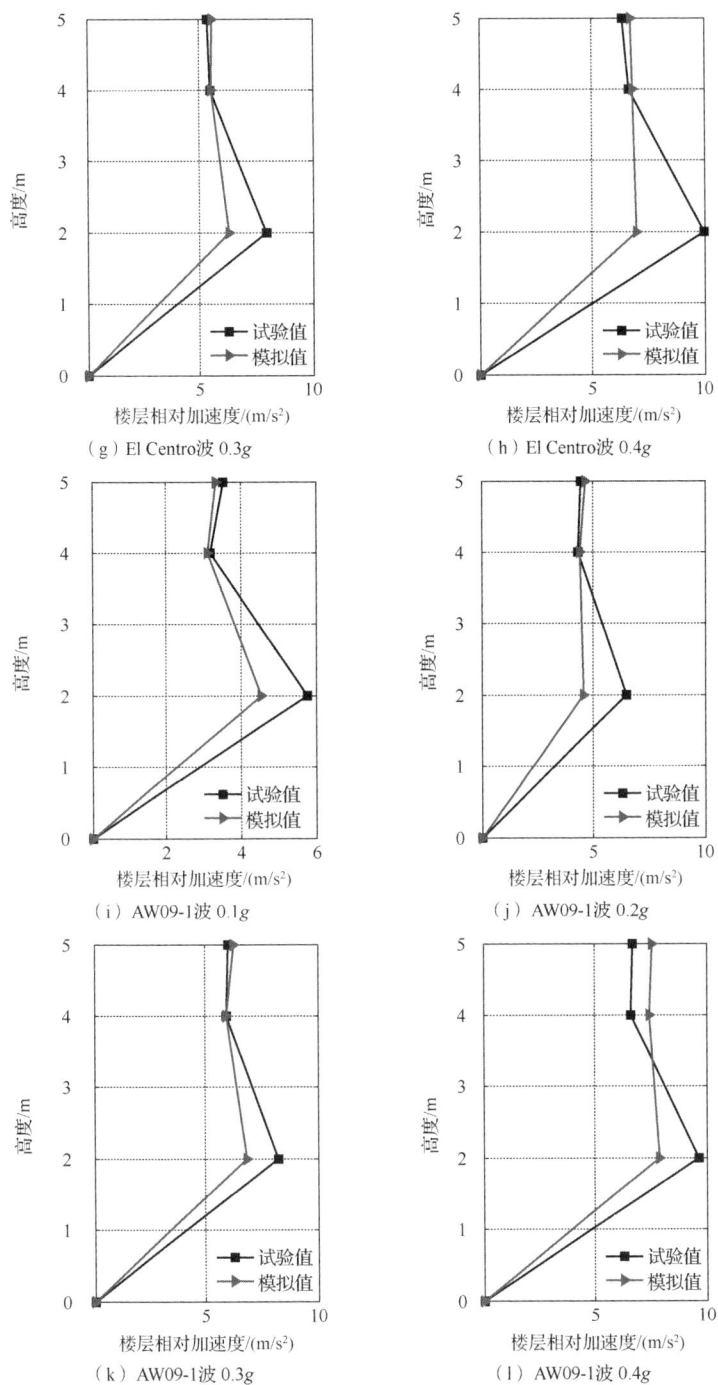

（g）El Centro 波 0.3g

（h）El Centro 波 0.4g

（i）AW09-1波 0.1g

（j）AW09-1波 0.2g

（k）AW09-1波 0.3g

（l）AW09-1波 0.4g

图 4.2.2　（续）

　　无控结构各工况下最大楼层相对位移曲线的试验值和模拟值对比如图 4.2.3 所示。

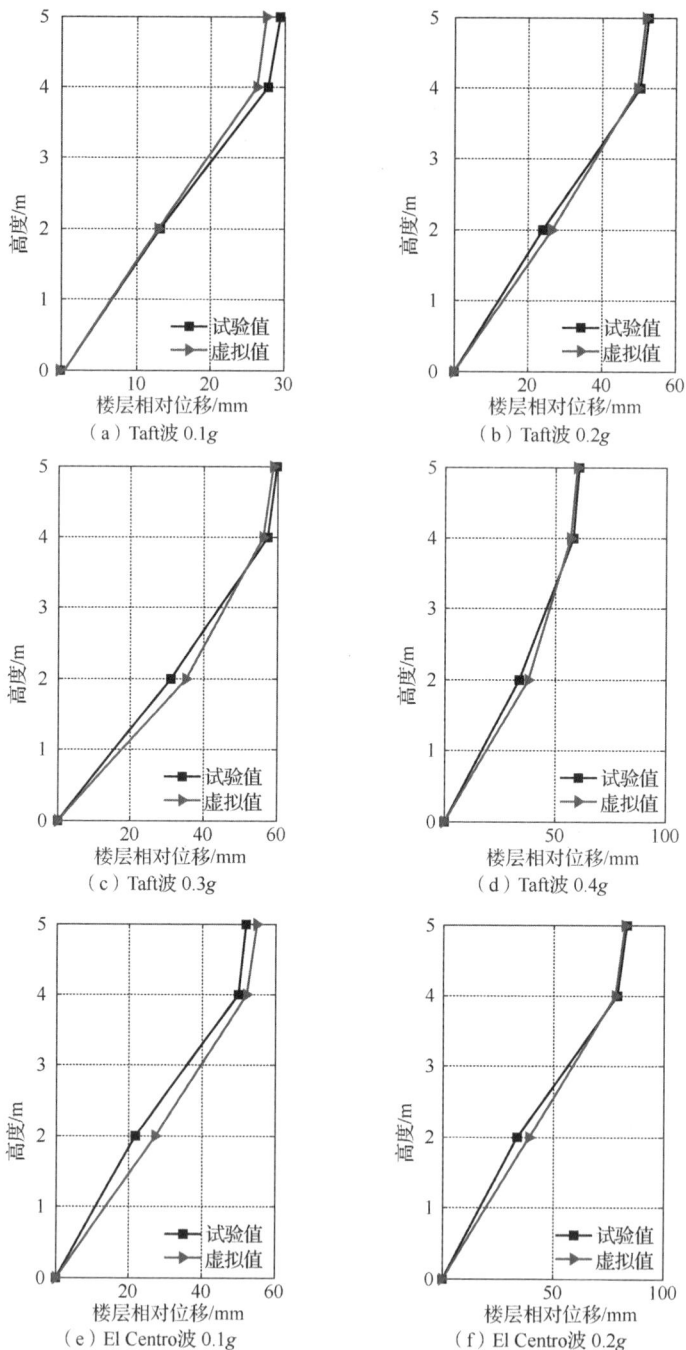

图 4.2.3　无控结构各工况下最大楼层相对位移曲线的试验值与模拟值对比

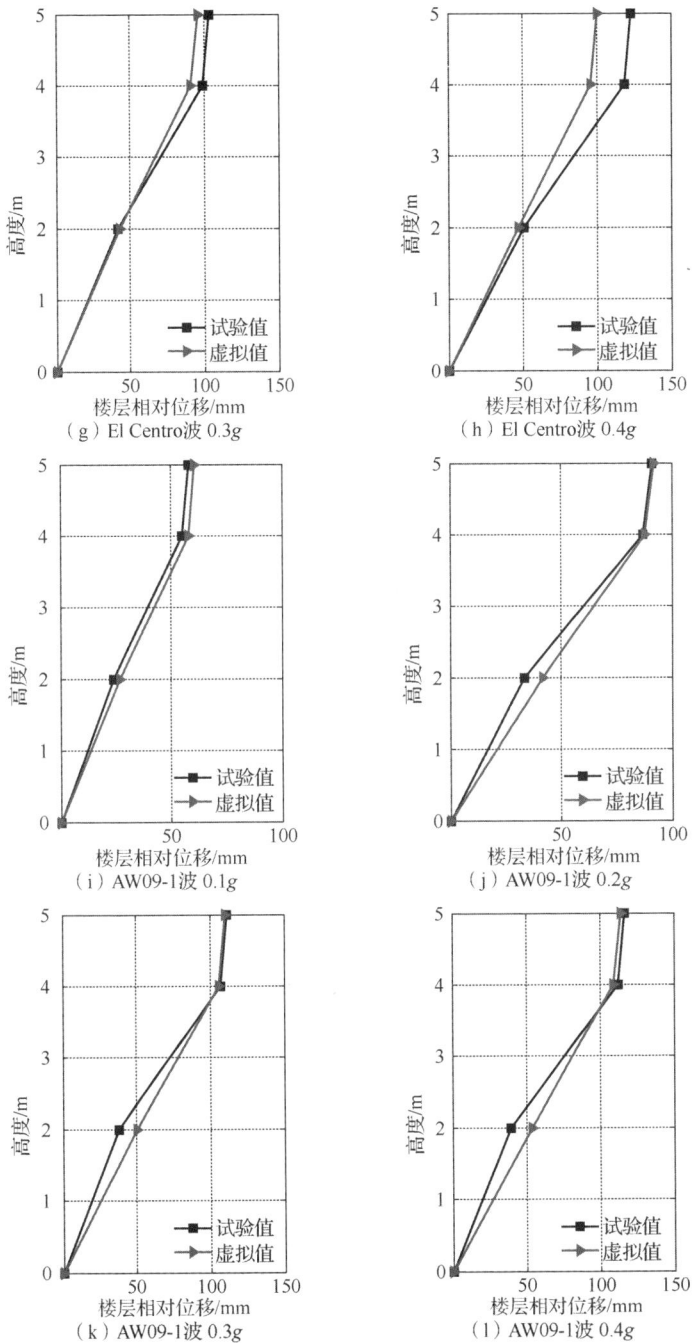

（g）El Centro波 0.3g

（h）El Centro波 0.4g

（i）AW09-1波 0.1g

（j）AW09-1波 0.2g

（k）AW09-1波 0.3g

（l）AW09-1波 0.4g

图 4.2.3　（续）

通过图 4.2.1～图 4.2.3 中无控结构相对加速度和相对位移响应的试验与模拟

对比，可得出以下结论：

1）随着地震加速度峰值的增加，楼层加速度的数值模拟效果变好，这是因为地震加速度峰值较大时，各类干扰因素的影响减小。

2）结构位移响应的数值模拟效果比加速度响应的效果好，这是因为加速度经过两次积分得到位移后，其模拟效果会提高。

3）3 条地震波下，结构加速度和位移响应的模拟效果从高到低依次是 Taft 波→AW09-1 波→El Centro 波。

4）利用 OpenSees 对无控结构振动台试验各工况的数值模拟中，结构加速度和位移时程波形和最大值均吻合很好，数值模拟效果良好。

4.2.3　有控结构数值模拟结果

有控结构各工况下楼层相对加速度和相对位移时程曲线的试验值和模拟值对比如图 4.2.4 所示。

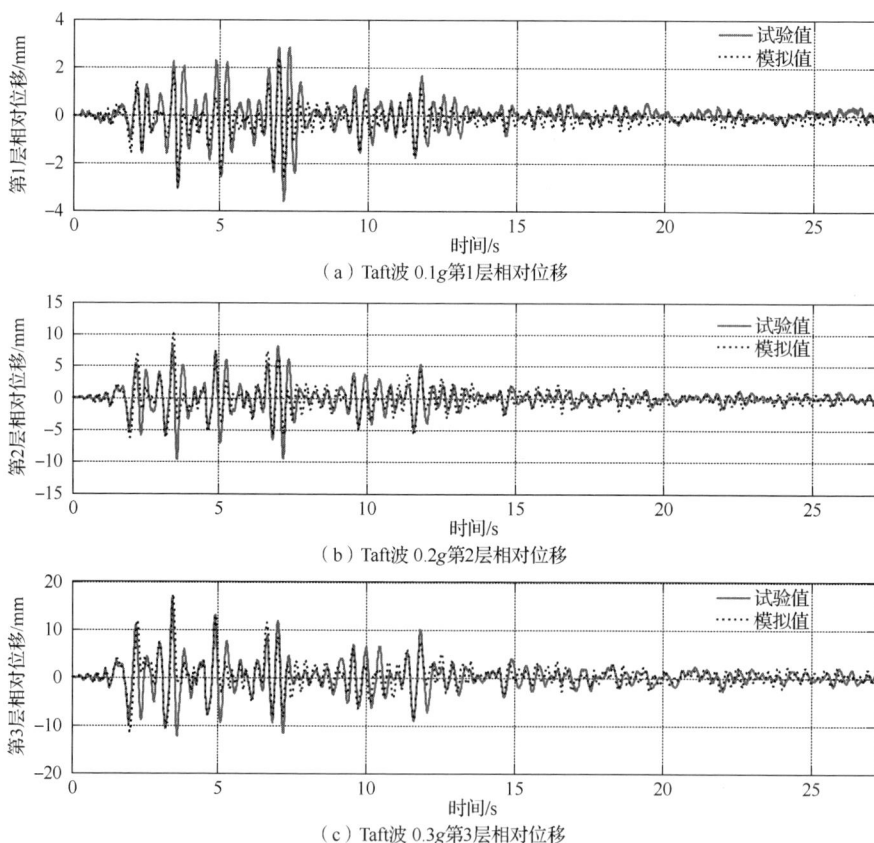

（a）Taft 波 0.1g 第 1 层相对位移

（b）Taft 波 0.2g 第 2 层相对位移

（c）Taft 波 0.3g 第 3 层相对位移

图 4.2.4　有控结构楼层相对加速度和相对位移时程曲线的试验值与模拟值对比

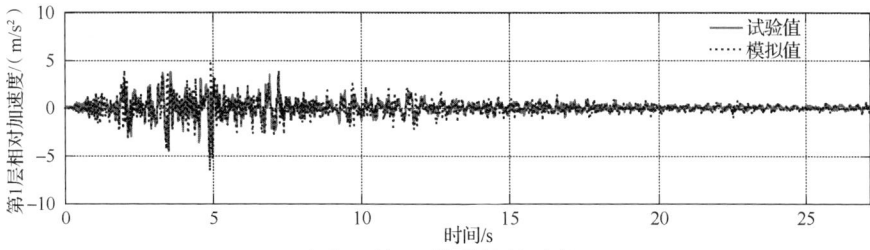

（d）Taft 波 0.4g 第 1 层相对加速度

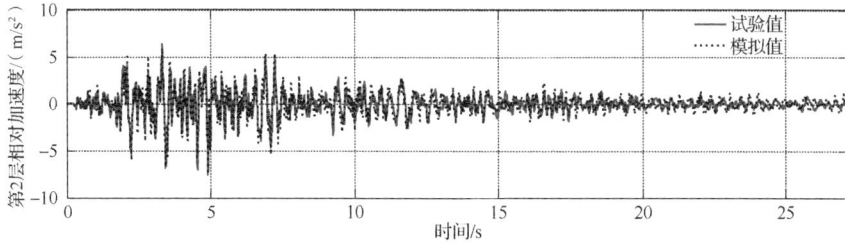

（e）Taft 波 0.5g 第 2 层相对加速度

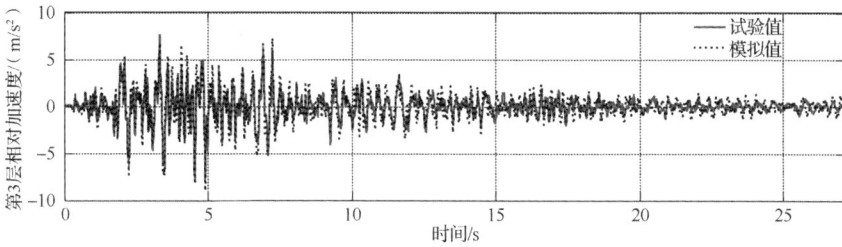

（f）Taft 波 0.6g 第 3 层相对加速度

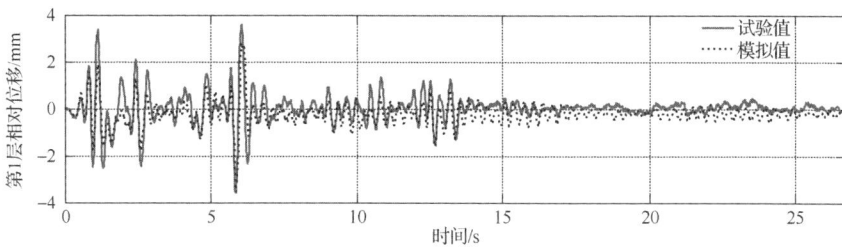

（g）El Centro 波 0.1g 第 1 层相对位移

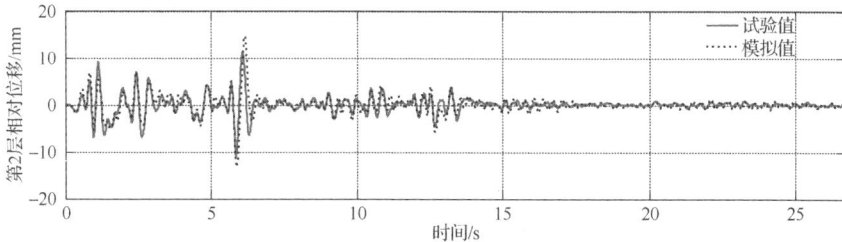

（h）El Centro 波 0.2g 第 2 层相对位移

图 4.2.4　（续）

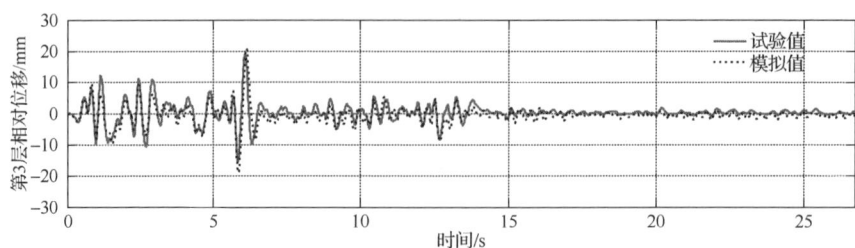
（i）El Centro波 0.3g第3层相对位移

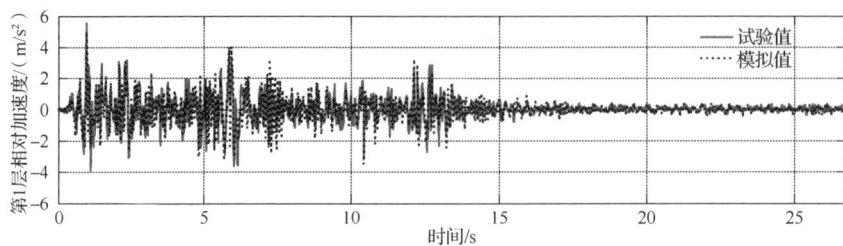
（j）El Centro波 0.4g第1层相对加速度

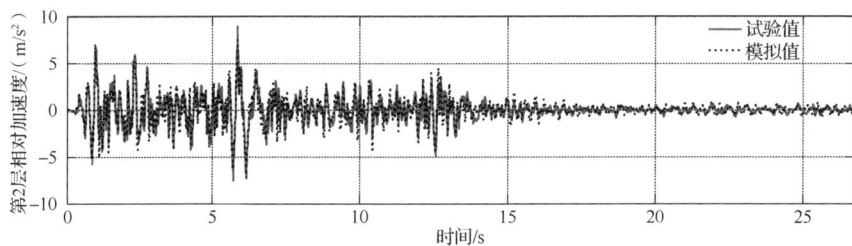
（k）El Centro波 0.5g第2层相对加速度

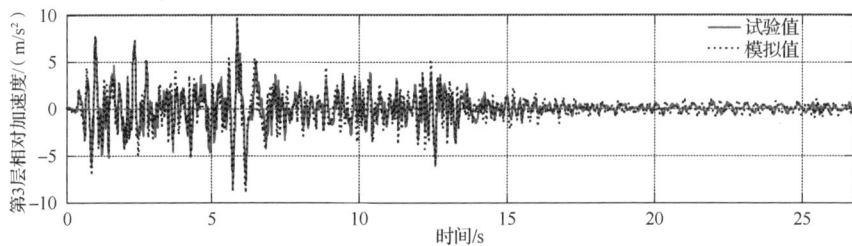
（l）El Centro波 0.6g第3层相对加速度

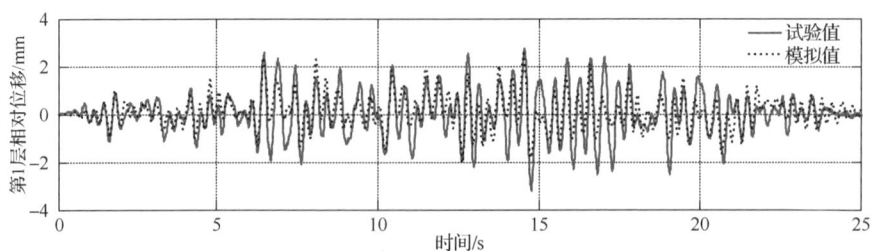
（m）AW09-1波 0.1g第1层相对位移

图 4.2.4 （续）

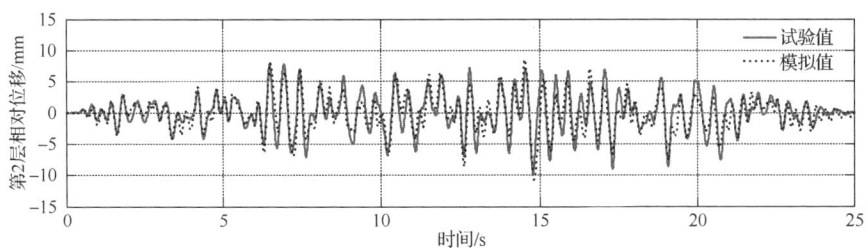

（n）AW09-1波 0.2g第2层相对位移

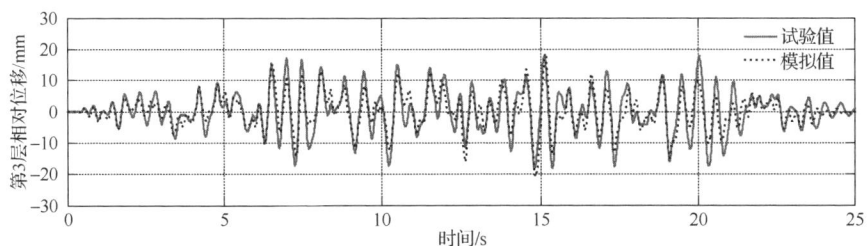

（o）AW09-1波 0.3g第3层相对位移

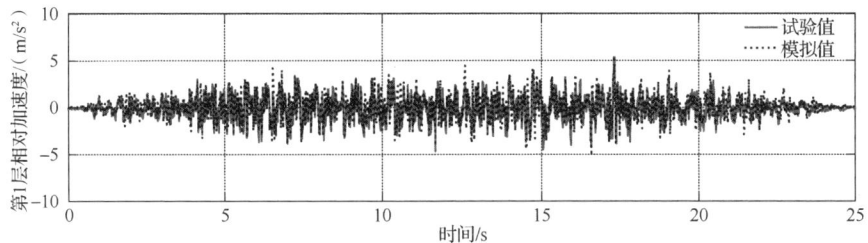

（p）AW09-1波 0.4g第1层相对加速度

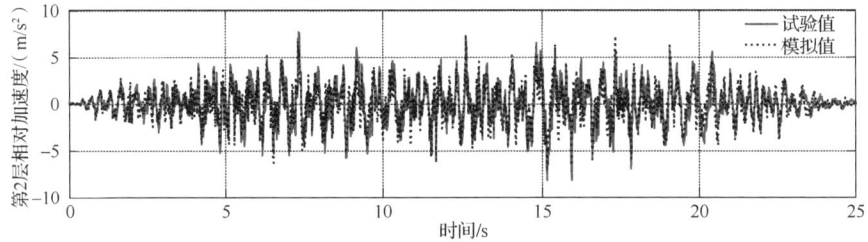

（q）AW09-1 0.5g第2层相对加速度

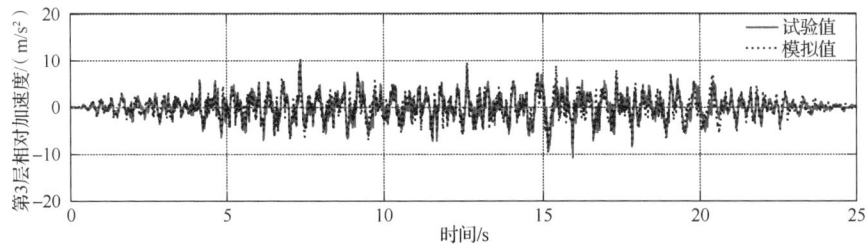

（r）AW09-1 0.6g第3层相对加速度

图 4.2.4　（续）

有控结构各工况下最大楼层相对加速度曲线的试验值和模拟值对比如图 4.2.5 所示。

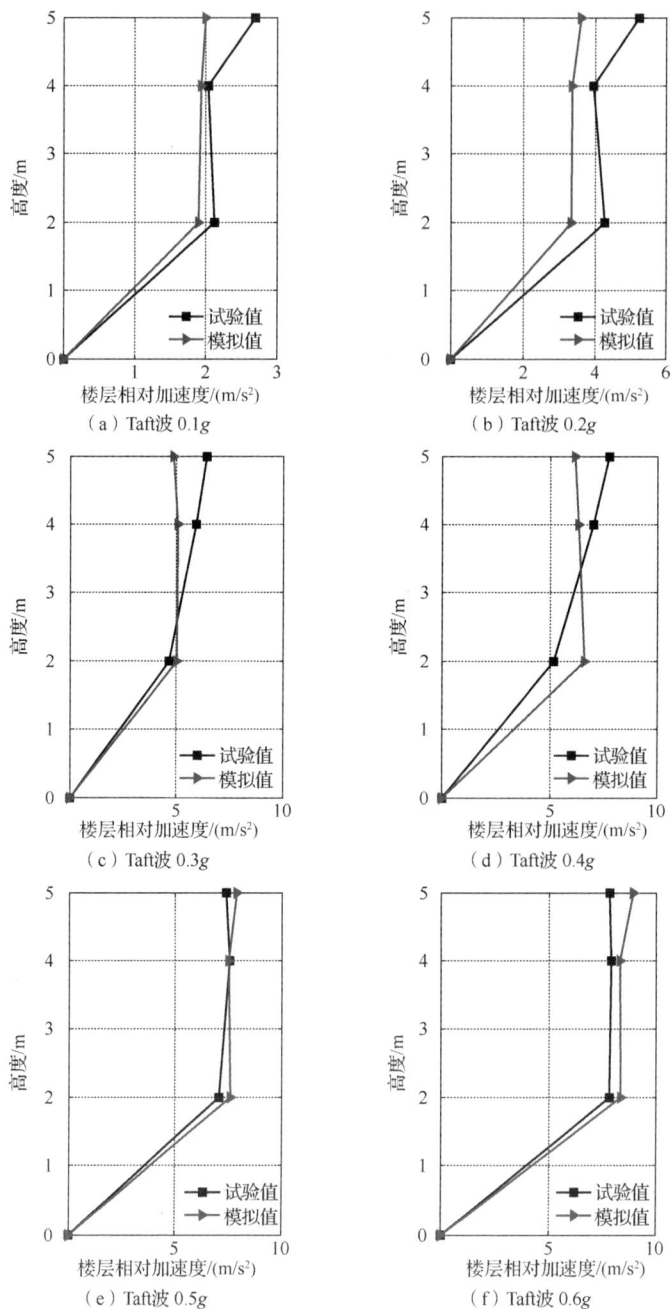

图 4.2.5 有控结构各工况下最大楼层相对加速度曲线的试验值与模拟值对比

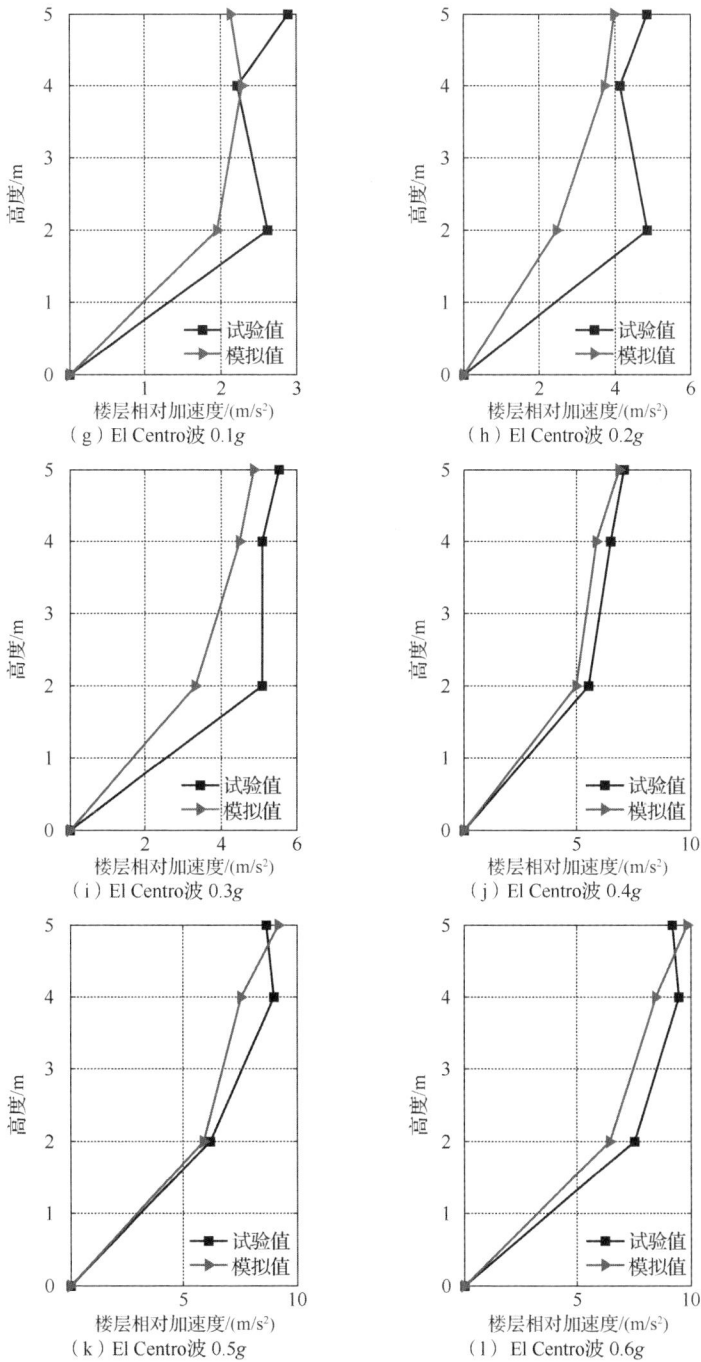

（g）El Centro 波 0.1g

（h）El Centro 波 0.2g

（i）El Centro 波 0.3g

（j）El Centro 波 0.4g

（k）El Centro 波 0.5g

（l）El Centro 波 0.6g

图 4.2.5　（续）

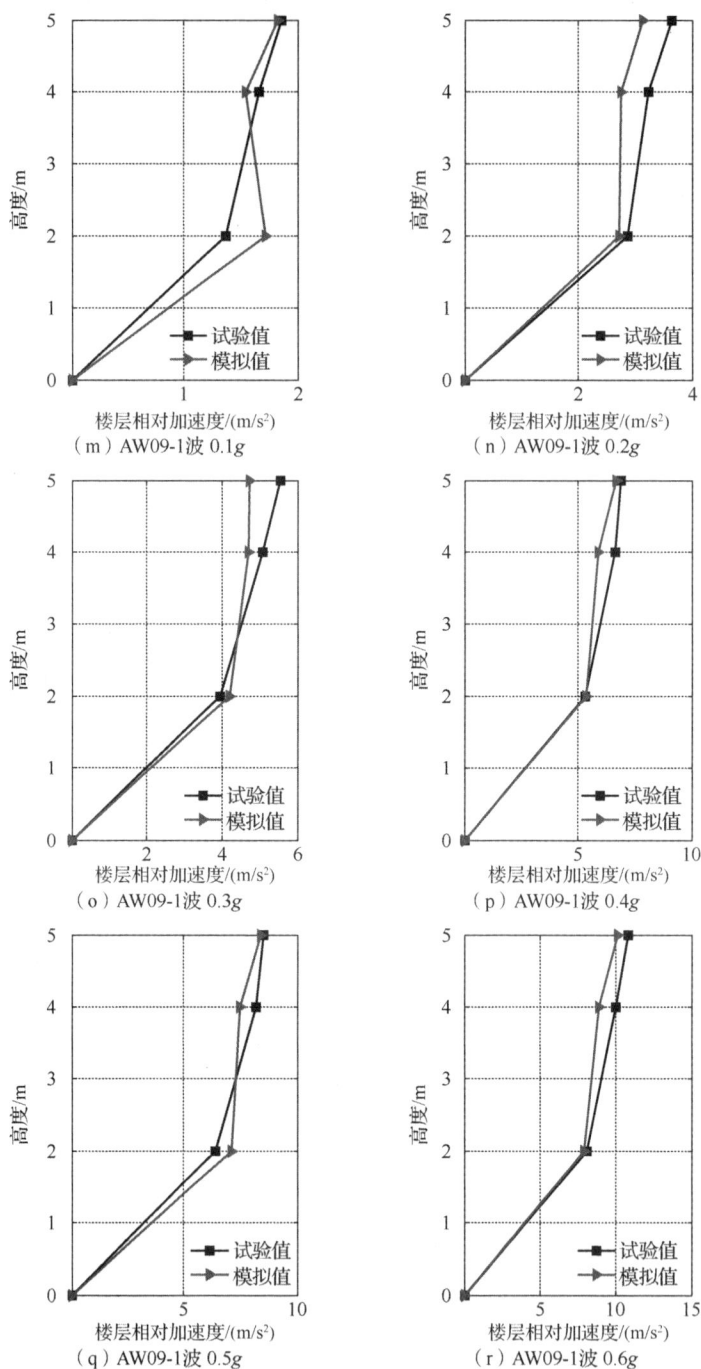

（m）AW09-1 波 0.1g

（n）AW09-1 波 0.2g

（o）AW09-1 波 0.3g

（p）AW09-1 波 0.4g

（q）AW09-1 波 0.5g

（r）AW09-1 波 0.6g

图 4.2.5　　（续）

有控结构各工况下最大楼层相对位移曲线试验值和模拟值对比如图 4.2.6 所示。

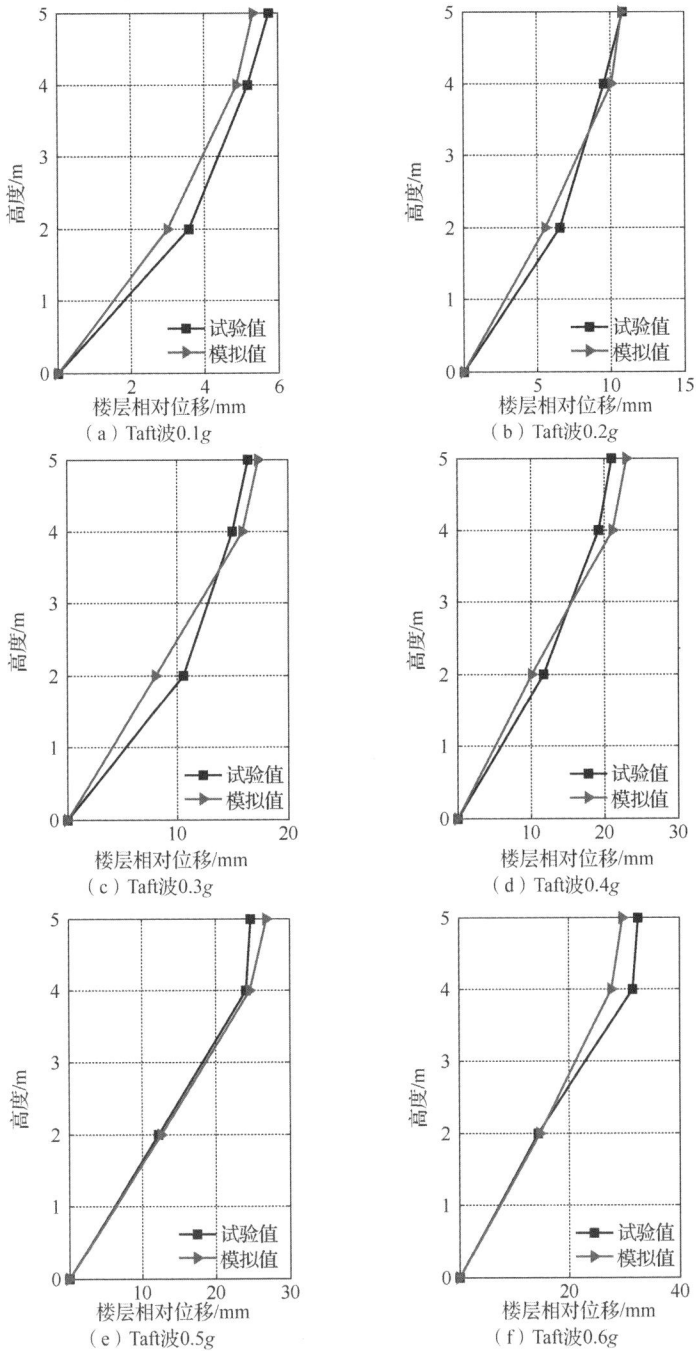

（a）Taft波0.1g

（b）Taft波0.2g

（c）Taft波0.3g

（d）Taft波0.4g

（e）Taft波0.5g

（f）Taft波0.6g

图 4.2.6　有控结构各工况下最大楼层相对位移曲线的试验值与模拟值对比

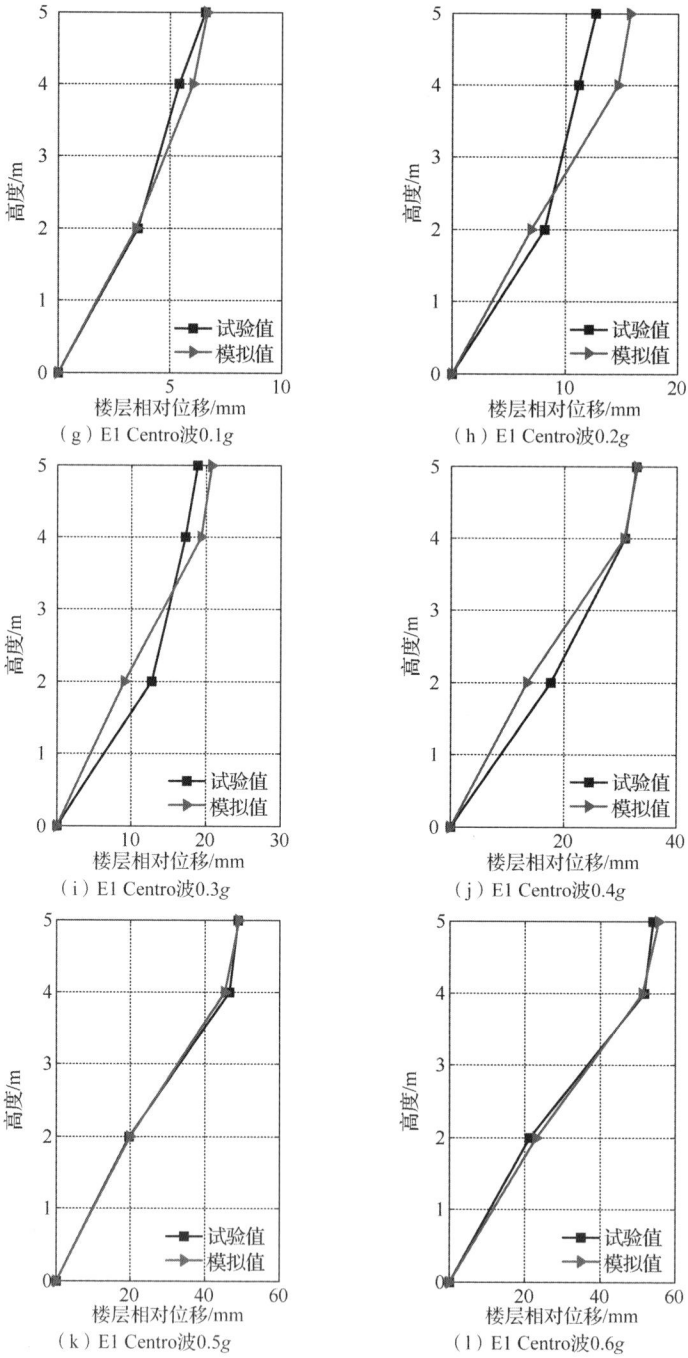

（g）E1 Centro波0.1g

（h）E1 Centro波0.2g

（i）E1 Centro波0.3g

（j）E1 Centro波0.4g

（k）E1 Centro波0.5g

（l）E1 Centro波0.6g

图 4.2.6　（续）

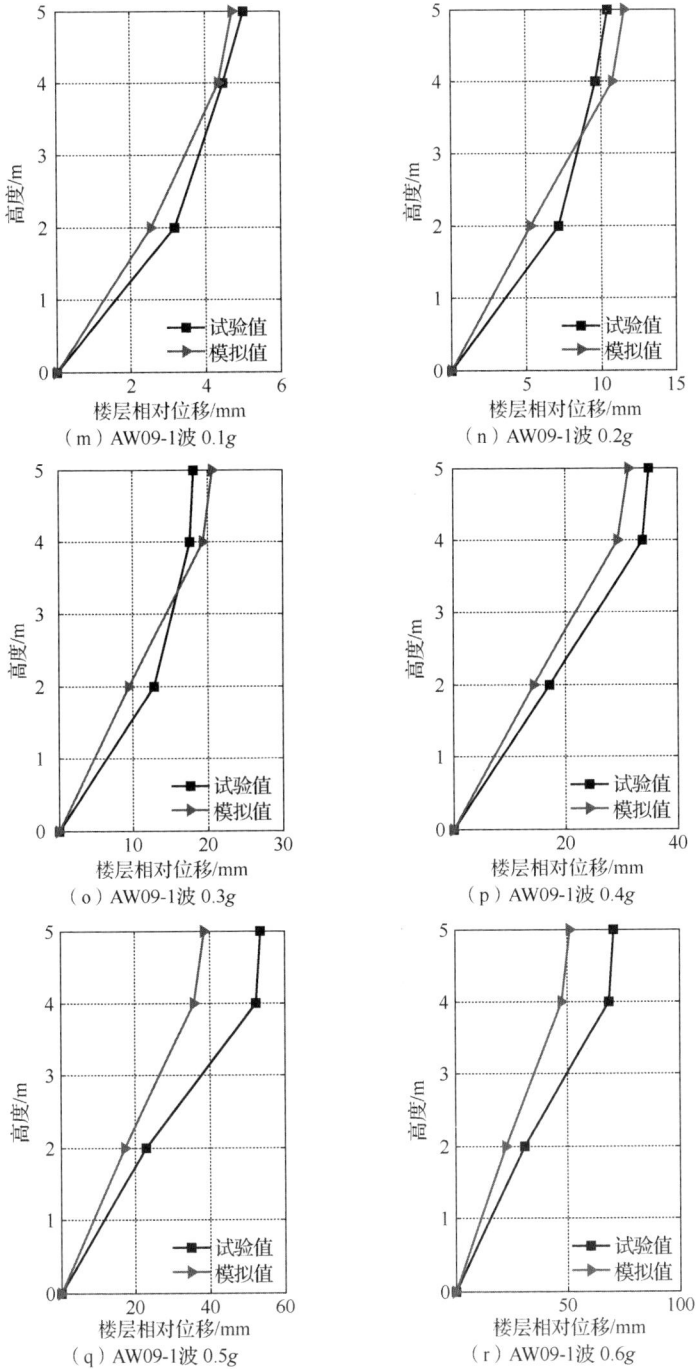

（m）AW09-1波 0.1g

（n）AW09-1波 0.2g

（o）AW09-1波 0.3g

（p）AW09-1波 0.4g

（q）AW09-1波 0.5g

（r）AW09-1波 0.6g

图 4.2.6　（续）

通过图 4.2.4～图 4.2.6 中有控结构各工况下加速度和位移响应的试验与模拟对比，可得出以下结论：

1）随着地震加速度峰值的增加，楼层加速度的数值模拟效果变好。

2）结构位移响应的数值模拟效果比加速度响应的效果好。

3）3 条地震波下，结构加速度响应的模拟效果从高到低依次是 AW09-1 波→Taft 波→El Centro 波，结构位移响应的模拟效果从高到低依次是 Taft 波→El Centro 波→AW09-1 波。

4）利用 OpenSees 软件对有控结构振动台试验各工况的数值模拟中，结构加速度和位移时程的波形和最大值均吻合很好，数值模拟效果良好。这说明结构有限元模型、黏弹性阻尼墙力学模型和非线性分析方法的选取合理。

4.2.4 大震下黏弹性阻尼墙减震效果分析

在试验过程中，为了防止无控结构在地震加速度峰值为 0.5g 和 0.6g 下变形过大而屈服，而没有进行此两种地震加速度峰值下的试验。现利用 OpenSees 软件进行无控结构在地震加速度峰值为 0.5g 和 0.6g 下的动力时程分析，并将计算结果与有控结构试验结果对比，分析黏弹性阻尼墙在更大的地震加速度峰值下的减震效果，结构楼层加速度和楼层位移响应的减震效果分别如表 4.2.4 和表 4.2.5 所示。

表 4.2.4 大震下结构楼层加速度响应减震效果

工况	楼层	无控结构（模拟值）	有控结构（试验值）	减震效果/%
Taft 波 0.5g	第 1 层	1.326g	0.719g	−46
	第 2 层	0.652g	0.770g	+18
	第 3 层	0.651g	0.754g	+16
El Centro 波 0.5g	第 1 层	0.916g	0.630g	−31
	第 2 层	0.837g	0.917g	+10
	第 3 层	0.765g	0.885g	+16
AW09-1 波 0.5g	第 1 层	0.894g	0.652g	−27
	第 2 层	0.801g	0.832g	+4
	第 3 层	0.821g	0.867g	+6
Taft 波 0.6g	第 1 层	1.425g	0.799g	−44
	第 2 层	0.656g	0.809g	+23
	第 3 层	0.640g	0.800g	+25
El Centro 波 0.6g	第 1 层	0.981g	0.764g	−22
	第 2 层	0.798g	0.965g	+21
	第 3 层	0.832g	0.938g	+13
AW09-1 波 0.6g	第 1 层	1.043g	0.829g	−21
	第 2 层	0.967g	1.025g	+6
	第 3 层	0.983g	1.104g	+12

表 4.2.5　大震下结构楼层位移响应减震效果

工况	楼层	无控结构（模拟值）/mm	有控结构（试验值）/mm	减震效果/%
Taft 波 0.5g	第 1 层	54.73	19.75	−64
	第 2 层	118.45	46.67	−61
	第 3 层	124.09	48.75	−61
El Centro 波 0.5g	第 1 层	46.00	12.28	−73
	第 2 层	70.08	24.13	−66
	第 3 层	73.33	24.81	−66
AW09-1 波 0.5g	第 1 层	62.82	23.24	−63
	第 2 层	130.11	52.47	−60
	第 3 层	135.87	53.73	−60
Taft 波 0.6g	第 1 层	56.80	21.43	−62
	第 2 层	120.88	51.80	−57
	第 3 层	126.56	54.00	−57
El Centro 波 0.6g	第 1 层	48.19	14.47	−70
	第 2 层	72.13	31.62	−56
	第 3 层	75.45	32.50	−57
AW09-1 波 0.6g	第 1 层	69.89	31.15	−55
	第 2 层	145.15	68.71	−53
	第 3 层	151.6	70.80	−53

通过上述对比，并与地震加速度峰值为 0.1g～0.4g 条件下试验所得减震效果对比，可以得出结论：

1）黏弹性阻尼墙的减震效果所呈现的规律和试验一致：加速度减震效果在较大峰值加速度时有限，位移减震效果显著；第 1 层加速度减震效果明显，第 2 层、第 3 层加速度放大；各层位移减震效果相当。

2）对比试验中，在更大地震加速度峰值下，黏弹性阻尼墙减震效果降低，第 2 层、第 3 层加速度放大明显。

3）在黏弹性阻尼墙提供的附加阻尼和附加刚度共同作用下，阻尼墙对于位移的减震效果达到 53%～73%，说明该黏弹性阻尼墙在更大地震加速度峰值下的减震效果仍然显著。

第5章　黏弹性阻尼墙减震结构设计方法

5.1　减震结构常用设计方法

不同国家（包括日本、美国、中国在内）的主流减震结构设计方法均有所差异，主要是受当地传统设计流程、减震策略、规范和指导手册的影响而形成的。目前，较成熟的方法包括基于附加阻尼比设计方法、性能优化设计方法、基于能力谱设计方法、基于位移设计方法等。

5.1.1　基于附加阻尼比设计方法

基于附加阻尼比的设计方法首先通过振型分解反应谱法分析，求得结构满足性能目标所需的附加阻尼比。在此基础上，依据减震概念设计的原则合理布置阻尼墙，确定各层阻尼墙的阻尼力以实现目标附加阻尼比 ξ_{add}，其计算公式如下：

$$\xi_{add} = \frac{\sum_j W_{cj}}{4\pi W_s} \tag{5.1.1}$$

式中，W_{cj} 为第 j 个阻尼墙在结构预期层间位移下变形一圈所消耗的能量；W_s 为减震结构在预期位移下的总应变能。各层阻尼墙的阻尼力确定后，进而确定各层阻尼墙的数量和参数。

基于附加阻尼比的减震设计方法原理清晰、步骤简单，能够很好地与我国的《建筑抗震设计规范》（GB 50011—2010）对接，且不需要大量迭代工作，因此广泛应用于我国工程实践当中。该方法主要适用于可以提供附加阻尼为主（附加刚度可以忽略）的阻尼墙类型，如黏滞流体阻尼墙，对于附加刚度不能忽略的阻尼墙则不适用。另外，在使用该方法过程中需要注意以下几个问题：

1）式（5.1.1）仅为一种简化的附加阻尼比计算方法，按照此方法配置的阻尼墙未必能提供预期的附加阻尼比，建议进行动力时程分析校核阻尼墙是否提供预期的附加阻尼比及结构是否实现预期性能目标。

2）阻尼墙未必是均匀分布在结构中，但是将阻尼墙简化为等效的附加阻尼比，实际上是将阻尼墙的作用在结构中平摊化，这会造成阻尼墙期望减震效果和实际情况之间的偏差。

3）大震下结构本身进入弹塑性阶段，结构和阻尼墙的动力响应均发生明显变化，因此小震下计算得到的附加阻尼比并不能直接应用于大震分析当中。

5.1.2　性能优化设计方法

日本的《被动减震构造设计·施工手册》中建议了减震结构的性能优化设计方法，其主要思想是把真实多层结构简化为单自由度体系，针对不同类型阻尼墙均可绘制添加阻尼墙后结构加速度和位移的复合减震系数曲线，进而以同时且最优地降低结构位移和加速度响应为目标，确定阻尼墙的数量和参数，最后通过减震结构时程分析验证预期的性能目标。该方法可以同时实现对结构层间位移和基底剪力的控制。

5.1.3　基于能力谱设计方法

美国 ATC-40 规定的能力谱方法可应用于减震结构的抗震性能分析中，若将其应用在减震设计中即形成了基于能力谱的减震设计方法。其基本思路如下：对结构进行推覆（Pushover）分析得到其推覆曲线（基底剪力-顶点位移关系曲线），通过推覆曲线可以得到假定顶点位移下结构的等效阻尼比。将推覆曲线转变为能力谱曲线，将反应谱曲线转换为需求谱曲线，求两曲线的交点，得到顶点位移，若其与假定值相差较大，则需通过反复迭代实现收敛。按照确定的结构顶点位移下各结构构件的割线刚度，进行模态分析和振型组合，得到结构最终的顶点位移和层间位移。根据性能目标确定初步减震方案和需求附加阻尼比，进而确定黏弹性阻尼墙的类型、数量、参数和布置位置。

基于能力谱的设计方法虽需进行反复迭代，但是每次迭代过程中计算量较小，效率较高。由于 Pushover 分析为静力分析方法，该方法不能应用于速度相关型阻尼墙的减震设计中。同时由于 Pushover 分析方法存在诸多简化假定，某些情况下其计算结果和动力时程分析结果存在较大差异，为了保证减震设计的可靠性，建议补充动力时程分析对减震效果进行验证。

5.1.4　基于位移设计方法

针对同时提供附加刚度和附加阻尼的装置，基于位移的减震设计方法的典型流程图如图 5.1.1 所示。

基于位移的设计方法的基本思路如下：首先根据规范或者性能需求确定目标位移。由于阻尼墙同时提供刚度和阻尼，设计初期很难将两者同时考虑，因此首先假定阻尼墙提供给结构的附加阻尼比。将结构等效为单自由度体系，绘制减震结构对应总阻尼比下的位移反应谱，根据目标位移或目标位移减震率在反应谱曲线上确定减震结构的等效周期，进而确定减震结构的等效刚度。不管是在单自由度体系还是多自由度体系下，均可以根据阻尼墙的刚度特征，配置相应数量和参数的阻尼墙以满足减震结构等效刚度的要求（根据不同类型的阻尼墙，配置阻尼墙的方法略有不同），实现减震初步设计。如果是在单自由度体系下完成阻尼墙参数设计，则需将其还原到多自由度体系中去。进而进行减震结构的抗震计算分析（一般为空间结构模型的非线性动力时程分析），计算当前设计下阻尼墙实际提供的附加阻尼比，如果该值与设计初期的假定值不一致，则重新假定阻尼墙的附加阻尼比，重复上述流程，直到实现收敛为止。最后，验算减震结构在不同地震水准下的位移，必要时可对减震方案进行微调。

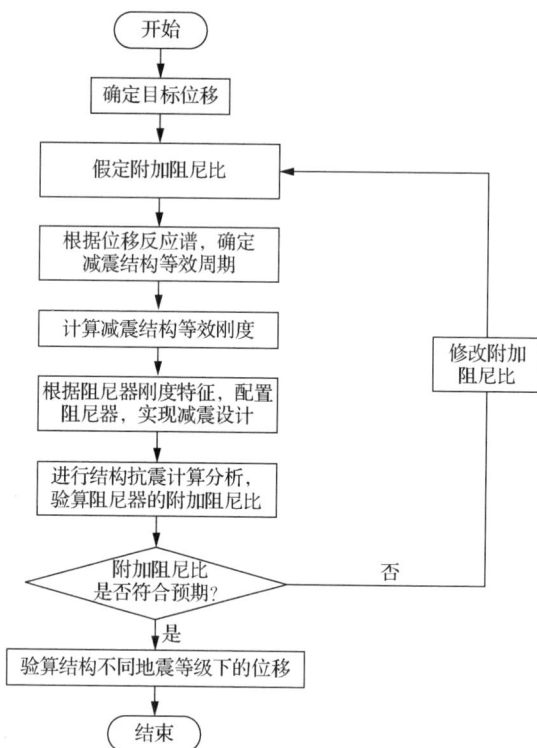

图 5.1.1　基于位移的设计方法的典型流程图

5.2　黏弹性阻尼墙减震结构改进的基于位移设计方法

由于强非线性黏弹性阻尼墙同时提供附加刚度和附加阻尼，不能使用基于附加阻尼比的设计方法，且该方法并不能直接形成阻尼墙尺寸、参数和位置的设计结果；而性能优化设计方法中计算结构加速度和位移复合减震系数曲线需使用以日本设计地震动为基础的简化经验公式，与中国相关规范存在出入；基于能力谱的设计方法核心计算工作即为 Pushover 分析，要求减震设计前已经完成了弹塑性结构模型的建立，起点难度较高。

对于同时提供附加刚度和附加阻尼的减震装置，典型的基于位移的设计方法及其改进方法均不可避免地需要反复迭代运算，究其原因是阻尼墙的附加刚度和附加阻尼间在设计初期未建立联系，因此只能先假设性地固定一个参数（表征附加刚度或表征附加阻尼），根据位移反应谱、性能目标和相应阻尼墙配置方法确定另一个参数，然后返回去验算假定的参数是否与当前减震初步设计方案匹配，一般情况下需要反复迭代才能实现收敛。每一次迭代运算过程中，要重新完成减震结构等效周期和刚度（或阻尼比）的确定、阻尼墙的配置、整体结构的非线性动力时程分析、阻尼比（或刚度）验算，需要耗费大量的时间，效率较低，因此有必要对该方法进行改进。

5.2.1 基本思想

针对强非线性黏弹性阻尼墙改进的基于位移的设计方法，既能够考虑其强非线性特征，也能够极大减少减震设计中烦琐的迭代运算，主要依据如下。

1. 阻尼墙强非线性特征的考虑

针对黏弹性阻尼墙的强非线性特征，减震设计中需要考虑如下两点：①避免阻尼墙强非线性特征对减震设计造成干扰；②减震设计中阻尼墙参数能够体现阻尼墙的强非线性特征。

黏弹性阻尼墙的强非线性特征主要表现如下：相位差非线性引起滞回曲线形状的改变、初次加载大应变速率引起的初始刚度、升温效应和疲劳性能引起的软化、马林斯效应导致的大应变幅值下的软化、捏拢效应导致的大应变幅值下的硬化。在初步设计过程中，针对阻尼墙附加刚度和附加阻尼将进行等效线性化处理，因此不考虑滞回曲线形状的改变；通过合理设计且保证阻尼墙充分变形的基础上，可以忽略初始刚度的影响；减震初步设计时，可以先不考虑升温-疲劳软化，待非线性动力时程分析时再进行考虑。因此，主要需要考虑黏弹性阻尼墙在大应变幅值下的软化和硬化，即应变幅值相关性。

不同应变幅值下黏弹性阻尼墙力学性能差别较大，因此黏弹性阻尼墙应变幅值相关性会对减震设计造成干扰。为了避免这种情况，减震设计时假定小震下各层黏弹性阻尼墙应变相等，实际结构中只需要通过调整各层阻尼墙黏弹性材料层的厚度即可实现。需要指出的是：第一，减震结构的层间位移角在各楼层分布较均匀，同一个结构中无需使用太多不同材料层厚度的阻尼墙；第二，虽然黏弹性材料层厚度的改变会造成不同应变下阻尼墙附加刚度和附加阻尼的改变，但是后续过程中通过调整黏弹性材料层的面积可对此进行调节，保证阻尼墙对结构的贡献符合预期。

在确定黏弹性阻尼墙应变的情况下，可通过不同应变下的等效刚度系数 μ_{K_d} 和等效阻尼比系数 μ_{ξ_d}，计算黏弹性阻尼墙在不同应变下的等效刚度 K_d 和等效阻

尼比 ξ_d，即考虑了黏弹性阻尼墙力学参数的应变幅值相关性。

另外，该黏弹性阻尼墙温度相关性明显，因此为了保证减震设计在不同温度下的可靠性，应当采用当地基本温度最大值下的黏弹性阻尼墙力学参数进行减震设计，而不同温度下黏弹性阻尼墙的力学参数可通过相似准则进行转换。同时为了保证黏弹性阻尼墙耗能效果的最大发挥，宜采用层间柱的支撑形式，并保证连接件有足够刚度和强度。

2. 黏弹性阻尼墙配置原则的确定

借鉴日本免震构造协会（Japan Society of Seismic Isolation，JSSI）手册推荐的黏弹性阻尼墙配置原则，使用各层按相同刚度比进行黏弹性阻尼墙配置的方法，即同一层黏弹性阻尼墙总的等效刚度与对应楼层结构刚度的比值在各层上相等。实际结构中，只需要调整各层阻尼墙黏弹性材料层的总面积（或特定尺寸阻尼墙的数量）即可实现。

这种黏弹性阻尼墙配置原则能够实现减震结构的刚度呈均匀性、规律性分布，尽量减小弹塑性阶段结构薄弱层出现的可能。该配置原则适合于同时提供附加阻尼和附加刚度的黏弹性阻尼墙类型，可应用在基本符合概念设计原则且不存在严重不规则或明显扭转效应的结构中，是一种相对高效且经济的黏弹性阻尼墙配置方法。

另外，上述配置原则要求结构每层均布置黏弹性阻尼墙，因此有必要进一步对此改进，实现经济性优化。工程实践经验表明，将黏弹性阻尼墙布置在上部层间位移较小楼层所起到的效果有限，因此为了高效发挥黏弹性阻尼墙的耗能作用，将黏弹性阻尼墙布置在结构底部至中部，且连续而不间断布置，对于位于顶部且层间位移角满足性能要求的楼层则可不布置。这样虽然会导致实际结构中黏弹性阻尼墙提供的附加阻尼比和附加刚度达不到等效单自由度体系中的设计值，但是这是一种更具针对性的黏弹性阻尼墙布置方案，避免了等效刚度和附加阻尼比的作用在各楼层平摊化，依然可以使超过性能目标的各层层间位移角得到有效控制，黏弹性阻尼墙配置实现有的放矢。

3. 减震设计控制参数的确定

针对黏弹性阻尼墙的减震设计，可采用的控制设计参数很多，如材料层面的耗能剪切模量、储能剪切模量、损耗因子，构件层面的等效刚度、等效阻尼比，结构层面的附加刚度、附加阻尼比等。为了满足本节提出改进的基于位移设计方法的要求，减震设计控制参数必须满足两个条件：①需建立单自由度减震结构与多自由度减震结构之间的直接联系；②需建立阻尼墙与主体结构之间的直接联系。

为了实现这一目的，基于以上两点可得到强非线性黏弹性阻尼墙两个关键设计参数，即黏弹性阻尼墙应变需求 γ_d、黏弹性阻尼墙与结构刚度比 r。在黏弹性材料性能参数确定的基础上，根据该两参数，并按照提出的黏弹性阻尼墙配置原则直接确定黏弹性阻尼墙具体布置位置、数量和尺寸。

在结构中设置黏弹性阻尼墙应使材料层的厚度较小，使其在较大应变水平下工作，可以取得更好的减震效果，并且能够节省黏弹性材料。在结合考虑结构层间延性需求、黏弹性阻尼墙的极限应变等因素的基础上，即可直接确定尽量小的 γ_d 值。因此，减震设计过程中黏弹性阻尼墙的关键设计参数只剩下 r 一项。

4. VED-SDOF 体系下的减震设计

VED-SDOF（阻尼墙-单自由度）体系地震峰值响应简化评估方法中，阻尼墙提供的附加刚度和附加阻尼之间已经通过 γ_d 和 r 两参数实现了关联。也就是说，在 γ_d 确定及单自由度体系的基础上，对于特定的 r 值，黏弹性阻尼墙提供的附加刚度和附加阻尼比是确定的。因此，可以将基于位移的减震设计方法中反复迭代的计算工作提前到单自由度体系中完成，确定减震设计的关键参数 r，该过程利用地震峰值响应简化评估方法进行迭代计算，无需进行非线性动力时程分析。这样就实现了单自由度体系下的减震设计，得到控制参数 γ_d 和 r。

5. VED-SDOF 设计结果还原到 VED-MDOF 体系

实现 VED-SDOF 体系下的减震设计后，再将设计结果还原到 VED-MDOF（阻尼墙-多自由度）体系下即可。基于上述几点的论述，可直接形成实际结构中的阻尼墙配置方案。

基本还原方法总结如下：减震结构中阻尼墙自底部而上连续布置，而对于位于顶部且层间位移角满足性能要求的可能楼层则不布置，各层阻尼墙应变 γ_d 和刚度比 r 采用单自由度体系的设计值，利用黏弹性阻尼墙相似设计准则，即可确定实际结构中各层阻尼墙的材料层厚度、总面积（即特定规格阻尼墙的数量）。

6. 减震设计性能目标的确定

层间位移角能够直接反映结构的变形和损伤，因此采用层间位移角作为减震设计的性能目标。而要建立 SDOF 体系和 MDOF 体系间层间位移角的等效是比较烦琐的，因此减震设计中，将目标层间位移角转换为目标位移减震率进行计算。为考虑输入地震动与结构高阶振型的影响，主体结构位移响应宜直接通过动力时程分析确定。

7. 减震设计的基本思路

为了提高该设计方法的实用性，以及与我国规范中要求的两阶段抗震设计流程相匹配，该设计方法同样在小震下进行减震设计、大震下进行结构和阻尼墙验算。

综上所述，确定减震设计的基本思路如下：首先确定基于位移的减震设计性能目标，然后在等效 VED-SDOF 体系中完成减震设计，之后将 VED-SDOF 体系中确定的应变 γ_d 和刚度比 r 还原到 VED-MDOF 体系，最后完成减震设计并验算结构和阻尼墙各项地震响应。

5.2.2　设计过程

针对强非线性黏弹性阻尼墙，依据上述提出的减震设计思路，本节提出了改进的基于位移设计方法的基本过程，如图 5.2.1 所示。

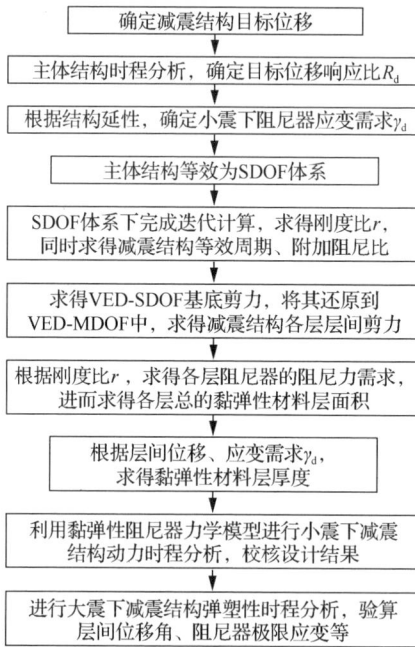

图 5.2.1　改进的基于位移设计方法的基本过程

改进的基于位移设计方法的具体步骤如下：

第一步：根据规范要求或者性能需求设定减震结构的目标层间位移角 Θ，假定减震结构各层的目标层间位移角 θ_{0i} 为

$$\theta_{0i} = \begin{cases} \Theta & \Theta < \theta_i \\ \theta_i & \Theta \geqslant \theta_i \end{cases} \tag{5.2.1}$$

式中，θ_i 为无控结构第 i 层层间位移角。

第二步：选取满足规范要求的地震动加速度时程，进行无控结构小震下动力时程分析，得到各层层间位移角。减震结构与无控结构之间的目标位移响应比 R_d 为

$$R_d = \frac{\sum\limits_{i=1}^{N} R_{d,i}}{N} \tag{5.2.2}$$

$$R_{d,i} = \frac{\theta_{0i}}{\theta_i} = \begin{cases} \Theta/\theta_i & \Theta < \theta_i \\ 1 & \Theta \geqslant \theta_i \end{cases} \tag{5.2.3}$$

式中，$R_{d,i}$ 为第 i 层的目标层间位移响应比，为减震结构第 i 层目标层间位移角 θ_{0i} 与无控结构第 i 层层间位移角 θ_i 的比值，当无控结构第 i 层层间位移角小于有控结构目标层间位移角时取为 1；N 为结构总层数。

第三步：进行无控结构大震下动力弹塑性时程分析，得到各层层间位移角。根据无控结构在小震和大震下的各层层间位移角，求得结构各层以层间位移角表征的延性系数，即

$$\mu_{s,i} = \frac{\theta_{i,2}}{\theta_{i,1}} \tag{5.2.4}$$

式中，$\mu_{s,i}$ 为结构第 i 层延性系数；$\theta_{i,1}$ 和 $\theta_{i,2}$ 分别为无控结构第 i 层在小震和大震下的层间位移角。进而求得结构的各层延性系数最大值为

$$\mu_{s,max} = \max(\mu_{s,i}) \tag{5.2.5}$$

强非线性黏弹性阻尼墙在较大应变水平下工作（此时黏弹性材料层厚度较小），不但可以取得更好的控制效果，而且可以节省黏弹性材料用量。因此，小震下阻尼墙的应变需求 γ_d 取为

$$\gamma_d = \frac{\gamma_{du}}{\mu_{s,max}} \tag{5.2.6}$$

式中，γ_{du} 为黏弹性阻尼墙的极限应变（不同类型的黏弹性阻尼墙取值有所差别），本种强非线性黏弹性阻尼墙具有改善的极限变形能力，按照试验结果可取为 400%。

通过这种方法，一定程度上既可使大震下阻尼墙尽量满足极限应变要求，又可使阻尼墙的黏弹性材料层厚度尽量小。但是在完成减震设计后，仍需要通过大震下验算，确保阻尼墙的最大应变满足应变限值的要求。

第四步：将主体结构简化为 SDOF 体系，其等效周期 T_f 和等效质量 M_{eq} 分别为

$$T_f = T_1 \tag{5.2.7}$$

$$M_{eq} = \frac{\left(\sum\limits_{i=1}^{N} m_i u_{0i}\right)^2}{\sum\limits_{i=1}^{N} (m_i u_{0i}^2)} \tag{5.2.8}$$

式中，T_1 为主体结构第一阶周期；m_i 为第 i 层的集中质量；u_{0i} 为减震结构假定的

变形形态对应的第 i 层相对位移，即

$$u_{0i} = \sum_{k=1}^{i} h_k \theta_{0k} \qquad (5.2.9)$$

式中，h_k 为第 k 层层高；θ_{0k} 为减震结构假定的第 k 层层间位移角。

第五步：在 SDOF 体系下，利用简化评估方法，进行迭代计算，求得基准应变下阻尼墙与结构的刚度比 r。首先假定一个 r 值，计算 VED-SDOF 体系等效周期和等效阻尼比，即

$$T_{eq} = T_f \sqrt{\frac{K_f}{K_{eq}}} = T_f \sqrt{\frac{1}{r\mu_{K_d} + 1}} \qquad (5.2.10)$$

$$\xi_{eq} = \xi_0 + \xi_{add} = \xi_0 + \frac{0.31 r \mu_{K_d} \mu_{\xi_d}}{r\mu_{K_d} + 1} \qquad (5.2.11)$$

式中，μ_{K_d} 和 μ_{ξ_d} 分别为应变需求 γ_d 下等效刚度系数和等效阻尼比系数。

进而根据式（5.2.2）求得位移响应比为

$$R_d = \frac{S_d(T_{eq}, \xi_{eq})}{S_d(T_f, \xi_0)} \qquad (5.2.12)$$

式中，S_d 为对应阻尼比的规范位移反应谱上对应周期点的谱值。

当求得的位移响应比与目标位移响应比相差较大时，应重新假定 r 值，通过反复迭代直到收敛为止。基于最终迭代收敛的结果，确定基准应变下阻尼墙与结构刚度比 r，同时确定 VED-SDOF 体系等效周期 T_{eq} 和等效阻尼比 ξ_{eq}。

第六步：VED-SDOF 体系的基底剪力 F_0 的计算公式如下：

$$F_0 = M_{eq} S_a(T_{eq}, \xi_{eq}) \qquad (5.2.13)$$

式中，$S_a(T_{eq}, \xi_{eq})$ 为等效阻尼比 ξ_{eq} 的规范加速度反应谱上等效周期 T_{eq} 处的谱值。

减震结构对应的 VED-MDOF 体系基底剪力等于 VED-SDOF 体系的基底剪力，同样为 F_0。将基底剪力 F_0 分配为 VED-MDOF 体系各层的地震力，其计算公式如下：

$$f_i = F_0 \frac{m_i H_i}{\sum_{i=1}^{N} m_i H_i} \qquad (5.2.14)$$

式中，f_i 为第 i 层的地震力；m_i 为第 i 层的集中质量（阻尼墙质量相比主体结构质量很小，因此可忽略阻尼墙的质量）；H_i 为从基底到第 i 层的高度。

各层地震力逐层向下传递，形成减震结构各层需承担的层间剪力，即

$$V_i = \sum_{n=i}^{N} f_n \qquad (5.2.15)$$

式中，V_i 为减震结构第 i 层需承担的层间剪力，包括主体结构和阻尼墙承担的剪

力之和；f_n 为第 n 层的地震力。

第七步：基准应变下阻尼墙与结构刚度比 r 表示基准应变（100%）下阻尼墙等效刚度与结构抗侧刚度的比值，则应变需求 γ_d 下阻尼墙与结构实际刚度比 r' 为

$$r' = \mu_{K_d} r \tag{5.2.16}$$

至此，则可通过上述求得的参数，直接形成 VED-MDOF 体系中的阻尼墙配置方案。将 $\Theta < \theta_i$ 的楼层认为是需要通过安装阻尼墙进行减震控制的楼层，同时根据阻尼墙在竖向应尽量连续性布置的原则，确定需要设置阻尼墙的楼层。

黏弹性阻尼墙采用层间柱连接形式，在其连接刚度足够的情况下，可以假设阻尼墙变形等于层间位移。此时，阻尼墙与结构实际刚度比 r' 表征的是阻尼墙承担剪力占主体结构的比例，因此在需要安装阻尼墙的各层阻尼墙需承担的剪力 F_{di} 为

$$F_{di} = \frac{r'}{1+r'} V_i \tag{5.2.17}$$

以 VE60×60×10 黏弹性阻尼墙为基准，求得单位面积黏弹性材料层的阻尼墙在当地最高基本温度、应变需求 γ_d 下的阻尼力 f_d。则各层应配置阻尼墙的总黏弹性材料层面积 A_i 为

$$A_i = \frac{F_{di}}{f_d} \tag{5.2.18}$$

确定黏弹性阻尼墙的规格后，根据各层应配置阻尼墙的总黏弹性材料层面积，即可确定各层阻尼墙的个数。黏弹性阻尼墙的规格应根据实际情况确定，主要考虑各层阻尼墙的总黏弹性材料层面积、单个阻尼墙的尺寸和出力、阻尼墙与梁柱连接节点的受力分析等。为了阻尼墙设计、生产、检验和安装的简便性，同一结构中黏弹性阻尼墙的规格不应过多。

第八步：根据减震结构层间位移与阻尼墙的应变需求 γ_d，即可确定阻尼墙的黏弹性材料层厚度，完成初步减震设计。

第九步：利用提出的强非线性黏弹性阻尼墙力学模型，进行小震下减震结构动力时程分析，查看结构和阻尼墙的各方面响应，校核设计结果。

第十步：进行大震下减震结构动力弹塑性时程分析，验算减震结构的层间位移角是否满足规范要求，以及阻尼墙的最大应变幅值是否满足极限应变限值的要求，如有必要可针对个别楼层的阻尼墙规格和数量进行微调。

5.2.3　方法总结

改进的基于位移的设计方法利用已知的诸多减震规律性结论，从概念上指导并简化了整个设计流程。利用提出的 VED-SDOF 体系地震响应简化评估方法，将基于位移的减震设计方法中反复迭代的计算工作提前到单自由度体系下完成，极大地提高了设计效率。改进的基于位移的设计方法遵循我国小震下设计、大震下验算的两阶段设计流程，与规范契合良好，设计参数较少、设计流程简便，具有

较高的可操作性。将单自由度体系下的设计结果还原到原结构中基本可以实现一步到位，或者仅需要很少的调整即可满足提出的性能目标并实现预期的设计目的。设计的减震结构中阻尼墙能充分发挥其耗能作用，经济技术效应良好。

5.2.4　设计实例

1. 结构概况

本例结构为北京长富宫中心饭店，位于北京市长安街和二环路交汇处，是1983 年由北京市旅游集团和日本 C.C.I 株式会社共同投资兴建的五星级饭店，为我国最早一批建造的现代高层钢结构。该结构平面尺寸为 48.0m×25.8m，共 24 层，其中，第 1～2 层为钢骨混凝土结构，第 3～24 层为钢结构，总高度为 84.75m。其典型立面图和标准层平面图分别如图 5.2.2 和图 5.2.3 所示。

本例结构中的混凝土材料为 C30，钢材为 Q345。第 1～2 层典型钢骨混凝土柱截面尺寸为 850mm×850mm，其中钢骨截面尺寸为 450mm×450mm×45mm（箱形截面）；典型钢骨混凝土梁截面尺寸为 500mm×950mm，其中钢骨截面尺寸为 650mm×250mm×12mm×22mm（工字型截面）。第 3～24 层柱截面为箱形截面，典型截面长宽尺寸为 450mm×450mm（不同楼层厚度分别为 45mm、36mm、32mm 和 25mm）；典型钢梁截面为工字型截面，高度为 650mm，不同楼层翼缘宽度分别为 300mm、275mm 和 250mm。

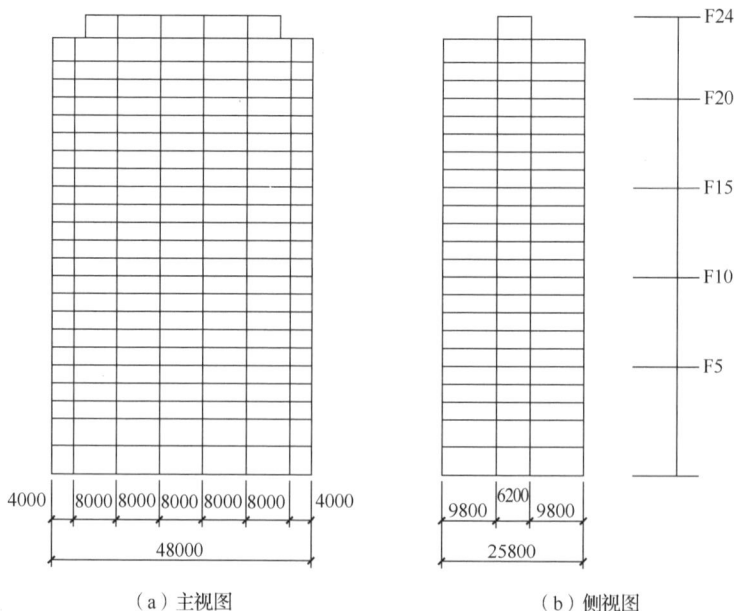

（a）主视图　　　　　　　　　（b）侧视图

图 5.2.2　结构典型立面图

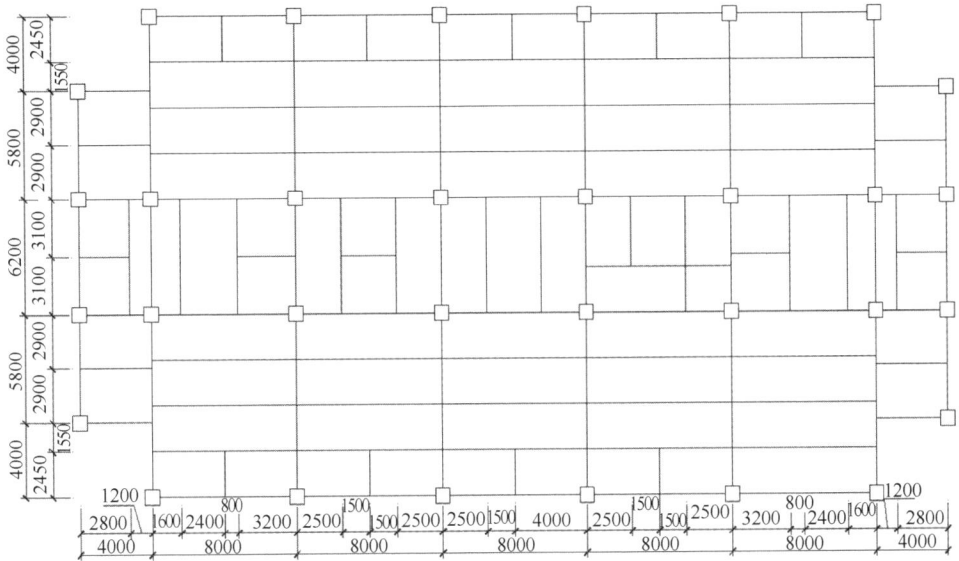

图 5.2.3 结构标准层平面图

2. 分析模型

结构模型针对弱轴 Y 向采用简化的多质点系弯剪型弹塑性模型,各质点质量为楼层的集中质量,通过 Pushover 分析求得各层层间剪切和弯曲恢复力模型。各层层间弯曲模型采用弹性刚度,第 1～2 层层间剪切模型采用三折线模型,第 3～24 层采用双折线模型,模态阻尼比为 2%。多质点系模型主要参数如表 5.2.1 所示。

表 5.2.1 多质点系弯剪型弹塑性模型主要参数

楼层	质量 /t	高度 /m	弯曲刚度 /[(kN·m)/rad]	剪切模型				
				K_1/(kN/mm)	K_2/K_1	K_3/K_1	Q_c/kN	Q_y/kN
24	216.4	84.75	1.508×10^8	137.9	—	0.324	—	1794
23	1067.3	80.55	2.298×10^9	403.1	—	0.460	—	5037
22	1078.3	76.25	5.123×10^9	660.1	—	0.454	—	7418
21	1073.3	72.95	5.654×10^9	697.7	—	0.454	—	9370
20	1073.3	69.65	5.969×10^9	723.1	—	0.447	—	11215
19	1079.9	66.35	7.449×10^9	768.1	—	0.426	—	12922
18	1083.3	63.05	7.537×10^9	788.0	—	0.428	—	14507
17	1084.9	59.75	7.555×10^9	802.5	—	0.398	—	16091
16	1084.9	56.45	7.556×10^9	805.1	—	0.304	—	17499
15	1086.5	53.15	7.537×10^9	802.1	—	0.202	—	18977
14	1085.9	49.85	7.506×10^9	801.3	—	0.131	—	20202
13	1086.8	46.55	7.519×10^9	811.7	—	0.091	—	21173

续表

楼层	质量 /t	高度 /m	弯曲刚度 /[（kN·m)/rad]	剪切模型				
				K_1/ （kN/mm)	K_2/K_1	K_3/K_1	Q_c /kN	Q_y /kN
12	1087.8	43.25	7.469×10^9	816.5	—	0.065	—	22125
11	1087.8	39.95	7.420×10^9	831.0	—	0.048	—	23053
10	1090.8	36.65	7.351×10^9	845.7	—	0.038	—	23892
9	1090.8	33.35	7.283×10^9	851.3	—	0.032	—	24632
8	1091.0	30.05	7.216×10^9	858.8	—	0.029	—	25345
7	1094.0	26.75	7.819×10^9	884.3	—	0.027	—	25972
6	1097.0	23.45	7.736×10^9	893.9	—	0.028	—	26419
5	1097.5	20.15	7.952×10^9	919.5	—	0.031	—	26722
4	1098.0	16.85	7.879×10^9	1001.7	—	0.038	—	26629
3	1098.0	13.55	7.773×10^9	1574.9	—	0.062	—	23692
2	1669.0	10.25	1.503×10^{10}	2518.0	0.284	0.044	5238	28847
1	1787.0	5.25	1.540×10^{10}	4766.5	0.330	0.060	5912	29519

注：K_1、K_2 和 K_3 分别为弹性刚度、混凝土开裂后刚度、钢材屈服后刚度；Q_c 和 Q_y 分别为混凝土开裂承载力和钢材屈服承载力。

在 OpenSees 软件中建立本算例结构的分析模型，所有输入和输出参数均统一转换到 kN-mm 单位系统下，通过输入命令流方式建模。采用 Elastic 单轴材料、twoNodeLink 单元对层间弯曲恢复力模型进行模拟，采用 Hysteretic 单轴材料、twoNodeLink 单元对层间剪切恢复力模型进行模拟。

定义分析方法如下：编号器（numberer）采用 RCM，约束方式（constraints）采用 Transformation，系统方法（system）采用 BandGeneral，收敛准则（test）采用 NormDispIncr，迭代算法（algorithm）采用 NewtonLineSearch，积分器（integrator）采用 Newmark，分析方法（analysis）采用 Transient。

多质点系弯剪型弹塑性模型是一种基于集中质量法的降阶模型，应当以尽量不改变结构动力特性为原则，因此需要将 OpenSees 软件降阶模型与原 SNAP 软件三维模型的动力特性进行对比。在 OpenSees 软件中进行模态分析，求得前 3 阶周期与 SNAP 软件结果对比如表 5.2.2 所示。对比结果表明，OpenSees 软件计算的周期接近但略小于 SNAP 计算的周期。

表 5.2.2　不同软件计算的结构动力特性对比

振型	OpenSees 软件周期/s	SNAP 软件周期/s	相差/%
第 1 阶	3.133	3.292	-4.8
第 2 阶	1.049	1.107	-5.2
第 3 阶	0.623	0.659	-5.5

3. 地震波选择

合理的地震动输入是保证设计结果合理的必要条件。如果地震波选择不当，会出现以下几种情况：在耗费大量计算时间后，结构响应不能满足规范或规程要求，或偏于保守，或偏于不安全。由于地震发生的随机性，要精确确定结构可能遭受的地震作用是不可能的，但是根据统计可得一个特定的场地条件下所发生的地震，其地震影响系数曲线是有规律的。因此在选择地震波时应考虑其地震影响系数曲线与统计值相接近的原则，即地震波反应谱与规范反应谱在统计意义上相符。

我国《建筑抗震设计规范》（GB 50011—2010）规定，正确选择输入的地震加速度时程曲线，要满足地震动三要素的要求，即频谱特性、有效峰值和持续时间均要符合规定。加速度有效峰值按规范采用；当结构采用三维空间模型等需要双向（二个水平向）地震波输入时，其加速度最大值通常按 1（水平 1）：0.85（水平 2）的比例调整。输入的加速度时程曲线的有效持续时间，一般为结构基本周期的 5～10 倍。频谱特性可用地震影响系数曲线表征，依据所处的场地类别和设计地震分组确定。选用的加速度记录应满足，多组时程曲线的地震影响系数均值与规范反应谱在统计意义上相符，为此本节设定如下地震波选择的限定条件：

1）地震波有效持时超过 10 倍的结构基本周期。

2）地震波反应谱在前 3 阶周期点上的加速度谱、速度谱和位移谱与相应规范谱接近，单条地震波相差不超过±35%，多条地震波平均值相差不超过±20%。

3）针对罕遇地震，为考虑结构进入弹塑性阶段而造成的周期延长，地震波反应谱在基本周期延长段（1.0～1.5 倍基本周期段）应与规范谱相差不超过±35%。

4）地震波反应谱在全周期段应尽量与规范谱接近。

本结构位于北京市，抗震设防烈度为 8 度，多遇地震和罕遇地震下地震波选择的主要参数如表 5.2.3 所示。

表 5.2.3　地震波选择主要参数

参数	多遇地震	罕遇地震
特征周期 T_g/s	0.40	0.45
地震影响系数最大值 α_{max}	0.16	0.90
地震波峰值加速度/（cm/s^2）	70	400
阻尼比 ξ/%	2	2
天然波条数/条	5	2
人工波条数/条	2	1

　　依据上述选波方法和参数，选择的多遇地震和罕遇地震下地震波基本信息如表 5.2.4 所示，加速度时程曲线如图 5.2.4 所示，加速度反应谱与三联反应谱分别如图 5.2.5 和图 5.2.6 所示。

表 5.2.4　所选地震波基本信息

地震	所选地震波	原始编号	发震地点	发生时间	台站	震级	持续时间/s
多遇地震	GM40-1	NGA 178	Imperial Valley	1979 年 10 月 15 日	El Centro Array #3	6.53	39.64
	GM40-2	NGA 891	Landers	1992 年 6 月 28 日	Silent Valley - Poppet Flat	7.28	55.00
	GM40-3	NGA 1594	Chi-Chi	1999 年 9 月 20 日	TTN051	7.62	90.00
	GM40-4	NGA 1786	Hector Mine	1999 年 10 月 16 日	Heart Bar State Park	7.13	72.96
	GM40-5	NGA 6514	Niigata	2004 年 10 月 23 日	FKS015	6.63	119.98
	GM40-6	人工波	—	—	—	—	40.00
	GM40-7	人工波	—	—	—	—	40.00
罕遇地震	GM45-1	NGA 1833	Hector Mine	1999 年 10 月 16 日	Snow Creek	7.13	67.84
	GM45-2	NGA 6193	Tottori	2000 年 10 月 06 日	GIF011	6.61	119.98
	GM45-3	人工波	—	—	—	—	40.00

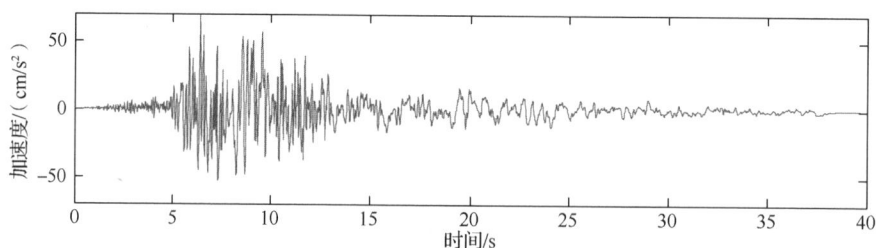

（a）多遇地震（GM40-1，持续时间：39.64s）

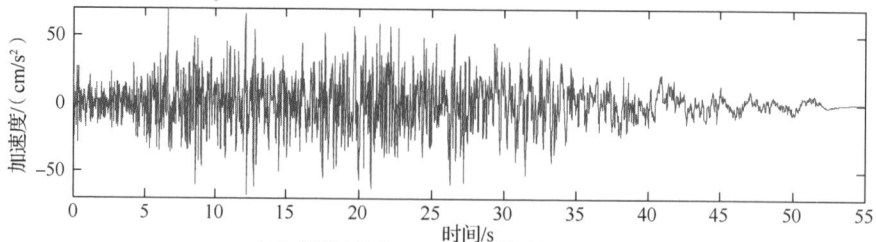

（b）多遇地震（GM40-2，持续时间：55s）

图 5.2.4　地震波加速度时程曲线

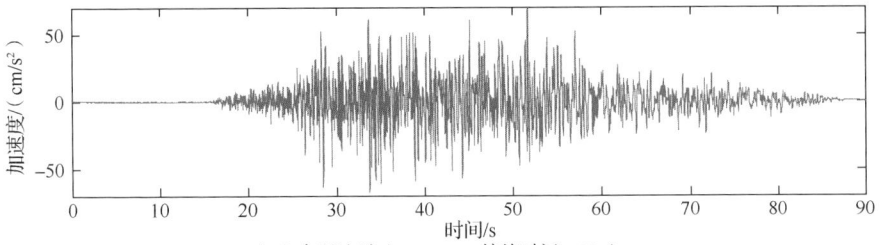

（c）多遇地震（GM40-3，持续时间：90s）

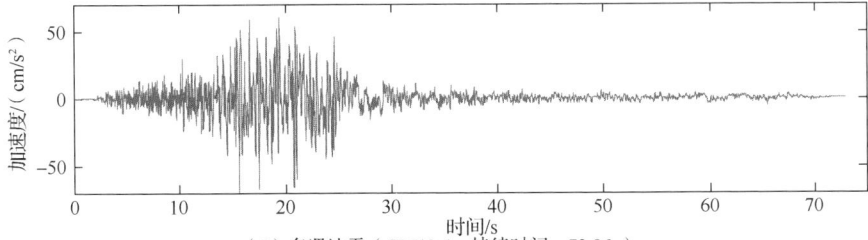

（d）多遇地震（GM40-4，持续时间：72.96s）

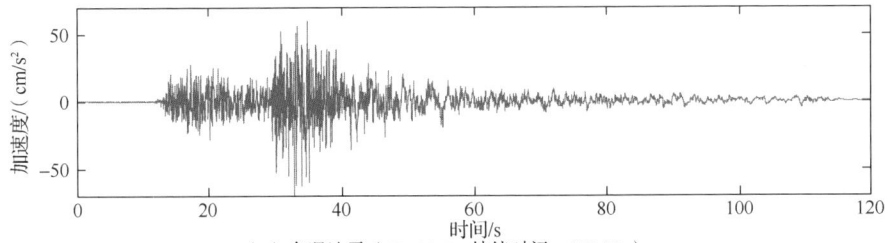

（e）多遇地震（GM40-5，持续时间：119.98s）

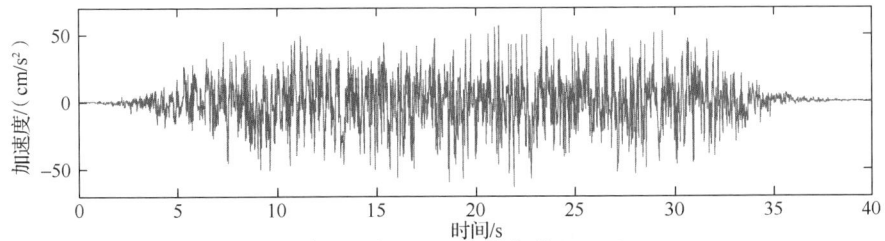

（f）多遇地震（GM40-6，持续时间：40s）

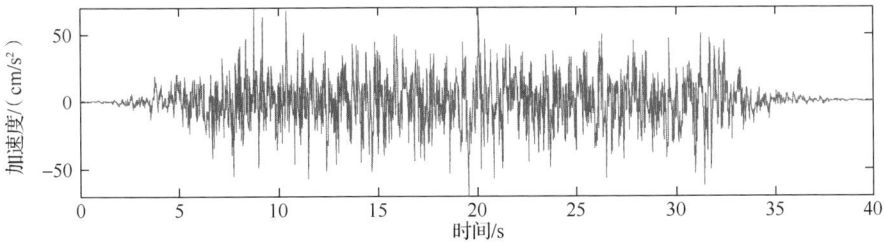

（g）多遇地震（GM40-7，持续时间：40s）

图 5.2.4　（续）

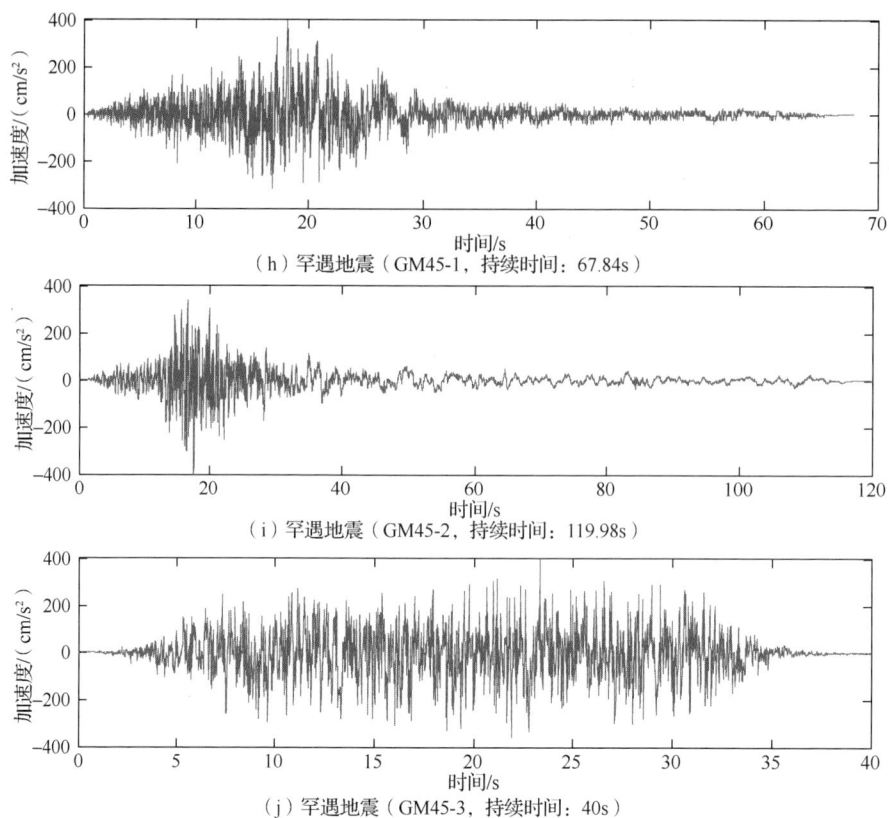

（h）罕遇地震（GM45-1，持续时间：67.84s）

（i）罕遇地震（GM45-2，持续时间：119.98s）

（j）罕遇地震（GM45-3，持续时间：40s）

图 5.2.4　（续）

（a）多遇地震

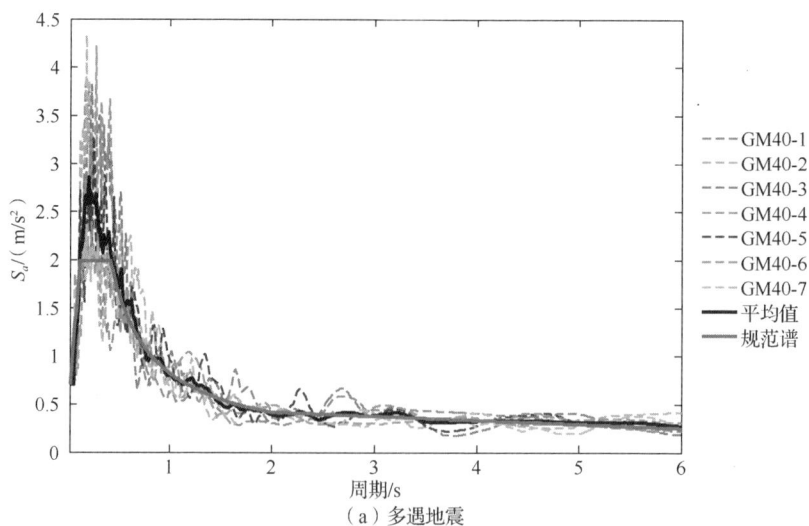

图 5.2.5　地震波加速度反应谱曲线

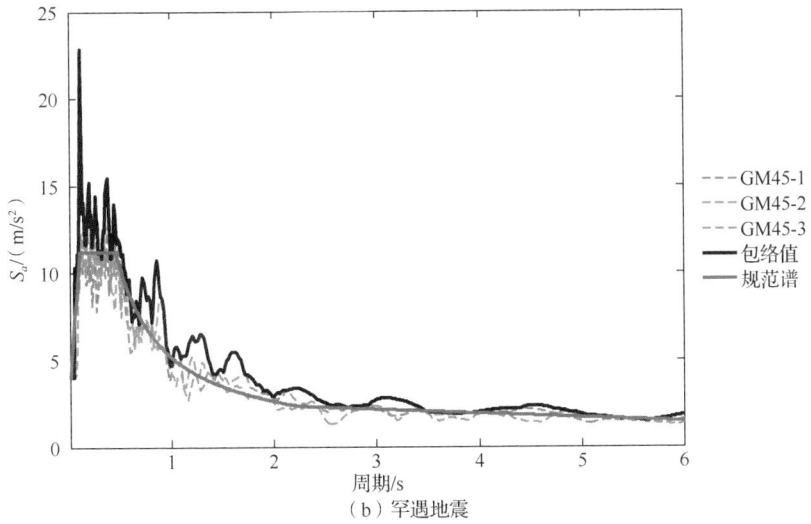

（b）罕遇地震

图 5.2.5　（续）

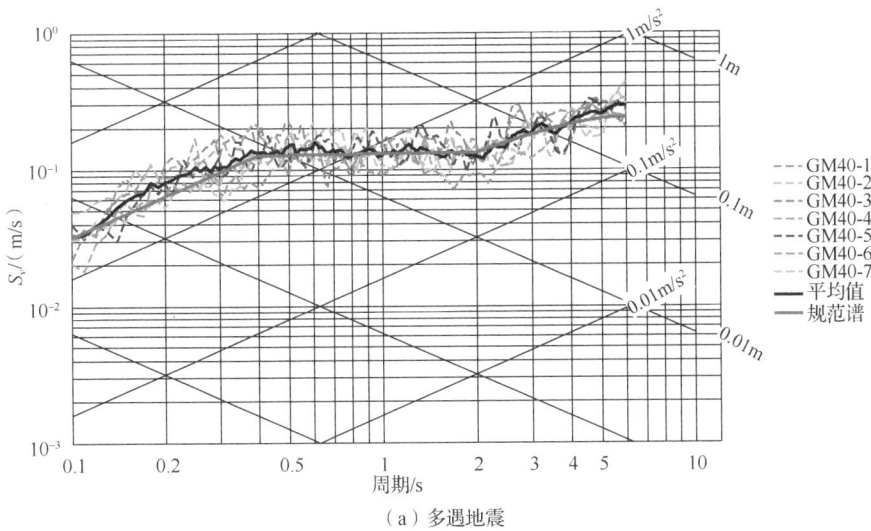

（a）多遇地震

图 5.2.6　地震波三联反应谱曲线

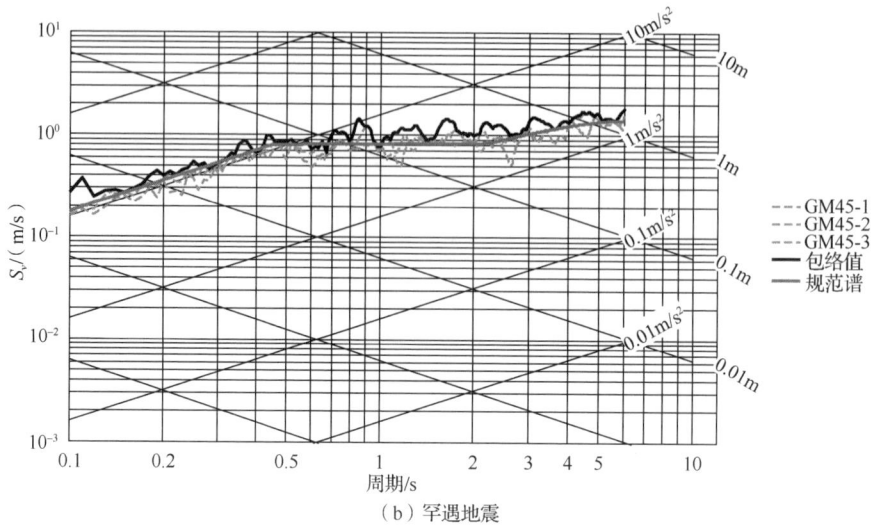

（b）罕遇地震

图 5.2.6　（续）

4. 减震设计

针对本例结构，使用提出的带强非线性黏弹性阻尼墙结构基于位移的设计方法对其进行减震设计。

（1）设定减震目标

首先进行无控结构在小震和大震下的动力时程分析，求得结构的层间位移角数据分别如表 5.2.5 和表 5.2.6 所示，层间位移角楼层分布曲线如图 5.2.7 所示。

表 5.2.5　小震下无控结构的层间位移角

楼层	GM40-1	GM40-2	GM40-3	GM40-4	GM40-5	GM40-6	GM40-7	平均值
1	1/1291	1/1968	1/1354	1/1739	1/1855	1/1440	1/1867	1/1604
2	1/576	1/876	1/613	1/822	1/836	1/644	1/831	1/723
3	1/556	1/661	1/559	1/712	1/649	1/579	1/652	1/619
4	1/355	1/404	1/404	1/456	1/422	1/361	1/424	1/401
5	1/348	1/392	1/338	1/394	1/390	1/323	1/381	1/364
6	1/355	1/396	1/341	1/374	1/386	1/323	1/394	1/365
7	1/343	1/373	1/328	1/400	1/394	1/307	1/387	1/358
8	1/350	1/373	1/306	1/425	1/383	1/293	1/396	1/355
9	1/334	1/380	1/303	1/396	1/385	1/315	1/399	1/355
10	1/356	1/411	1/326	1/366	1/372	1/300	1/416	1/359
11	1/377	1/392	1/359	1/394	1/364	1/313	1/404	1/369
12	1/398	1/394	1/343	1/391	1/366	1/321	1/414	1/373

续表

楼层	GM40-1	GM40-2	GM40-3	GM40-4	GM40-5	GM40-6	GM40-7	平均值
13	1/401	1/409	1/339	1/368	1/375	1/365	1/405	1/379
14	1/390	1/448	1/334	1/430	1/382	1/372	1/440	1/396
15	1/416	1/446	1/330	1/446	1/388	1/408	1/467	1/410
16	1/469	1/469	1/305	1/435	1/420	1/460	1/442	1/420
17	1/556	1/459	1/338	1/448	1/468	1/451	1/487	1/449
18	1/552	1/477	1/388	1/393	1/495	1/451	1/468	1/454
19	1/582	1/502	1/448	1/412	1/496	1/453	1/525	1/483
20	1/471	1/478	1/469	1/429	1/518	1/494	1/532	1/482
21	1/497	1/468	1/477	1/498	1/601	1/518	1/545	1/512
22	1/635	1/526	1/500	1/423	1/726	1/579	1/566	1/551
23	1/556	1/606	1/539	1/373	1/693	1/602	1/578	1/546
24	1/2765	1/2823	1/2233	1/3088	1/2291	1/2399	1/2749	1/2588

表 5.2.6　大震下无控结构的层间的位移角

楼层	GM45-1	GM45-2	GM45-3	包络值	楼层	GM45-1	GM45-2	GM45-3	包络值
1	1/163	1/118	1/154	1/118	13	1/101	1/77	1/85	1/77
2	1/73	1/79	1/90	1/73	14	1/87	1/84	1/103	1/84
3	1/37	1/42	1/56	1/37	15	1/93	1/81	1/62	1/62
4	1/49	1/70	1/82	1/49	16	1/99	1/91	1/72	1/72
5	1/81	1/67	1/99	1/67	17	1/99	1/89	1/83	1/83
6	1/93	1/83	1/83	1/83	18	1/95	1/95	1/84	1/84
7	1/89	1/81	1/77	1/77	19	1/94	1/90	1/77	1/77
8	1/96	1/84	1/107	1/84	20	1/77	1/91	1/81	1/77
9	1/94	1/89	1/101	1/89	21	1/96	1/68	1/95	1/68
10	1/106	1/91	1/101	1/91	22	1/113	1/83	1/89	1/83
11	1/107	1/102	1/100	1/100	23	1/136	1/98	1/113	1/98
12	1/99	1/102	1/93	1/93	24	1/682	1/711	1/614	1/614

结果表明，小震下第 1～2 层（钢管混凝土结构）最大层间位移角为 1/723，小于规范限值 1/550；第 3～24 层（钢结构）最大层间位移角为 1/355，小于规范限值 1/250。大震下结构最大层间位移角为 1/37，超过规范限值 1/50。

为进一步提高结构的抗震性能，设定小震下第 1～2 层目标层间位移角为 1/1000，第 3～24 层则为 1/500；大震下层间位移角需满足规范要求，即不超过 1/50。

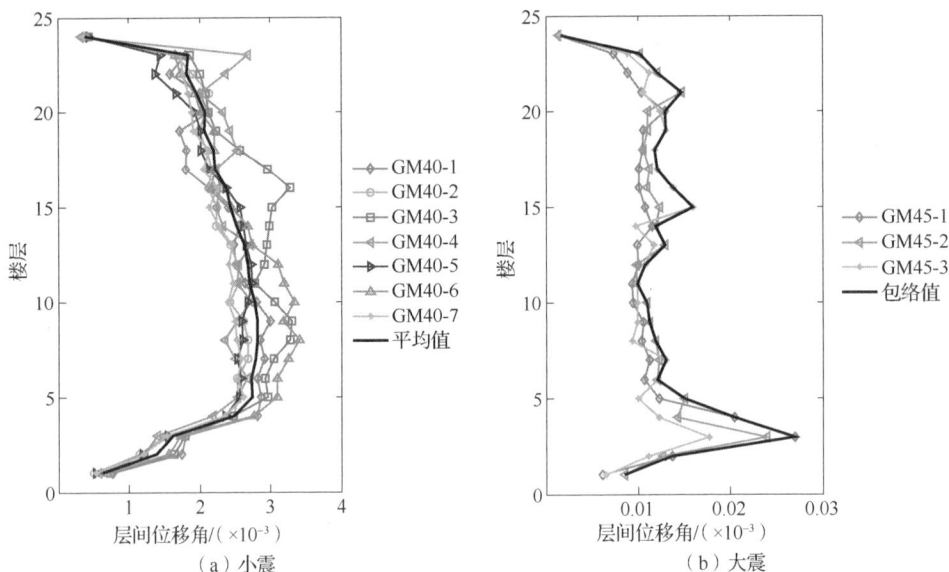

图 5.2.7　无控结构的层间位移角楼层分布曲线

（2）求解目标位移响应比

根据式（5.2.2）和式（5.2.3），求得减震结构与无控结构之间的目标位移响应比 R_d =0.8527。

（3）求解小震下阻尼墙的应变需求 γ_d

根据式（5.2.4）和式（5.2.5），求得各层延性系数最大值 $\mu_{s,max}$ =9.90，出现在第 2 层。根据式（5.2.6），求得小震下黏弹性阻尼墙的应变需求 γ_d =40%。

（4）主体结构简化为 SDOF 体系

将主体结构简化为 SDOF 体系，根据式（5.2.7）和式（5.2.8），求得其等效周期 T_f =3.133s，等效质量 M_{eq}=18770.54t。

（5）在 SDOF 体系下迭代计算

利用简化评估方法，在 SDOF 体系下进行迭代计算，通过 6 次迭代，求得基准应变下黏弹性阻尼墙与结构刚度比 r =0.0643，此时满足位移响应比 R_d =0.8527，与目标值相等。则 SDOF 体系等效周期 T_{eq} =2.996s，等效阻尼比 ξ_{eq} =4.45%。

（6）求有控结构基底剪力和各层剪力

按照式（5.2.13），VED-SDOF 体系和 VED-MDOF 体系的基底剪力 F_0=6419.52kN。按照式（5.2.14）将基底剪力 F_0 分配为 VED-MDOF 体系各层的地震力，进而按照式（5.2.15）求得各层的层间剪力，结果如表 5.2.7 所示。

（7）确定每层黏弹性材料层面积和黏弹性阻尼墙个数

按照式（5.2.16）求得应变需求 40% 下黏弹性阻尼墙与结构实际刚度比

$r'=0.0938$。$\Theta<\theta_i$ 的楼层为 2、4~20 层，结合竖直方向连续性布置原则，确定需设置黏弹性阻尼墙的楼层为 2~20 层。根据式（5.2.17），求得各层黏弹性阻尼墙需承担的剪力如表 5.2.7 所示。根据 VE60×60×10 黏弹性阻尼墙在 22℃、100%应变的最大阻尼力 5.42kN，可求得 22℃、40%应变的最大阻尼力为 3.16kN。根据北京最高基本温度 36℃、40%应变的最大阻尼力为 2.49kN，求得单位面积黏弹性材料层的阻尼墙在 36℃下、应变需求 γ_d 下的阻尼力 $f_d=6.0958\times10^{-4}$kN/mm²。根据式（5.2.18），求得各层应配置阻尼墙的总黏弹性材料层面积，选择每个黏弹性阻尼墙的面积为 400mm×400mm，即可确定各层阻尼墙的个数，如表 5.2.7 所示。

表 5.2.7　阻尼墙配置计算过程

楼层	地震力/kN	层间剪力/kN	阻尼墙承担剪力/kN	黏弹性材料层面积/mm²	阻尼墙数量/个
1	54.46	6419.52	—	—	—
2	99.30	6365.06	545.84	790412	5
3	86.36	6265.76	537.33	778081	5
4	107.39	6179.40	529.92	767357	5
5	128.37	6072.01	520.71	754021	5
6	149.39	5943.65	509.70	738081	5
7	169.87	5794.26	496.89	719530	4
8	190.30	5624.39	482.33	698436	4
9	212.71	5434.09	466.01	674805	4
10	233.75	5221.39	447.77	648391	4
11	252.25	4987.63	427.72	619363	4
12	273.09	4735.38	406.09	588039	4
13	293.65	4462.29	382.67	554126	3
14	314.21	4168.64	357.49	517661	3
15	335.20	3854.43	330.54	478642	3
16	355.49	3519.23	301.80	437017	3
17	376.27	3163.74	271.31	392873	2
18	396.46	2787.48	239.04	346148	2
19	415.90	2391.01	205.04	296916	2
20	433.92	1975.11	169.38	245269	2
21	454.48	1541.19	—	—	—
22	481.23	1086.71	—	—	—
23	499.02	605.48	—	—	—
24	106.45	106.45			

（8）确定黏弹性材料层厚度

结构的典型层高为 3300mm，按照目标层间位移角 1/500，得到目标层间位移为 6.6mm，而设计过程中设定的阻尼墙应变需求 $\gamma_d = 40\%$，因此黏弹性阻尼墙厚度应设置为 6.6mm÷40%=16.5mm。

为了黏弹性阻尼墙规格化考虑，本算例中统一将黏弹性材料层厚度取为 15mm。这样做的原因是，有控结构层间位移角在各受控楼层分布较均匀，因此采取统一的黏弹性材料层厚度，可以保证大部分受控楼层中阻尼墙应变基本相等；而对于少数层间位移角较小的受控楼层，因其本身响应偏小，为了黏弹性阻尼墙规格化考虑，黏弹性材料层厚度略大也无妨。

至此完成了结构的初步减震设计，总共使用了 69 个 VE400×400×15 强非线性黏弹性阻尼墙。

5. 时程分析及验算

（1）黏弹性阻尼墙力学模型参数

以 22℃下 VE60×60×10 黏弹性阻尼墙的力学模型参数为基准，求解 36℃下 VE400×400×15 的黏弹性阻尼墙力学模型参数。位移相似常数 $S_u = 1.5$、阻尼力相似常数 $S_F = 34.92$。根据力学模型参数的相似准则求得的各参数的相似常数和取值如表 5.2.8 所示。

表 5.2.8　阻尼墙力学模型参数

待定参数	VE60×60×10 参数（22℃）	相似常数	VE400×400×15 参数（36℃）
a_1	$2.60×10^{-4}$	10.34	$2.69×10^{-3}$
a_2	$-2.45×10^{-2}$	15.52	-0.38
a_3	0.50	23.28	11.62
b_1	$1.91×10^{-4}$	10.34	$1.97×10^{-3}$
b_2	$5.34×10^{-2}$	23.28	1.24
c	0.80	30.92	24.74
α	0.30	1	0.30

采用 twoNodeLink 单元将黏弹性阻尼墙添加到主体结构模型中，进行小震和大震下初步减震结构非线性动力时程分析，求得结构的各项响应，对初步减震设计进行验算。

（2）小震下设计结果的验算与校核

小震下初步减震结构的层间位移角数据如表 5.2.9 所示，层间位移角楼层分布曲线如图 5.2.8 所示。结果表明，小震下初步减震结构第 3～24 层（钢结构）最大层间位移角为 1/511，小于且接近于目标值 1/500，符合预期，且具有良好的经济

性能。第 1～2 层（钢管混凝土结构）最大层间位移角为 1/1518，小于目标值 1/1000
（阻尼墙竖向连续型布置原则导致两者相差略大）。相比于小震下无控结构层间位
移角楼层分布曲线［图 5.2.7（a）］，由于安装了黏弹性阻尼墙，减震结构在各条
地震动下的结构层间位移角楼层分布更趋均匀和规律。

表 5.2.9　小震下初步减震结构层间位移角

楼层	GM40-1	GM40-2	GM40-3	GM40-4	GM40-5	GM40-6	GM41/0-7	平均值
1	1/1996	1/4301	1/2907	1/3876	1/4277	1/2856	1/4000	1/3227
2	1/917	1/2259	1/1295	1/1860	1/2101	1/1310	1/1889	1/1518
3	1/677	1/1005	1/791	1/917	1/940	1/803	1/919	1/851
4	1/448	1/669	1/523	1/602	1/613	1/524	1/604	1/560
5	1/423	1/623	1/499	1/559	1/567	1/479	1/563	1/523
6	1/423	1/619	1/502	1/552	1/552	1/457	1/558	1/516
7	1/424	1/624	1/497	1/556	1/539	1/446	1/557	1/512
8	1/425	1/641	1/476	1/566	1/531	1/446	1/556	1/511
9	1/439	1/688	1/471	1/602	1/536	1/459	1/564	1/525
10	1/446	1/705	1/473	1/653	1/545	1/480	1/572	1/540
11	1/454	1/721	1/480	1/663	1/557	1/507	1/582	1/553
12	1/466	1/745	1/485	1/668	1/567	1/539	1/596	1/567
13	1/482	1/783	1/480	1/665	1/579	1/549	1/616	1/578
14	1/512	1/839	1/475	1/692	1/601	1/562	1/655	1/600
15	1/561	1/889	1/486	1/731	1/636	1/574	1/708	1/633
16	1/620	1/937	1/521	1/772	1/688	1/594	1/751	1/675
17	1/665	1/977	1/555	1/801	1/736	1/610	1/792	1/712
18	1/711	1/1058	1/608	1/871	1/810	1/651	1/881	1/773
19	1/727	1/1166	1/655	1/1010	1/904	1/724	1/1010	1/851
20	1/759	1/1164	1/682	1/1143	1/1015	1/833	1/1055	1/915
21	1/872	1/1164	1/757	1/1253	1/1148	1/914	1/1078	1/997
22	1/1032	1/1327	1/923	1/1334	1/1385	1/997	1/1292	1/1156
23	1/1245	1/1614	1/1191	1/1570	1/1709	1/1175	1/1586	1/1410
24	1/2996	1/4495	1/2767	1/4148	1/3294	1/3013	1/3662	1/3386

　　上面从性能目标实现的角度验证了设计方法的有效性，下面从结构层间剪力
和阻尼墙出力比例两方面验证提出的设计方法的正确性。小震下初步减震结构的
层间剪力楼层分布曲线、层间剪力平均值与设计值对比如图 5.2.9 所示，小震下初
步减震结构中阻尼墙出力比例如表 5.2.10 所示。结果表明，基底剪力平均值为

6390.51kN，与设计值 6419.52 相差-0.45%，两者在各楼层吻合良好。各层阻尼墙出力比例平均值为 0.0916，与设计值 0.0938 相差-2.35%。因此，验证了提出的设计方法中间过程的正确性。

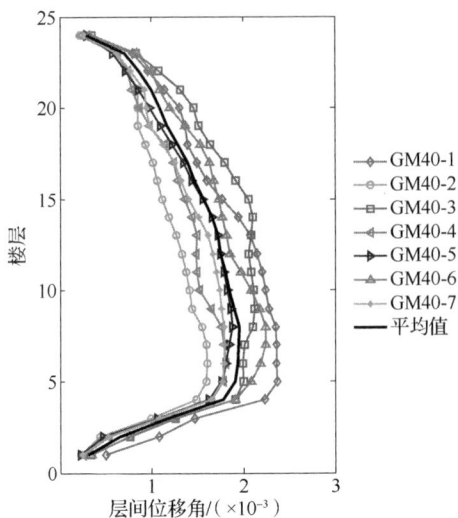

图 5.2.8　小震下初步减震结构层间位移角楼层分布曲线

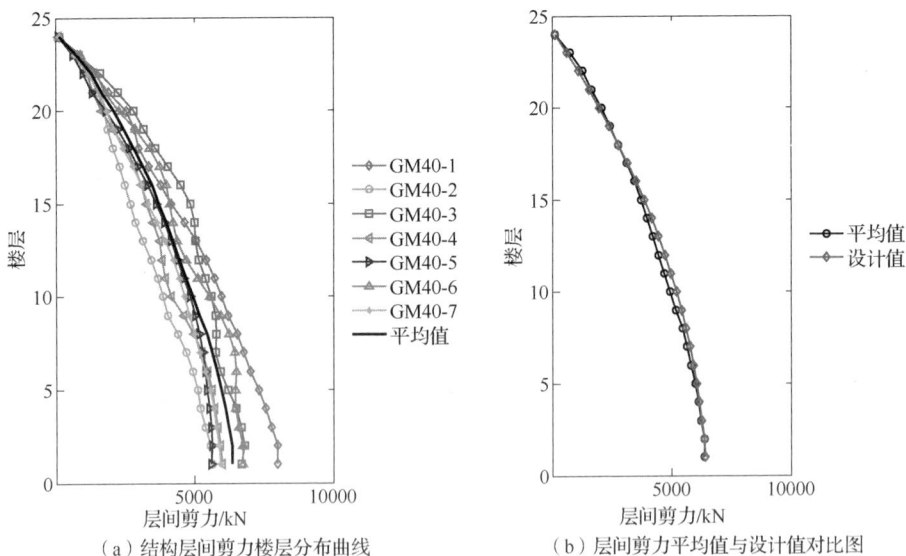

（a）结构层间剪力楼层分布曲线　　　　（b）层间剪力平均值与设计值对比图

图 5.2.9　结构层间剪力楼层分布曲线及其平均值与设计值对比

表 5.2.10　小震下初步减震结构中阻尼墙出力比例

楼层	比例	楼层	比例
2	0.0758	12	0.1061
3	0.0834	13	0.0804
4	0.1079	14	0.0842
5	0.1140	15	0.0885
6	0.1159	16	0.0915
7	0.0926	17	0.0643
8	0.0944	18	0.0703
9	0.0961	19	0.0799
10	0.0987	20	0.0943
11	0.1026	平均值	0.0916

（3）大震下设计结果的验算

大震下初步减震结构的层间位移角、阻尼墙应变幅值数据如表 5.2.11 所示，层间位移角楼层分布曲线如图 5.2.10 所示。结果表明，大震下初步减震结构最大层间位移角为 1/54，小于规范限值（1/50），但是该层阻尼墙应变幅值为 410%，略微超过其极限应变（400%），因此需对初步减震方案进行微调。

表 5.2.11　大震下初步减震结构层间位移角、阻尼墙应变幅值

楼层	GM45-1	GM45-2	GM45-3	包络值	层间位移/mm	阻尼墙应变/%
1	1/163	1/145	1/206	1/145	36.08	—
2	1/96	1/97	1/119	1/96	51.87	346
3	1/59	1/54	1/56	1/54	61.54	410
4	1/90	1/70	1/63	1/63	51.97	346
5	1/93	1/92	1/70	1/70	46.99	313
6	1/94	1/98	1/72	1/72	46.01	307
7	1/103	1/92	1/68	1/68	48.80	325
8	1/105	1/91	1/71	1/71	46.27	308
9	1/108	1/94	1/78	1/78	42.24	282
10	1/110	1/101	1/83	1/83	39.65	264
11	1/111	1/104	1/83	1/83	39.77	265
12	1/111	1/107	1/83	1/83	39.81	265
13	1/112	1/102	1/82	1/82	40.14	268
14	1/115	1/81	1/91	1/81	40.90	273
15	1/121	1/86	1/101	1/86	38.30	255
16	1/130	1/105	1/110	1/105	31.37	209

续表

楼层	GM45-1	GM45-2	GM45-3	包络值	层间位移/mm	阻尼墙应变/%
17	1/137	1/125	1/117	1/117	28.27	188
18	1/144	1/147	1/128	1/128	25.69	171
19	1/152	1/160	1/142	1/142	23.24	155
20	1/157	1/172	1/157	1/157	21.05	140
21	1/156	1/183	1/165	1/156	21.14	—
22	1/157	1/208	1/193	1/157	20.98	—
23	1/209	1/263	1/232	1/209	20.60	—
24	1/664	1/681	1/590	1/590	7.12	—

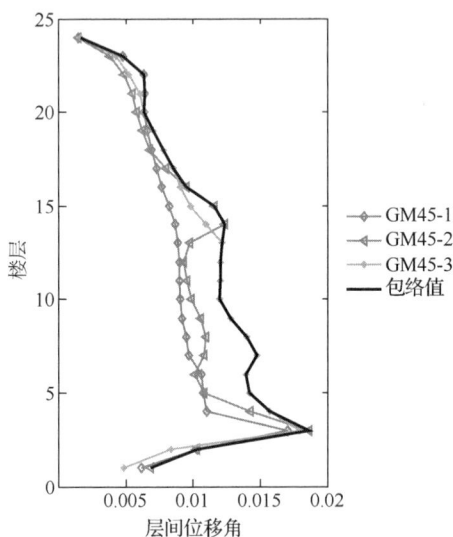

图 5.2.10　大震下初步减震结构层间位移角楼层分布曲线

（4）最终减震方案的确定

初步减震方案基本满足预期性能要求，但是第 3 层黏弹性阻尼墙应变幅值略微超过其极限应变限值，因此在第 3 层增加 1 个 VE400×400×15 黏弹性阻尼墙。最终减震方案中各层黏弹性阻尼墙数量如表 5.2.12 所示，共使用了 70 个 VE400×400×15 强非线性黏弹性阻尼墙。

表 5.2.12　最终减震方案中各层阻尼墙数量

楼层	数量/个	楼层/个	数量/个
1	0	4	5
2	5	5	5
3	6	6	5

续表

楼层	数量/个	楼层/个	数量/个
7	4	16	3
8	4	17	2
9	4	18	2
10	4	19	2
11	4	20	2
12	4	21	0
13	3	22	0
14	3	23	0
15	3	24	0

最终减震方案中，小震下减震结构第 3～24 层（钢结构）最大层间位移角为 1/512，小于且接近于目标值（1/500）；第 1～2 层（钢管混凝土结构）最大层间位移角为 1/1523，小于目标值（1/1000）（阻尼墙竖向连续型布置原则导致两者相差略大）。大震下结构最大层间位移角为 1/57，小于规范限值（1/50）；阻尼墙最大应变幅值为 383%，小于极限应变限值（400%）。因此，最终方案的减震结构符合设定的性能目标和规范要求。

6. 减震效果

按照最终减震方案，进行小震和大震下减震结构非线性动力时程分析，求得结构的各项响应，并与无控结构进行对比，对阻尼墙减震效果进行分析。

（1）层间位移角

无控结构与减震结构层间位移角在小震和大震下对比如表 5.2.13 所示，层间位移角楼层分布曲线对比如图 5.2.11 所示。

表 5.2.13　小震和大震下层间位移角减震效果

楼层	小震（7 条地震波下平均值）			大震（3 条地震波下包络值）		
	无控结构	减震结构	减震效果/%	无控结构	减震结构	减震效果/%
1	1/1604	1/3236	−50	1/118	1/135	−13
2	1/723	1/1523	−53	1/73	1/97	−25
3	1/619	1/861	−28	1/37	1/57	−36
4	1/401	1/561	−29	1/49	1/59	−18
5	1/364	1/523	−30	1/67	1/67	0
6	1/365	1/517	−29	1/83	1/71	16
7	1/358	1/513	−30	1/77	1/69	11
8	1/355	1/512	−31	1/84	1/72	16

楼层	小震（7 条地震波下平均值）			大震（3 条地震波下包络值）		
	无控结构	减震结构	减震效果/%	无控结构	减震结构	减震效果/%
9	1/355	1/526	−33	1/89	1/77	15
10	1/359	1/541	−34	1/91	1/85	7
11	1/369	1/554	−33	1/100	1/90	12
12	1/373	1/568	−34	1/93	1/95	−2
13	1/379	1/579	−35	1/77	1/91	−14
14	1/396	1/601	−34	1/84	1/83	1
15	1/410	1/634	−35	1/62	1/82	−24
16	1/420	1/677	−38	1/72	1/99	−27
17	1/449	1/713	−37	1/83	1/119	−31
18	1/454	1/775	−41	1/84	1/129	−35
19	1/483	1/852	−43	1/77	1/141	−46
20	1/482	1/916	−47	1/77	1/154	−50
21	1/512	1/999	−49	1/68	1/156	−57
22	1/551	1/1158	−52	1/83	1/158	−48
23	1/546	1/1412	−61	1/98	1/210	−53
24	1/2588	1/3391	−24	1/614	1/587	5
最大值	1/355	1/512	−31	1/37	1/57	−36

注：减震效果为负数表示减震结构相比无控结构响应减小，反之则反，余同。

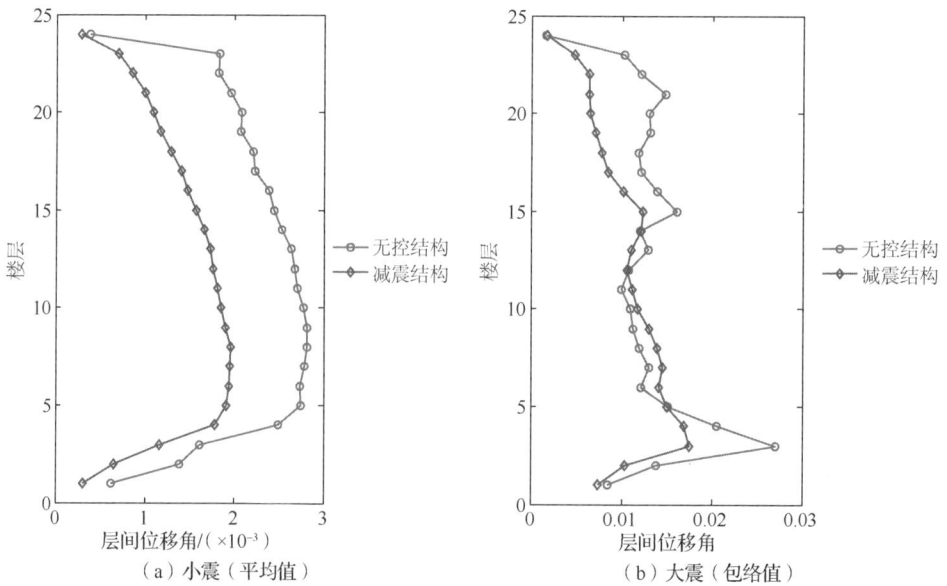

（a）小震（平均值）　　　　　　　　　（b）大震（包络值）

图 5.2.11　小震和大震下无控结构与减震结构层间位移角对比

表 5.2.13 和图 5.2.11 表明，小震下结构各层层间位移角均有明显减小，减小 28%～61%，最大层间位移角由 1/355 减小为 1/512，减震效果为 31%；大震下大部分楼层层间位移角减小，最多减小 57%，中间部分楼层层间位移角略有放大，最多放大 16%，最大层间位移角由 1/37 减小为 1/57，减震效果为 36%，结构出现薄弱层的现象得到明显改善。

上述结果验证了各层阻尼墙按刚度比相同原则的配置方法，能够实现减震结构的刚度呈均匀性、规律性分布，尽量减小弹塑性阶段结构薄弱层出现的可能。

（2）层间剪力

无控结构与减震结构层间剪力在小震和大震下对比如表 5.2.14 所示，层间剪力楼层分布曲线对比如图 5.2.12 所示。

表 5.2.14　小震和大震下层间剪力减震效果

楼层	小震（7 条地震波下平均值）			大震（3 条地震波下包络值）		
	无控结构/kN	减震结构/kN	减震效果/%	无控结构/kN	减震结构/kN	减震效果/%
1	9026	6381	−29	37506	35921	−4
2	8588	6002	−30	32495	31936	−2
3	8137	5795	−29	30853	27748	−10
4	7953	5624	−29	28156	27682	−2
5	7961	5471	−31	27266	27248	0
6	7637	5322	−30	26635	26778	1
7	7633	5246	−31	26251	26339	0
8	7445	5064	−32	25535	25670	1
9	7314	4823	−34	24792	24910	0
10	7087	4583	−35	24067	24099	0
11	6730	4346	−35	23141	23248	0
12	6475	4103	−37	22356	22294	0
13	6304	3953	−37	22137	21592	−2
14	5892	3713	−37	21332	21313	0
15	5690	3464	−39	23004	21009	−9
16	5525	3214	−42	22316	19298	−14
17	5064	2982	−41	20932	17089	−18
18	4942	2635	−47	19758	15076	−24
19	4415	2284	−48	19871	13294	−33
20	4188	1941	−54	19193	11447	−40
21	3824	1663	−57	19354	10695	−45
22	3287	1274	−61	14850	9219	−38
23	2764	749	−73	10083	5631	−44
24	1067	126	−88	3030	1840	−39
基底剪力	9026	6381	−29	37506	35921	−4

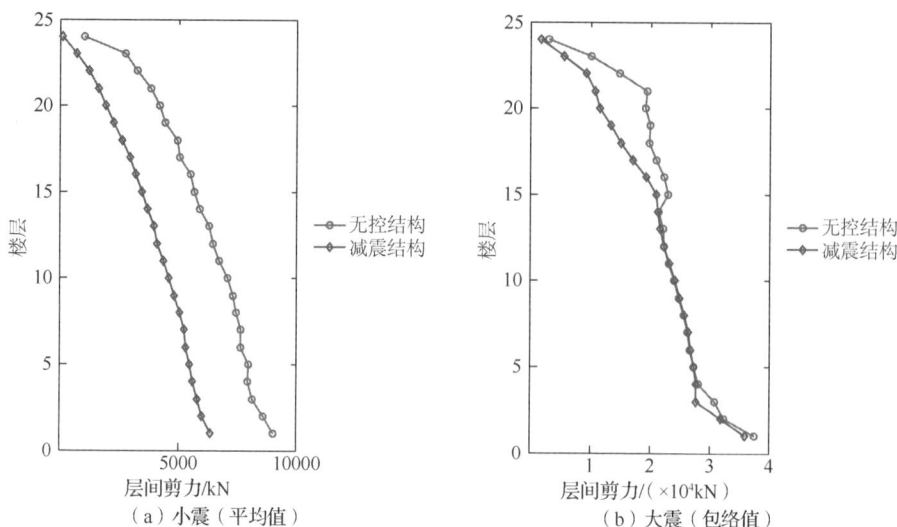

图 5.2.12　小震和大震下无控结构与减震结构层间剪力对比

表 5.2.14 和图 5.2.12 表明，小震下结构各层层间剪力均有明显减小，减小29%～88%，基底剪力由 9026kN 减小为 6381kN，减震效果为 29%；大震下大部分楼层层间剪力减小，最多减小 45%，中间部分楼层层间位移角略有放大，最多放大 1%（由于阻尼墙承担部分剪力，则主体结构承担剪力仍减小），基底剪力由37506kN 减小为 35921kN，减震效果为 4%。

5.3　黏弹性阻尼墙减震结构基于能量实用设计方法

5.3.1　基本方法

应用于结构中的黏弹性阻尼墙的效率与其耗散能量的能力直接相关。这种阻尼墙耗散能量的机制是黏弹性材料中产生滞回剪切变形。阻尼力和阻尼墙变形之间的关系很好地表现在力-位移曲线上，称为滞回曲线或滞回环。它定义了地震或风振作用下阻尼力的变化规律，反映了阻尼墙的刚度、阻尼比、耗能能力和损耗因子等性能。本书 3.1 节中图 3.1.1 曾介绍了非线性黏弹性阻尼墙的典型滞回曲线，该滞回曲线假定为椭圆形。

滞回曲线包围的面积即为由于黏滞阻尼而由循环消散的能量，计算公式如下：

$$E_d = \pi \gamma_0^2 G''　　　　　　　　　　　　（5.3.1）$$

式中，E_d 为由黏滞阻尼引起的循环耗散的能量；γ_0 为由厚度变形给出的最大阻尼应变；G'' 为耗能剪切模量。

如果假定图 3.1.1 中的力-位移关系曲线中 $F_1 \approx F_0 \approx F_d$，那么利用上面几个表达式可以将耗能公式改写为

$$E_d = \pi \eta F_d u_0 \tag{5.3.2}$$

式中，F_d 为黏弹性阻尼墙的阻尼力。

根据《建筑抗震设计规范》（GB 50011—2010）的规定，增加的黏弹性阻尼墙的有效阻尼比的计算公式如下：

$$\xi = \frac{E_d}{4\pi E_s} \tag{5.3.3}$$

式中，E_s 为预期位移 D 下消能减震结构的总应变能，计算公式如下：

$$E_s = \frac{1}{2} FD \tag{5.3.4}$$

式中，F 为水平层剪力。假设 $D \approx u_0 \times \cos\alpha$，其中 α 为支撑构件与楼层水平面之间的夹角，假定为 $45°$。因此，有效阻尼比的公式可改写为

$$\xi = \frac{\pi \eta F_d u_0}{4\pi \times \frac{1}{2} FD} = \frac{\eta F_d}{1.41 F} \tag{5.3.5}$$

为了考虑水平方向和支撑阻尼墙之间的角度小于 $45°$ 的情况，式（5.3.5）中的 1.41 可以近似为 2.00。

通过检查各种阻尼比下的反应谱并选择与所需响应水平相对应的阻尼比来近似估算所需的阻尼比。与此同时，Chang 等（1998）的一项研究结果表明，设计阻尼比为 15% 时可以设计一种黏弹性阻尼结构，该结构在强烈的地震地面运动下可以保持弹性或仅有微小的屈服发生。按照这种理论，如果将 15% 作为要求的阻尼比，则阻尼力就可以表示为

$$F_d = \frac{0.30 F}{\eta} \tag{5.3.6}$$

在得到了提供给结构所需的阻尼力后，则需要估算能够产生该阻尼力的阻尼墙参数。通过对剪切储能模量 G' 公式进行变形，可以得到每层黏弹性材料的剪切面积为

$$A = \frac{F_d h}{n G' u_0} = \frac{0.30 F h}{n G' \eta u_0} \tag{5.3.7}$$

式中，水平层剪切力 F 可以直接使用。

获得该面积后，下一步就是计算阻尼墙的刚度和阻尼系数，即

$$K = \frac{n G' A}{h} \tag{5.3.8}$$

$$C = \frac{nG''A}{\omega h} \qquad\qquad (5.3.9)$$

式中，ω 为结构的固有频率。在获得阻尼墙的所有参数并将阻尼墙放置在结构中之后，还需要对一些响应参数进行校核，如层间位移角、底部剪力、最大顶点位移和加速度及附加阻尼比。

基于能量的实用设计方法的基本流程如图 5.3.1 所示。

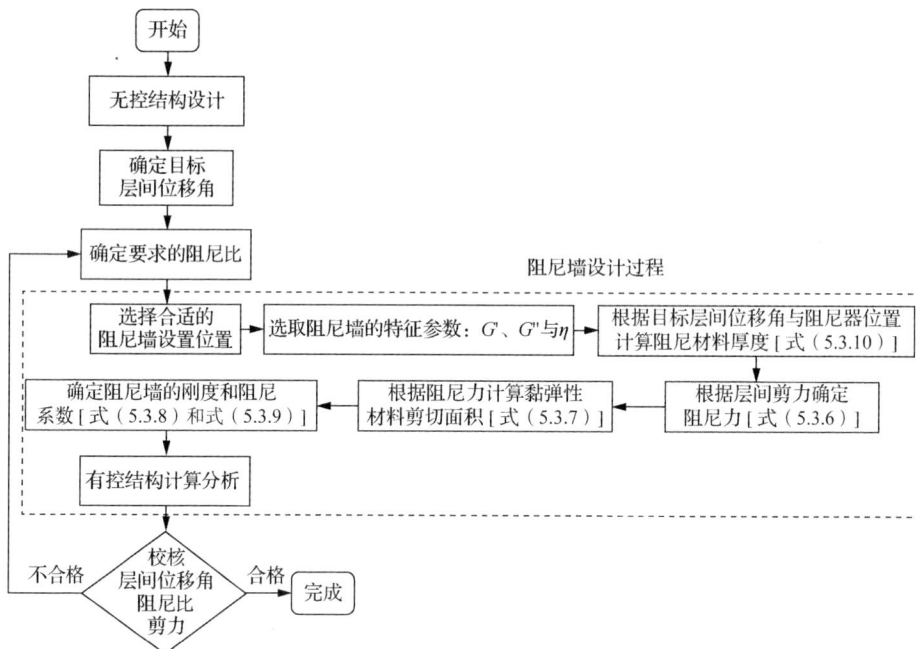

图 5.3.1　基于能量的实用设计方法的基本流程

5.3.2　设计实例

1. 建筑概况

用于验证所提方法的建筑为 7 层钢筋混凝土框架结构。该建筑在 2008 年"5·12"汶川地震期间遭到破坏，梁、柱及填充墙出现了明显的裂缝。房屋原建于 1997 年，按抗震设防烈度 7 度进行设计。汶川特大地震后，都江堰市的抗震设防烈度提升为 8 度，因此需要对结构进行加固。

建筑首层的尺寸为 50.4m×14.4m，柱距为 7.2m。第 1～7 层的层高分别为 4.6m、4.2m、3.6m、3.6m、3.6m、4.2m、3.6m，总高度为 27.4m。未加阻尼墙的无控结构的平面图和立面图如图 5.3.2 和图 5.3.3 所示。

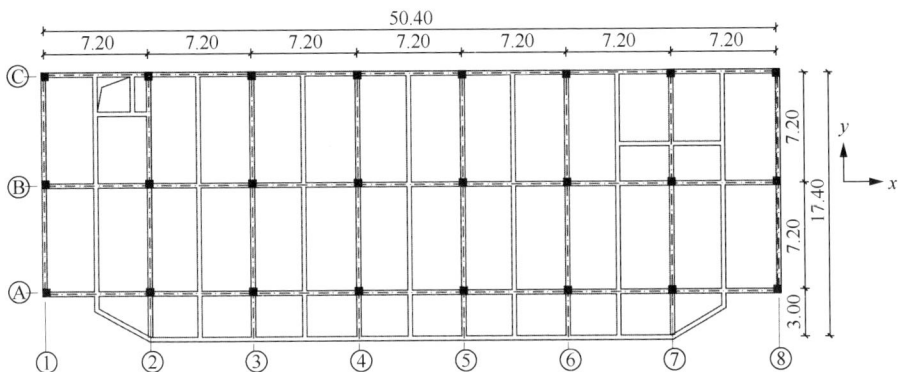

图 5.3.2　无控结构建筑平面图（单位：m）

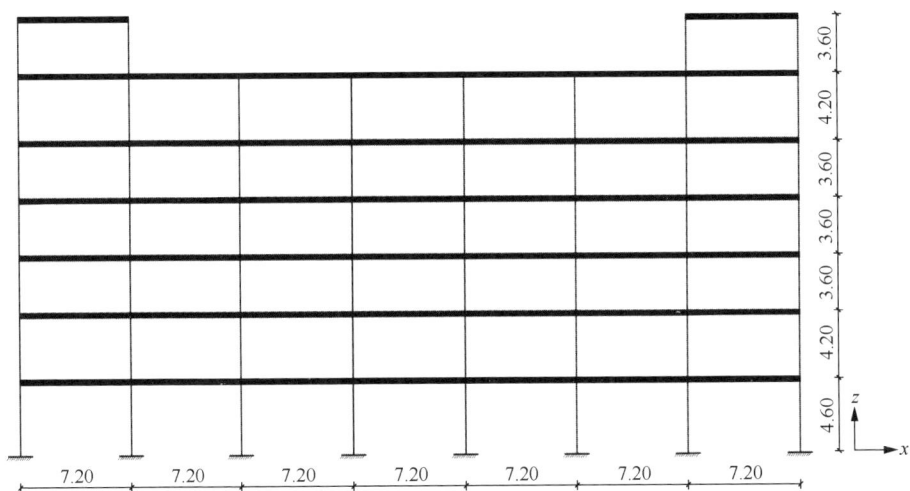

图 5.3.3　无控结构建筑立面图（单位：m）

　　框架柱的横截面沿结构高度从 800mm×800mm 变化到 500mm×500mm，框架梁的尺寸为 350mm×600mm，楼板厚度为 100mm。所有构件的混凝土强度等级均为 C30。为了对比有控结构与无控结构的地震响应，采用 ETABS 软件对结构进行有限元分析，其模型如图 5.3.4 所示。

　　2. 地震响应分析

　　地震系数取 0.16，场地特征周期取 0.4s。考虑到填充墙的刚度贡献，周期折减系数取为 0.85，结构的阻尼比为 5%。结构的前 6 阶模态的周期及振型如表 5.3.1 所示。

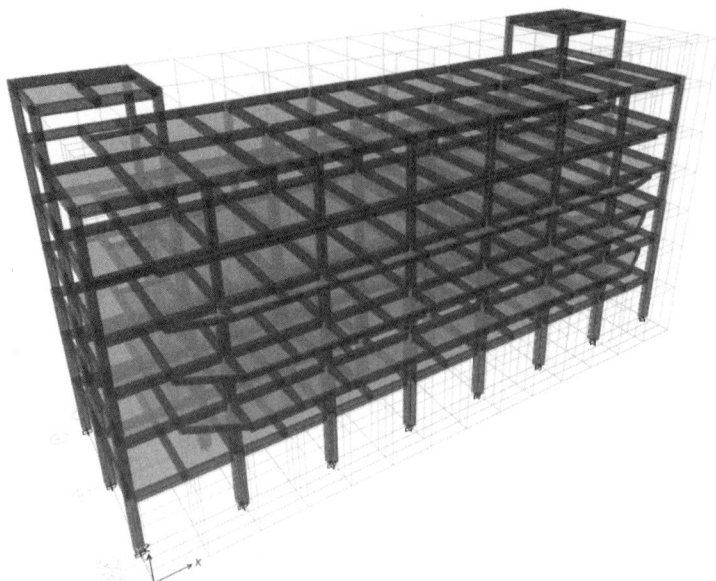

图 5.3.4　ETABS 软件结构三维有限元分析模型

表 5.3.1　结构前 6 阶模态周期及振型

模态	周期/s	振型
1	1.32	Y 向平动
2	1.23	X 向平动
3	1.22	扭转
4	0.43	Y 向平动
5	0.42	扭转
6	0.41	X 向平动

对无控结构分别进行反应谱分析与地震动时程分析。

反应谱分析得到的各层层间位移角如图 5.3.5 所示。可以看出，在 8 度小震下，两个方向上的结构层间位移角均超出了 1/550 的规范限值，这表明需要结构控制装置来减少结构的地震响应。本例中采用黏弹性阻尼墙对结构进行加固以控制结构响应。

在大震下进行地震动时程分析。时程分析使用了两个天然地面运动记录，分别为 1999 年的 Chi-Chi 地震（GM45-1）和 1999 年的 Hector Mine 地震（GM45-2），以及一个人工地面运动记录（GM45-3）。所选地面运动记录的加速度时程与反应谱如图 5.3.6 所示。为了便于比较，按照抗震规范 8 度小震、中震和大震的水平将地震动记录的峰值地面运动加速度调幅至 0.07g、0.2g 和 0.4g。

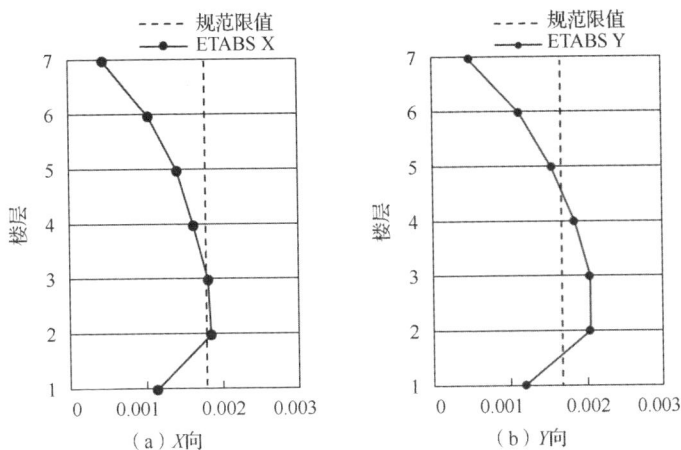

（a）X向　　　　　　　　　　　　　（b）Y向

图 5.3.5　反应谱分析所得各层层间位移角

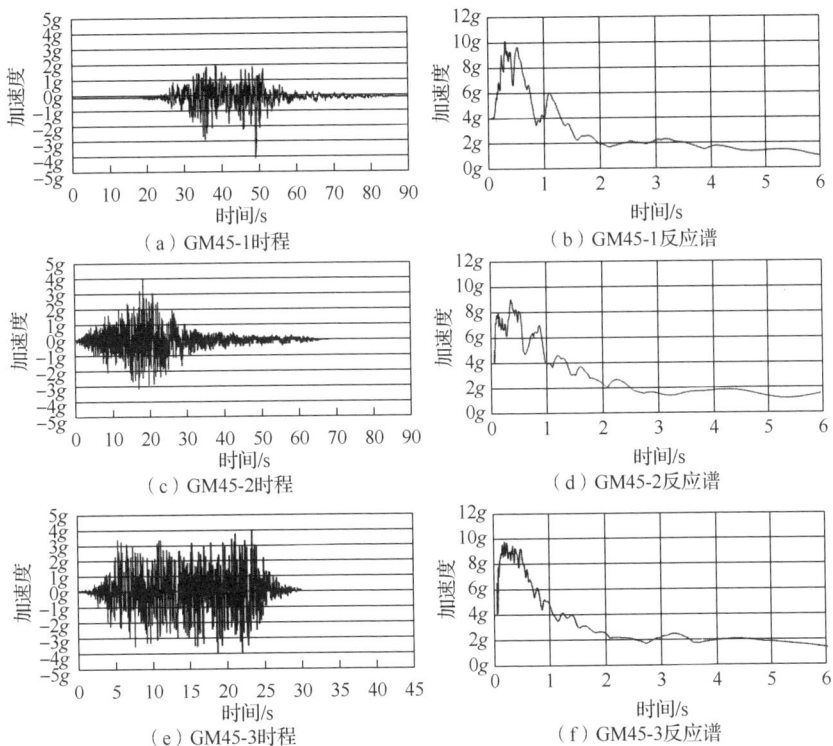

（a）GM45-1时程　　　　　　　　　　　（b）GM45-1反应谱

（c）GM45-2时程　　　　　　　　　　　（d）GM45-2反应谱

（e）GM45-3时程　　　　　　　　　　　（f）GM45-3反应谱

图 5.3.6　所选地面运动记录的加速度时程与反应谱

通过时程分析获得的层间位移角分布如图 5.3.7 所示。与反应谱分析的结果类似，小震下层间位移角在两个方向均超过了规范限值（1/550），证实了需要采用黏弹性阻尼墙对结构进行加固，以减少结构响应，从而满足规范要求的结论。

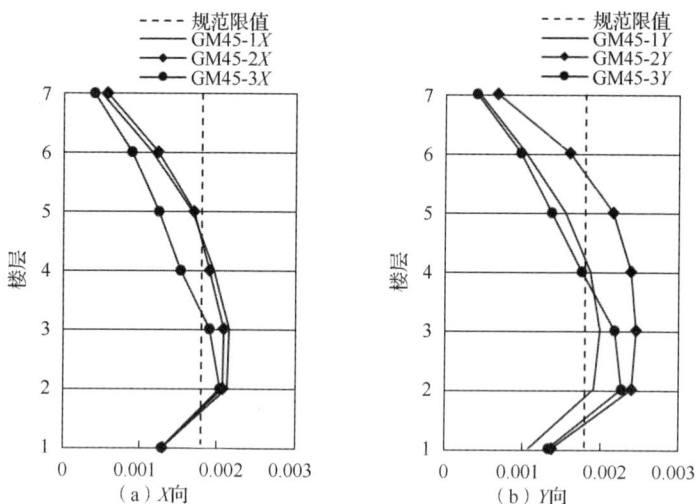

图 5.3.7　时程分析获得的层间位移角分布

3. 阻尼墙设计

本实例中使用的黏弹性材料损耗因子 $\eta=1.1$，剪切储能模量 $G'=1720\text{kN/m}^2$，按式（3.1.4）计算剪切损耗模量为 $G''=1892\text{kN/m}^2$。结构的第 1 阶自振频率 $\omega=4.75\text{rad/s}$。黏弹性阻尼墙被放置在对角支撑中，如图 5.3.8 所示。

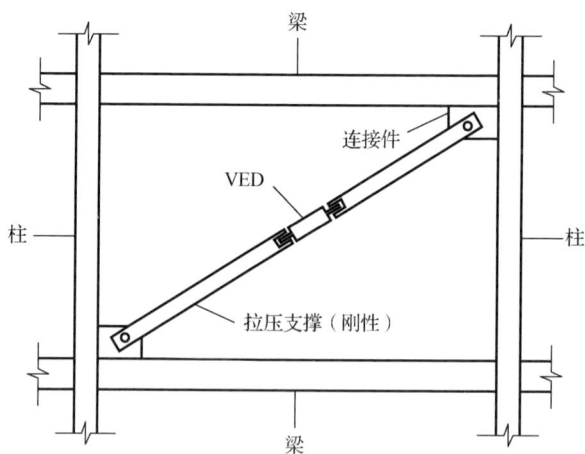

图 5.3.8　黏弹性阻尼墙安装示意图

首先根据式（5.3.10）获得阻尼墙的最大变形 u_0 从而计算出黏弹性材料层的厚度。黏弹性材料层的厚度通常应大于黏弹性阻尼墙的最大变形，以确保在设计水平下黏弹性材料的最大应变不会超过 100%。在本例中，小震下的最大阻尼墙应变设定为 60%。

$$u_0 = \theta H \cos\alpha \tag{5.3.10}$$

式中，θ 为目标层间位移角，本例中 θ=1/550；H 为层高；α 为支撑构件和楼面之间的角度，本例中各楼层的 α 值分别为 32.57°、30.26°、26.57°、26.57°、30.26°。计算得到 3 种不同的黏弹性材料层厚度，即 10mm、11mm 和 12mm。

根据各层的楼层剪力按式（5.3.6）可确定各层的阻尼力。数值模拟表明，考虑到对称性和阻尼墙尺寸，每个楼层应放置两个阻尼墙。因此，楼层的阻尼力应一分为二。然后分别通过式（5.3.7）~式（5.3.9）计算得到每个单个阻尼墙的面积、刚度和阻尼。表 5.3.2 列出了 X 和 Y 方向的剪力和阻尼墙的最终参数。使用 ETABS 的 Link 单元对黏弹性阻尼墙进行建模，采用的 Kelvin 模型是由一个线性弹簧和一个线性黏壶并联组成，其中弹簧表示刚度 K_d，黏壶表示阻尼 C_d，如图 5.3.9 所示。

表 5.3.2　阻尼墙参数

方向	楼层	剪力/kN	阻尼力/kN	阻尼墙数量/个	每个阻尼墙的阻尼力/kN	阻尼墙尺寸/（mm×mm×mm）
X 向	7	107	29	0	0	0
	6	1362	371	0	0	0
	5	2148	586	2	350	400×400×10
	4	2745	749	2	450	450×450×11
	3	3261	889	2	450	450×450×11
	2	3574	975	2	550	500×500×12
	1	3852	1051	2	550	500×500×12
Y 向	7	104	28	0	0	0
	6	1410	384	0	0	0
	5	2176	593	2	350	400×400×10
	4	2659	725	2	450	450×450×11
	3	2963	808	2	450	450×450×11
	2	3365	918	2	550	500×500×12
	1	3595	980	2	550	500×500×12

阻尼墙的放置位置遵循 Zhang 和 Soong（1992）提出的原则：第一组阻尼墙放置在结构位移最大之处。然后，考虑增加的刚度，再次分析结构的响应，从而得到第二组阻尼墙的合适位置。重复该过程直到确定最后一组阻尼墙的放置位置。按照这个程序，发现本例中结构的第 6 层和第 7 层不需要阻尼墙。阻尼墙平面布置示意图如图 5.3.10 所示。

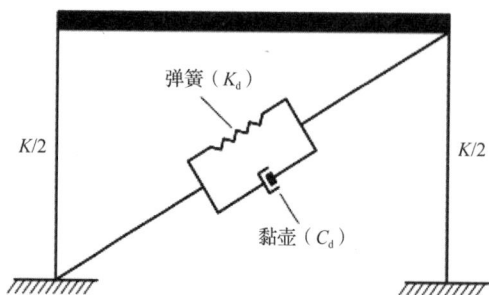

图 5.3.9　VED 单元模型

4. 校核结构变形

在使用所提出的方法设计阻尼墙之后，进行无控结构和有控结构的对比分析。图 5.3.11 展示了无控结构和有控结构在小震、中震、大震水平下的结构层间位移角对比。从图 5.3.11 中可以看出，有控结构的最大层间位移角已经满足规范规定的小震（1/550）和大震（1/50）的要求。

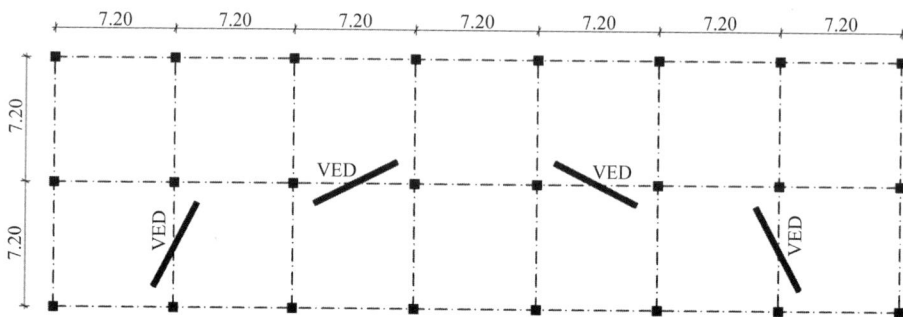

图 5.3.10　阻尼墙的平面布置示意图（单位：m）

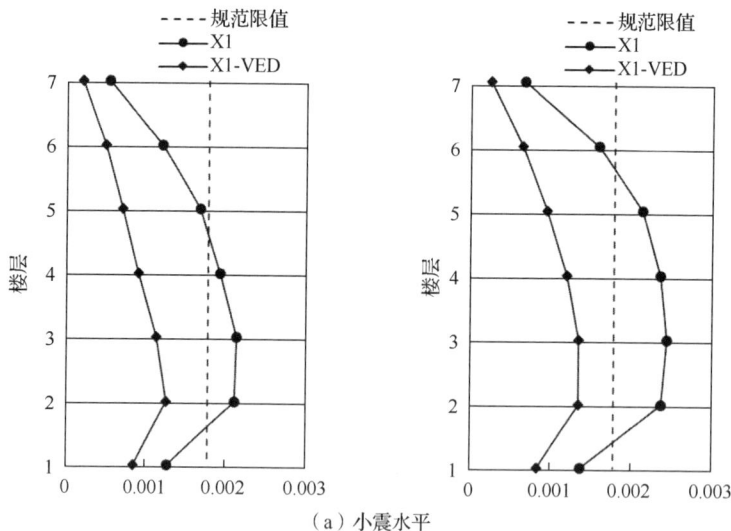

（a）小震水平

图 5.3.11　无控结构和有控结构在小震、中震、大震水平下的结构层间位移角对比

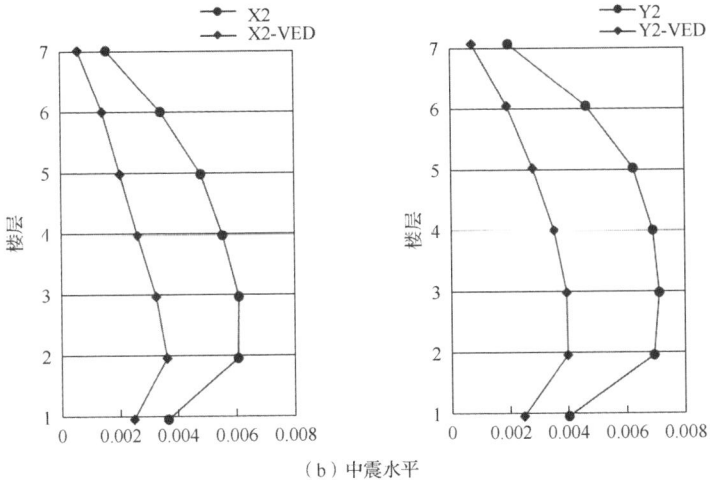

（b）中震水平

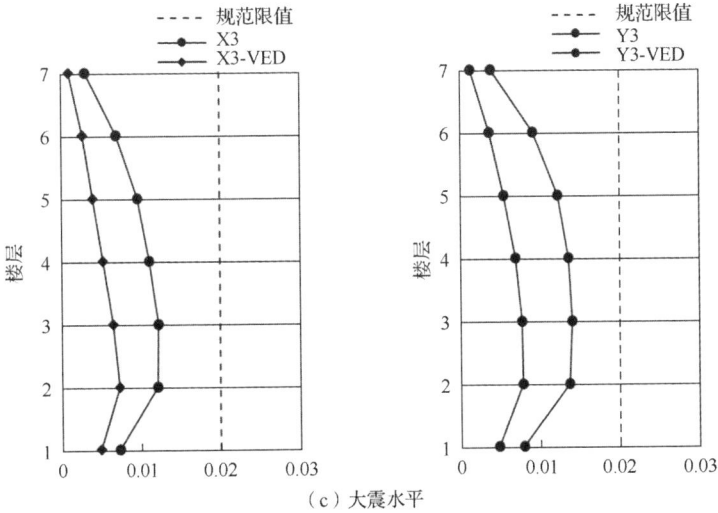

（c）大震水平

图 5.3.11　（续）

　　设置黏弹性阻尼墙对楼层剪力的影响如表 5.3.3 所示。从表 5.3.3 中可以看出，在各地震水平下，楼层的剪力大约下降了 39%。

表 5.3.3　黏弹性阻尼墙对楼层剪力的影响

地震水平	楼层	无控结构楼层剪力/kN		有控结构楼层剪力/kN		剪力差/kN		比例/%	
		X 向	Y 向	X 向	Y 向	X 向	Y 向	X 向	Y 向
小震水平	7	107	104	33	35	−74	−68	−70	−66
	6	1362	1410	531	574	−831	−836	−61	−59
	5	2148	2176	1086	1436	−1063	−740	−49	−34

续表

地震水平	楼层	无控结构楼层剪力/kN		有控结构楼层剪力/kN		剪力差/kN		比例/%	
		X向	Y向	X向	Y向	X向	Y向	X向	Y向
小震水平	4	2745	2659	1650	1809	-1095	-850	-40	-32
	3	3261	2963	2218	2274	-1044	-689	-32	-23
	2	3574	3365	2757	2583	-817	-781	-23	-23
	1	3852	3595	3242	2773	-610	-822	-16	-23
中震水平	7	306	296	93	101	-213	-195	-70	-66
	6	3890	4027	1517	1639	-2373	-2388	-61	-59
	5	6138	6217	3102	4102	-3036	-2115	-49	-34
	4	7844	7597	4715	5168	-3129	-2429	-40	-32
	3	9318	8466	6337	6498	-2982	-1969	-32	-23
	2	10211	9613	7876	7381	-2334	-2232	-23	-23
	1	11005	10270	9263	7922	-1742	-2348	-16	-23
大震水平	7	612	592	186	202	-425	-391	-70	-66
	6	7780	8055	3034	3279	-4746	-4776	-61	-59
	5	12276	12433	6204	8203	-6072	-4230	-49	-34
	4	15687	15195	9430	10336	-6258	-4859	-40	-32
	3	18637	16933	12673	12996	-5963	-3937	-32	-23
	2	20421	19226	15752	14761	-4669	-4464	-23	-23
	1	22011	20541	18526	15844	-3484	-4697	-16	-23

图 5.3.12 对比了大震下无控结构和有控结构在 X 和 Y 方向的最大顶点加速度。结果表明，两个方向上的加速度都有效地降低了。顶点加速度在 X 方向从 $1.11g$ 减小到 $0.77g$，在 Y 方向从 $0.97g$ 减小到 $0.75g$。图 5.3.13 对比了大震下无控结构和有控结构在 X 和 Y 方向的最大顶点位移。顶点位移在 X 方向上从 224mm 减小到 104mm，在 Y 方向从 238mm 减小到 121mm。图 5.3.14 对比了大震下无控结构和有控结构的楼层位移。通过对比可以看出，黏弹性阻尼墙在减小结构位移方面的有效性。

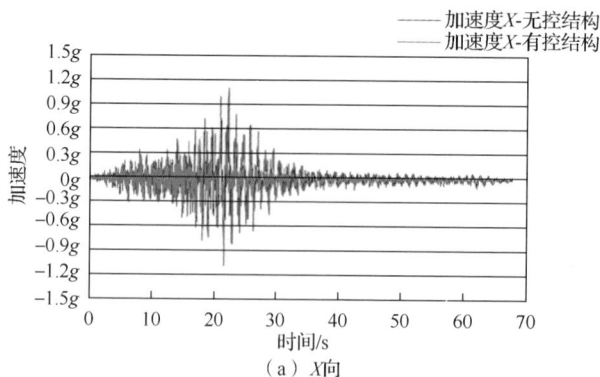

图 5.3.12　大震下无控结构和有控结构的最大顶点加速度对比

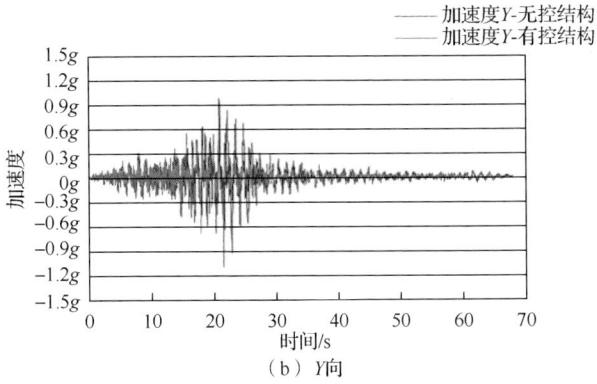

图 5.3.12　（续）

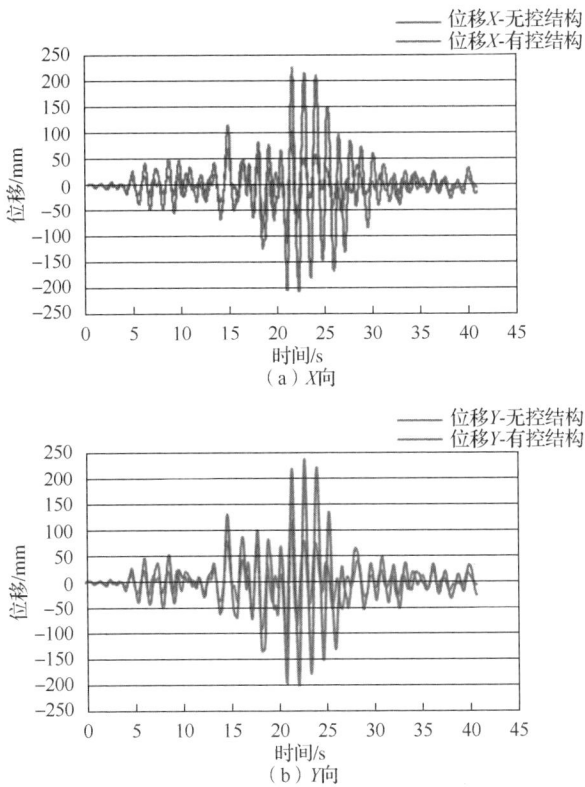

图 5.3.13　大震下无控结构和有控结构的最大顶点位移对比

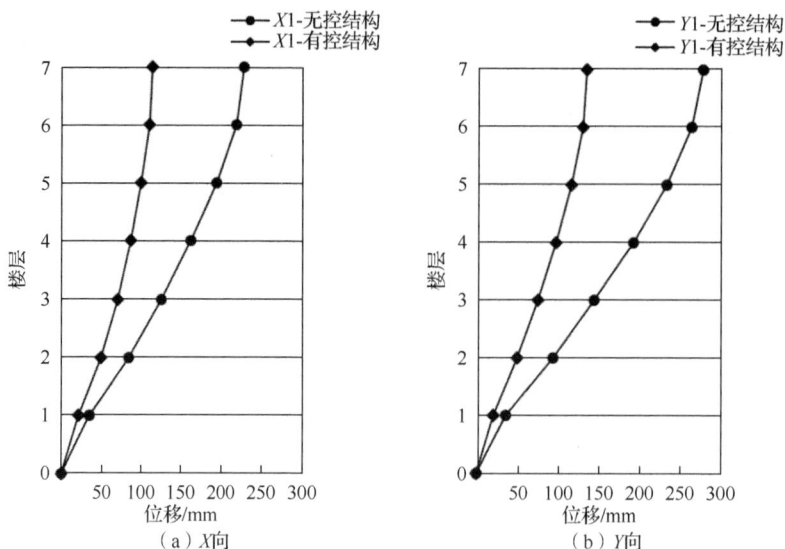

图 5.3.14　大震下无控结构和有控结构的楼层位移对比

5. 校核附加阻尼比

采用简化的方程来估算有控结构中的附加阻尼比，即

$$\frac{E_d}{E_m} = \frac{\xi_d}{\xi_m} \tag{5.3.11}$$

式中，E_d 为阻尼墙消耗的能量；E_m 为模态阻尼消耗的能量；ξ_d 为阻尼墙提供的附加阻尼比；ξ_m 为模态阻尼比。

使用式（5.3.11）获得的附加阻尼比列于表 5.3.4 中。可以看出，所有的阻尼比都小于 20%的规范限值，因而无需重新调整阻尼墙配置。

表 5.3.4　附加阻尼比校核　　　　　　　　　　　　　（单位：%）

地震水平	X 向	Y 向
小震水平	11.3	11.8
中震水平	11.8	11.5
大震水平	11.8	11.7

图 5.3.15 展示了位于第 3 层的某个阻尼墙的力-位移曲线。该阻尼墙尺寸为 450mm×450mm，厚度为 10mm。可以看出，在小震下阻尼墙的阻尼力没有超过其最大阻尼力（450kN），且在大震下阻尼墙的变形没有超过黏弹性材料的极限（厚度的 200%～500%）。对于结构中应用的所有阻尼墙，均按其各自的尺寸观察到类似的行为。

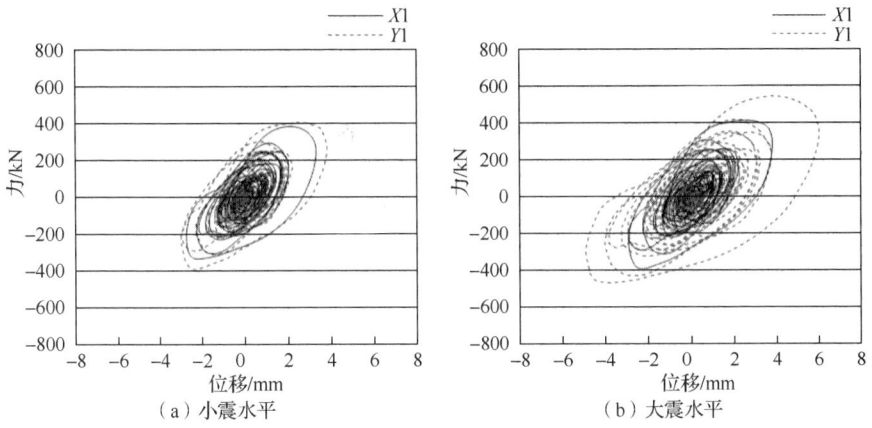

图 5.3.15   第 3 层某阻尼墙的力-位移曲线

第6章 黏弹性阻尼墙减震结构工程实践与实例

6.1 结 构 概 况

南京大报恩寺新塔建于江苏南京，结构抗震设防烈度为 7 度（0.1g），地震分组为第一组，场地类别为 II 类。该结构为纯钢结构建筑，所用钢材均为 Q345，结构 24 层，建筑 9 层，结构高度为 78.277m，建筑高度为 95.2m。结构典型平面布置和三维图如图 6.1.1 所示。楼面恒载为 4.0kN/m² （包括楼板自重），楼面活载为 3.5kN/m²。

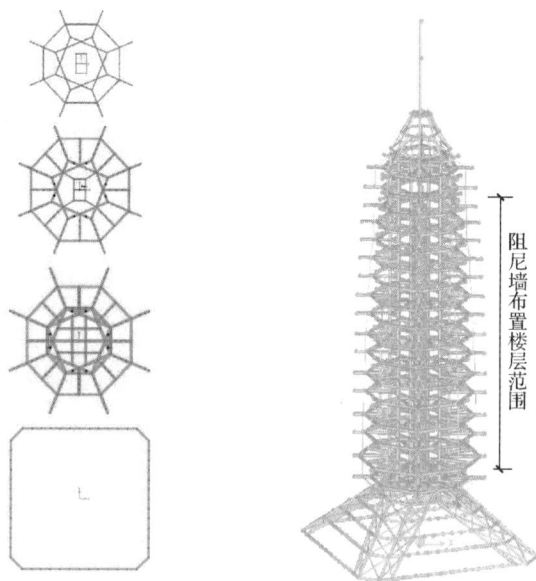

图 6.1.1 结构典型平面布置和三维图

该结构共安装有 112 个黏弹性阻尼墙，限于该结构建筑外观要求，将黏弹性阻尼墙分布在 14 个结构层，每层 8 个（如图 6.1.1 中黑点所示）。黏弹性阻尼墙采用层间柱的连接形式安装，通过螺栓和连接钢板将其与上下钢梁连接，能够最大限度地减小黏弹性阻尼墙布置对建筑外观的影响（图 6.1.2）。

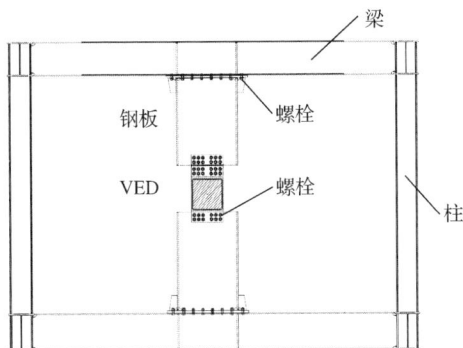

图 6.1.2　黏弹性阻尼墙安装形式

采用 SAP2000 对其建立有限元分析模型并进行模态分析,得到结构前 9 阶动力模型如表 6.1.1 所示,结构总质量为 4697t。该结构为复杂不规则结构,经计算到 250 阶振型,结构的累积振型质量参与系数为 0.87。

表 6.1.1　结构动力特征

振型	周期/s	振型方向	振型质量参与系数
1	3.11	X 向	0.49
2	3.10	Y 向	0.49
3	3.06	扭转	0.31
4	1.21	扭转	0.06
5	0.90	X 向	0.10
6	0.90	Y 向	0.10
7	0.89	扭转	0.04
8	0.81	扭转	0.00
9	0.72	X 向	0.00

6.2　阻尼墙概况

使用的黏弹性阻尼墙构造及尺寸如图 6.2.1 所示,黏弹性材料层的剪切面积为 400mm×400mm,剪切厚度为 15mm。采用 Maxwell 模型并联 Wen 模型来模拟该黏弹性阻尼墙的力学性能,如图 6.2.2 所示。

Maxwell 模型:

$$\begin{cases} F_{\mathrm{M}} = K_{\mathrm{d}} d_{\mathrm{k}} = C\dot{d}_{\mathrm{c}}^{\alpha} \\ d = d_{\mathrm{k}} + d_{\mathrm{c}} \end{cases} \tag{6.2.1}$$

式中，F_{M} 为 Maxwell 模型力；d 为总变形；d_{k} 为弹簧变形；d_{c} 为黏壶变形；K_{d} 为弹簧刚度；C 为阻尼系数；α 为阻尼指数。

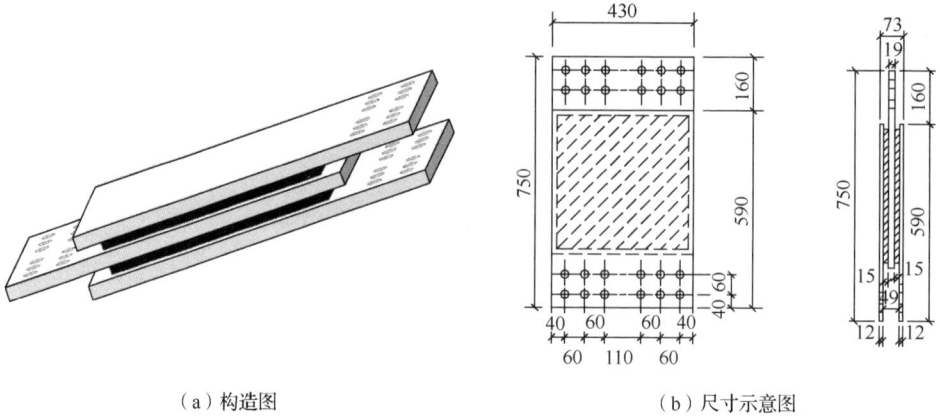

（a）构造图　　　　　　　　　　　（b）尺寸示意图

图 6.2.1　黏弹性阻尼墙构造图和尺寸示意图

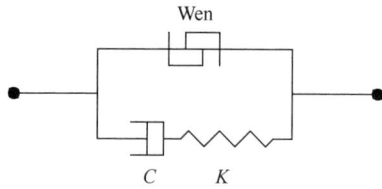

图 6.2.2　黏弹性阻尼墙力学模型

Wen 模型：

$$\begin{cases} F_{\mathrm{W}} = rkd + (1-r)yz \\ \dot{z} = \begin{cases} k\dot{d}(1-|z|^{\beta})/y & \dot{d}z > 0 \\ k\dot{d}/y & \dot{d}z \leqslant 0 \end{cases} \end{cases} \tag{6.2.2}$$

式中，F_{W} 为 Wen 模型力；d 为变形；k 为刚度；r 为屈服刚度比；y 为屈服力；z 为内部滞变；β 为大于等于 1 的指数。

进行黏弹性阻尼墙力学模型参数识别的试验数据使用同济大学土木工程防灾国家重点实验室进行的南京大报寺黏弹性阻尼墙出厂检验的试验数据（加载频率为 0.3Hz，幅值为 100%，温度为 31℃）。根据《建筑结构荷载规范》（GB 50009—2012），南京最高基本气温 37℃，取最高基本气温下黏弹性阻尼墙滞回曲线的参数作为设计和分析依据是偏于保守和安全的，按照式（6.2.3）对试验滞回曲线进行不同温度下的相似转换。

$$S_F = \frac{\overline{F}_0(T_2)}{\overline{F}_0(T_1)} \qquad （6.2.3）$$

式中，$\overline{F}_0 = 0.4516 + 1.372\mathrm{e}^{-T/31.9607}$。

经计算，黏弹性阻尼墙阻尼力乘以系数 $S_F = 0.9084$ 即可将 31℃下数据转换为 37℃下数据。经参数识别所得 Maxwell 模型和 Wen 模型的参数如表 6.2.1 所示，所得识别滞回曲线和试验滞回曲线对比如图 6.2.3 所示。使用 SAP2000 软件定义某阻尼墙属性操作界面如图 6.2.4 所示。

表 6.2.1 黏弹性阻尼墙力学模型参数

模型	参数			
Wen	k /（kN/mm）	y/kN	r	β
	600	79	0.0118	0.4
Maxwell	K_d/（kN/mm）	C/[kN/（mm/s）$^\alpha$]	α	
	10	8	0.2	

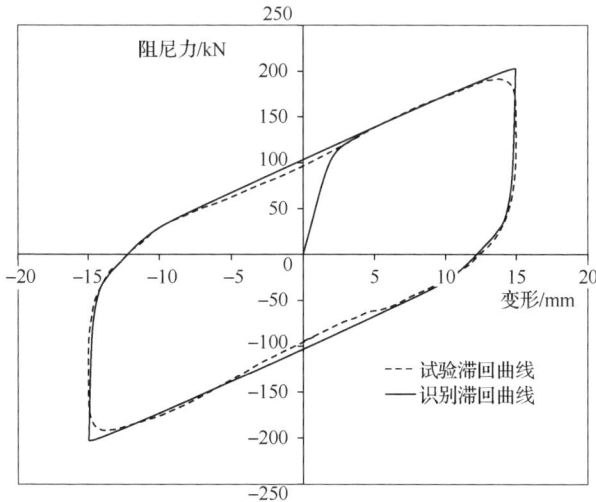

图 6.2.3 试验滞回曲线和识别滞回曲线对比

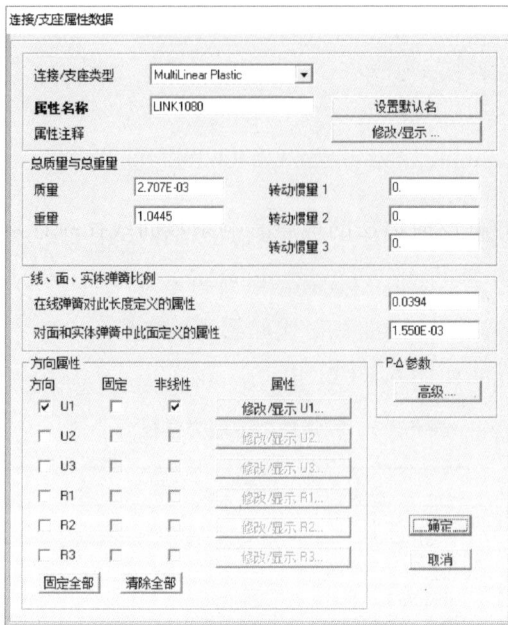

（a）连接属性数据定义

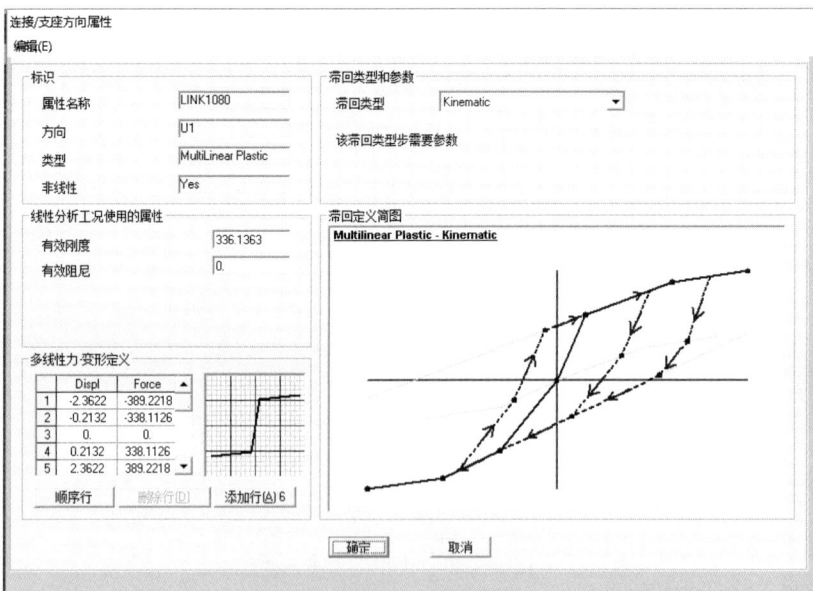

（b）连接方向属性定义

图 6.2.4　SAP2000 软件定义某阻尼墙属性操作界面

6.3　输入地震加速度时程

根据规范反应谱选择输入地震加速度时程，使得多组时程曲线的平均地震影响系数曲线与振型分解反应谱法的地震影响系数曲线在统计意义上相符。多遇地震下，特征周期 0.35s，地震影响系数最大值 0.08g，输入台面峰值加速度为35cm/s^2；罕遇地震下，特征周期 0.40s，地震影响系数最大值 0.50g，输入台面峰值加速度为220cm/s^2，阻尼比均为 2%。多遇地震下，选用 7 条地震波，其中 5 条天然波、2 条人工波；罕遇地震下，选用 3 条地震波，其中 2 条天然波、1 条人工波，每条波包含两个水平方向。所选地震波基本信息如表 6.3.1 所示。

表 6.3.1　地震波基本信息

地震波编号		名称	发震年份	发震地点	持续时间/s
多遇地震	GM35-1	NGA 143	1978	Tabas	32.78
	GM35-2	NGA 1786	1999	Hector Mine	59.98
	GM35-3	NGA 186	1979	Imperial Valley	39.96
	GM35-4	NGA 2948	1999	Chi-Chi	74.96
	GM35-5	NGA 891	1992	Landers	54.98
	GM35-6	人工波			50.00
	GM35-7	人工波			50.00
罕遇地震	GM40-1	NGA 1290	1999	Chi-Chi	89.98
	GM40-2	NGA 1836	1999	Hector Mine	59.98
	GM40-3	人工波			50.00

多遇地震和罕遇地震下地震加速度时程主向反应谱（阻尼比为 2%）如图 6.3.1 所示。多遇地震下，采用多条地震波下结构响应的平均值；罕遇地震下，采用多条地震波下结构响应的包络值。由于结构平面对称，地震波仅以 X 向为主向、Y 向为次向进行双向输入，主向和次向的地震波输入台面峰值加速度比值为 1∶0.85。

时程分析中，除了要考虑有控结构中黏弹性阻尼墙的非线性，在罕遇地震下，无控结构和有控结构还需考虑钢材的材料非线性和 P-Δ 效应。钢材的应力-应变关系采用程序默认值，钢材材料非线性通过在杆件两端设置 Fiber-PMM 铰实现，即通过对整个纤维截面面积分计算出塑性铰的轴力 P、次弯矩 $M2$ 和主弯矩 $M3$ 的值，Fiber-PMM 铰相比传统的耦合 PMM 铰更直接和精确，相应的计算时间更长。塑性铰参数通过杆件截面计算而得，杆件两端塑性铰各占杆件长度 10%。

按照上述确定的结构有限元分析模型、输入地震加速度时程以及各项分析参数的选择和设置，对无控结构和有控结构分别进行多遇地震和罕遇地震下的动力非线性时程分析，并对比无控结构和有控结构的结构响应。

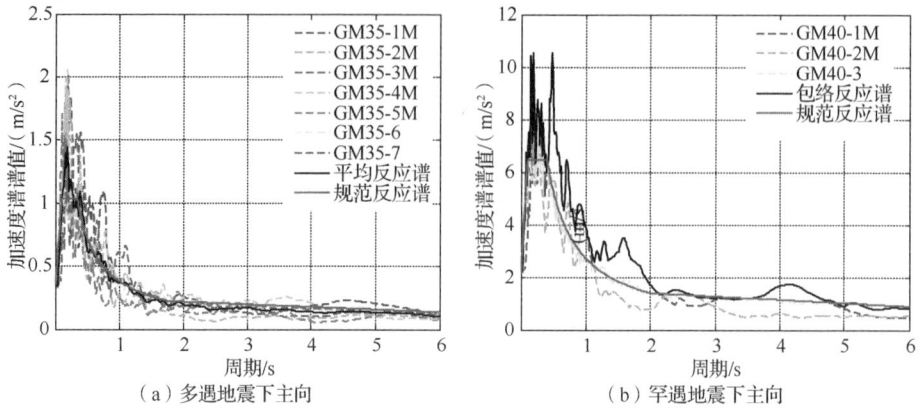

（a）多遇地震下主向　　　　　　　　　　　（b）罕遇地震下主向

图 6.3.1　输入加速度时程反应谱

6.4　多遇地震下结构响应对比

多遇地震下，以 GM35-4 地震波下为例，对比无控结构和有控结构 X 向顶点相对位移时程如图 6.4.1 所示。从图 6.4.1 中可以看出，由于安装了黏弹性阻尼墙，有控结构的位移响应得到较好控制，特别是地震动输入后期。

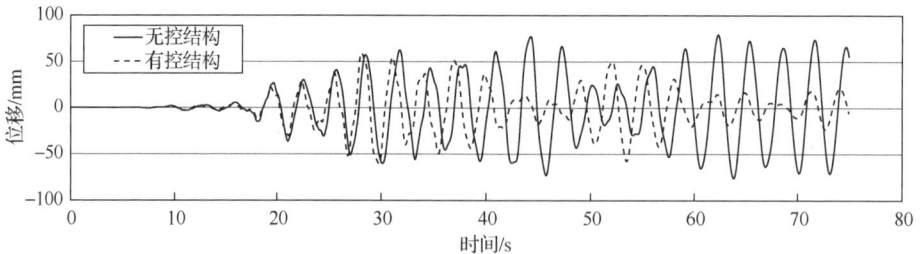

图 6.4.1　多遇地震下顶点位移时程对比

多遇地震下，无控结构和有控结构的 X 向楼层加速度分布曲线和层间位移角分布曲线分别如图 6.4.2 和图 6.4.3 所示。

由图 6.4.2 和图 6.4.3 可知，黏弹性阻尼墙在多遇地震下提供较大附加刚度、较小附加阻尼，造成有控结构的楼层加速度相对无控结构有所放大，最大楼层加速度值放大 9%；由于黏弹性阻尼墙提供的附加刚度和附加阻尼的共同作用，有控结构的位移响应相对无控结构减小，最大层间位移角减小 19%。

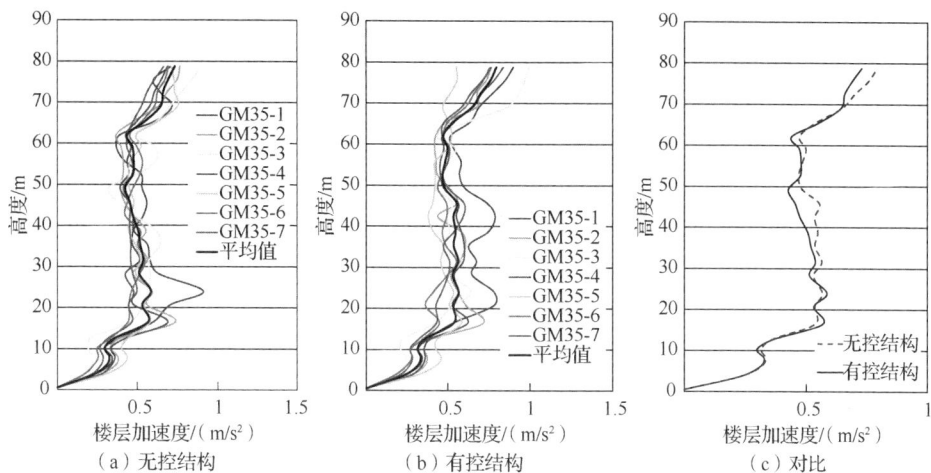

图 6.4.2　多遇地震下楼层加速度分布曲线对比

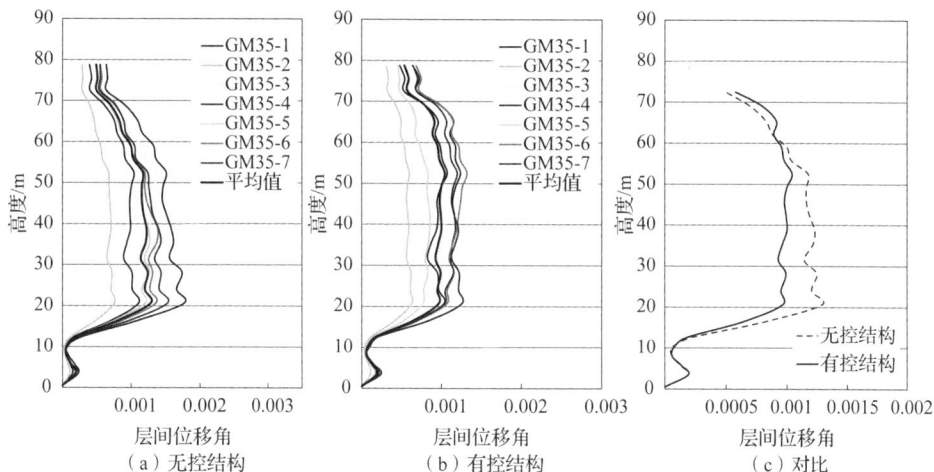

图 6.4.3　多遇地震下层间位移角分布曲线对比

　　黏弹性阻尼墙提供的附加刚度造成有控结构的楼层加速度相对无控结构有所放大，X 向基底剪力平均值放大 10%，但基底弯矩平均值减小 2%。

6.5　罕遇地震下结构响应对比

　　罕遇地震下，以 GM40-3 地震波下为例，对比无控结构和有控结构的 X 向顶点相对位移时程，如图 6.5.1 所示。从图 6.5.1 中可以看出，和多遇地震下一样，由于安装了黏弹性阻尼墙，有控结构的位移响应，特别是在地震动输入后期得到较好控制。

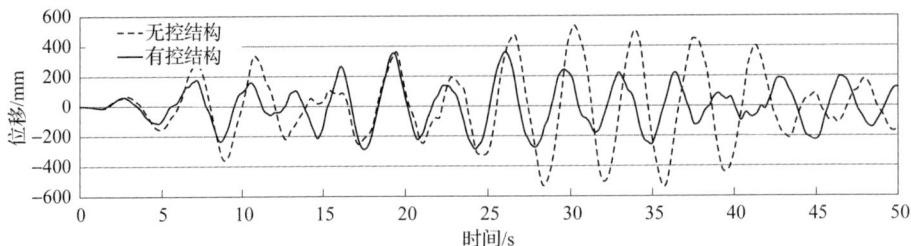

图 6.5.1　罕遇地震下顶点位移时程对比

罕遇地震下，无控结构和有控结构的 X 向楼层加速度分布曲线和层间位移角分布曲线分别如图 6.5.2 和图 6.5.3 所示。

由图 6.5.2 和图 6.5.3 可知，有控结构的最大楼层加速度相对无控结构减小 14%，相比多遇地震，罕遇地震下加速度的减震效果更好，这是因为随着阻尼墙变形的增大，黏弹性阻尼墙提供的附加刚度减小，附加阻尼增大；有控结构的最大层间位移角相对无控结构减小 34%，相比多遇地震，罕遇地震下位移的减震效果更好。

由于罕遇地震相比多遇地震下加速度减震效果更好，相应的基底剪力和基底弯矩的减震效果也更好，X 向基底剪力包络值放大 7%，但基底弯矩包络值减小 23%。

罕遇地震下，有控结构中某一黏弹性阻尼墙滞回曲线如图 6.5.4 所示，由图可知，滞回曲线饱满，耗能能力强。

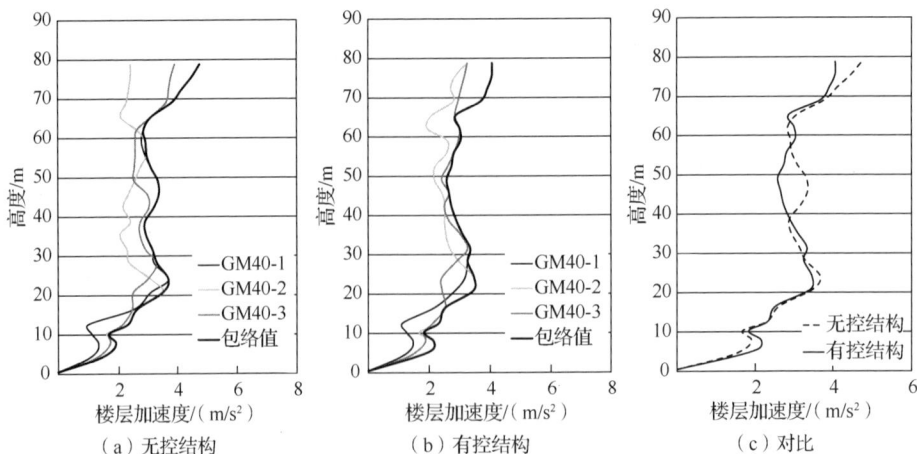

图 6.5.2　罕遇地震下 X 向楼层加速度分布曲线对比

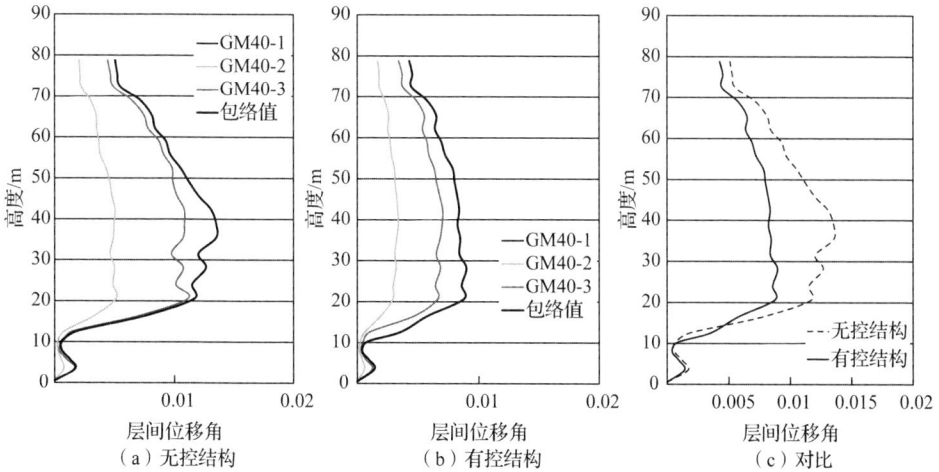

(a) 无控结构　　　　　(b) 有控结构　　　　　(c) 对比

图 6.5.3　罕遇地震下层间位移角分布曲线对比

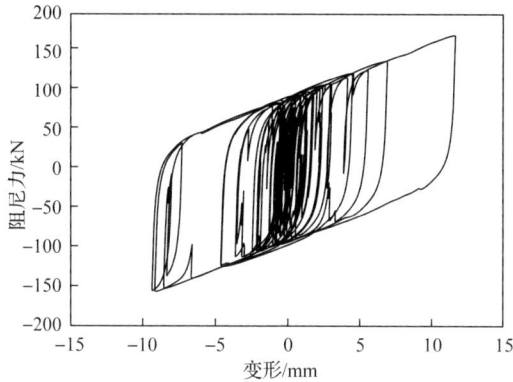

图 6.5.4　罕遇地震下黏弹性阻尼墙滞回曲线

6.6　小　　结

通过对南京大报恩寺新塔项目在多遇地震和罕遇地震下的非线性动力时程分析，考察黏弹性阻尼墙的减震效果，得到如下结论：

1）由于黏弹性阻尼墙提供的附加刚度和附加阻尼的共同作用，结构位移减震效果明显，多遇地震下最大层间位移角减小 19%，罕遇地震下则减小 34%。

2）由于黏弹性阻尼墙提供的附加刚度的影响，加速度的减震效果不如位移的减震效果明显，相应的剪力和弯矩的减震效果也不如位移。特别是在多遇地震下，有控结构的楼层加速度相对无控结构有所放大。与传统黏弹性阻尼墙相比，这种新型黏弹性阻尼墙的附加刚度不能忽略。

3）相比多遇地震，罕遇地震下加速度、位移、剪力和弯矩的减震效果均更好。对于加速度、剪力和弯矩而言，这是因为黏弹性阻尼墙提供的附加刚度减少、提供的附加阻尼增大；对于位移而言，附加阻尼增大对位移减震效果带来的有利影响大于附加刚度减少带来的不利影响。

4）不同地震波下结构位移响应差别较大，相应的减震效果也有较大差别，但是按照规范反应谱选择多条地震波进行时程分析一定程度上可以克服地震作用的随机性，从而反映结构未来最可能遭受的地震作用和产生的地震响应。

第二篇

黏滞阻尼墙

　　黏滞阻尼墙是一种用于建筑结构的消能减震器，作为一种可提供较大黏滞阻尼的机械装置，在地震作用中依靠钢板之间极小净距内填充的高黏性流体在钢板错动时提供阻尼力耗散能量，可有效减小结构的振动反应。本篇系统地总结黏滞阻尼墙的力学性能（第 7 章）、力学模型（第 8 章）、相似设计（第 9 章）、减震结构动力性能（第 10 章）、减震结构设计方法（第 11 章）、减震结构工程实践与实例（第 12 章）共 6 个方面。

第7章 黏滞阻尼墙力学性能

7.1 黏滞阻尼墙力学性能试验方法

黏滞阻尼墙需要进行性能试验以综合评价其性能。目前中国针对黏滞阻尼墙的性能有规定的规范主要包括《建筑抗震设计规范》（GB 50011—2010）、《建筑消能阻尼器》（JG/T 209—2012）和《建筑消能减震技术规程》（JGJ 297—2013）。其中，《建筑抗震设计规范》（GB 50011—2010）主要对黏滞阻尼墙的设计要点及性能检测做了详细规定；《建筑消能阻尼器》和《建筑消能减震技术规程》（JGJ 297—2013）主要对黏滞阻尼墙的外观质量、材料性能，以及阻尼墙的力学性能、疲劳性能和耐久性等方面做了详细规定。

黏滞阻尼墙的力学性能应按照《建筑消能阻尼器》（JG/T 209—2012）中第 6.2.3 条和第 7.2.3 条进行力学性能，如极限位移、最大阻尼力、黏滞阻尼系数、黏滞阻尼指数和滞回曲线面积的检验。其中，黏滞阻尼器的力学性能应符合表 7.1.1 的规定，其力学性能应按表 7.1.2 的规定进行检验。

表 7.1.1　黏滞阻尼器力学性能要求

项目	性能指标
极限位移	实测值不应小于黏滞阻尼器设计容许位移的150%，当最大位移大于或等于100mm时实测值不应小于黏滞阻尼器设计容许位移的120%
最大阻尼力	实测值偏差应在产品设计值的±15%以内；实测值偏差的平均值应在产品设计值的±10%以内
阻尼系数	实测值偏差应在产品设计值的±15%以内；实测值偏差的平均值应在产品设计值的±10%以内
阻尼指数	实测值偏差应在产品设计值的±15%以内；实测值偏差的平均值应在产品设计值的±10%以内
滞回曲线	实测滞回曲线应光滑，无异常，在同一测试条件下，任一循环中滞回曲线包络面积实测值偏差应在产品设计值的±15%以内；实测值偏差的平均值应在产品设计值的±10%以内

表 7.1.2　黏滞阻尼器力学性能检验方法

项目	检验方法
极限位移	采用静力加载试验，控制试验机的加载系统使阻尼墙匀速缓慢运动，记录其伸缩运动的极限位移值
最大阻尼力	采用正弦激励法，用按照正弦波规律变化的输入位移 $u=u_0\sin(\omega t)$，对阻尼器施加频率为 f_1、位移幅值为 u_0 的正弦力，连续进行 5 个循环，记录第 3 个循环所对应的最大阻尼力作为实测值

续表

项目	检验方法
阻尼系数 阻尼指数 滞回曲线	1）采用正弦激励法，用按照正弦波规律变化的输入位移 $u=u_0\sin(\omega t)$ 来控制试验机的加载系统； 2）对阻尼墙分别施加频率为 f_1，输入位移幅值为 $0.1u_0$、$0.2u_0$、$0.5u_0$、$0.7u_0$、$1.0u_0$、$1.2u_0$，连续进行 5 个循环，每次均绘制阻尼力-位移滞回曲线，并计算各工况下第 3 个循环所对应的阻尼系数、阻尼指数作为实测值

注：$\omega=2\pi f_1$，其中 ω 为圆频率；f_1 为结构基频；u_0 为阻尼墙设计位移。

7.2 黏滞阻尼墙力学性能试验

黏滞阻尼墙由内部钢板与外部钢箱组成，其内腹板形式有所改变（黏滞流体液面以上的钢板尺寸沿弧线扩大），但其提供黏滞阻尼力的有效面积尺寸均为 200mm×200mm，在内外钢板净距为 2mm 的间隙中填充高黏度流体，如图 7.2.1 所示。

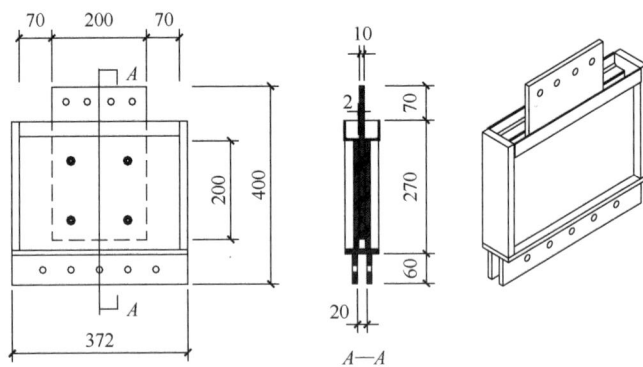

图 7.2.1　黏滞阻尼墙几何尺寸及构造

为得到黏滞阻尼墙的性能参数，对黏滞阻尼墙进行了力学性能试验，采用 FTS 伺服作动器进行加载，作动器最大输出力为 52kN，工作行程为 400mm。

试验通过对试件施加一系列以位移为控制指标的动力荷载来测量该型号阻尼墙的动力特性，主要测量黏滞阻尼墙的变形和抵抗力，通过安装在作动器顶端的 PSD-5TSJTT 拉压力传感器（量程 50kN）来测量黏滞阻尼墙的抵抗力，在黏滞阻尼墙的内腹板与外壁之间设置位移计（量程±50mm）来测量黏滞阻尼墙的变形。通过伺服作动器自身的位移控制反馈值作为加载目标值，进行位移控制。试验加载装置照片如图 7.2.2 和图 7.2.3 所示。

图 7.2.2　黏滞阻尼墙力学性能试验加载装置实拍图（全景）

图 7.2.3　黏滞阻尼墙力学性能试验加载装置实拍图（近景）

　　性能试验温度（24±0.5）℃，采用位移控制、动态加载，输入正弦波时程方程为

$$u = u_0 \sin(2\pi ft)　　　　　　　　　（7.2.1）$$

式中，u 表示缩尺黏滞阻尼墙内腹板与外钢箱之间的相对位移；位移幅值 u_0 取值 1.0～47.7mm；作动器加载频率 f 取值为 0.1～1.2Hz；t 表示时间，共 126 个工况。

　　受作动器限制，所有工况的最大速度均不大于 62.8mm/s。每个工况循环加载 5 次，取第 3 次循环时的数据为准。考虑到规范要求，并且为了研究不同速度幅值、加载频率和位移幅值下的黏滞阻尼墙力学性能特点，工况设计在尽量保证各种参量等间隔增加的同时间隔适当取小，最终加载工况如表 7.2.1～表 7.2.3 所示。另外，恒温下降低黏滞阻尼墙抵抗力的最大原因为掺入气泡，且气泡掺入量与变形成正比，因此每组工况中的小工况均按照位移幅值由小到大排列，并且每次加载前均要等待黏滞液液面平复，以保证试验结果的准确性。

表 7.2.1　黏滞阻尼墙力学性能试验速度幅值相关性工况表

工况组	工况号	位移幅值 u_0 /mm	加载频率 f / Hz	速度幅值 v_0 / (mm/s)	循环圈数 /圈
1	1-1	1.3	1.20	10.0	5
	1-2	1.6	1.00		
	1-3	2.0	0.80		
	1-4	2.7	0.60		
	1-5	3.2	0.50		
	1-6	3.5	0.45		
	1-7	4.0	0.40		
	1-8	4.5	0.35		
	1-9	5.3	0.30		
	1-10	6.4	0.25		
	1-11	8.0	0.20		
	1-12	10.6	0.15		
	1-13	15.9	0.10		
2	2-1	2.7	1.20	20.0	5
	2-2	3.2	1.00		
	2-3	4.0	0.80		
	2-4	5.3	0.60		
	2-5	6.4	0.50		
	2-6	7.1	0.45		
	2-7	8.0	0.40		
	2-8	9.1	0.35		
	2-9	10.6	0.30		
	2-10	12.7	0.25		
	2-11	15.9	0.20		
	2-12	21.2	0.15		
	2-13	31.8	0.10		
3	3-1	4.0	1.20	30.0	5
	3-2	4.8	1.00		
	3-3	6.0	0.80		
	3-4	8.0	0.60		
	3-5	9.5	0.50		
	3-6	10.6	0.45		
	3-7	11.9	0.40		
	3-8	13.6	0.35		
	3-9	15.9	0.30		
	3-10	19.1	0.25		
	3-11	23.9	0.20		
	3-12	31.8	0.15		

工况组	工况号	位移幅值 u_0 /mm	加载频率 f / Hz	速度幅值 v_0 / (mm/s)	循环圈数 /圈
3	3-13	47.7	0.10	30.0	5
4	4-1	5.3	1.20	40.0	5
	4-2	6.4	1.00		
	4-3	8.0	0.80		
	4-4	10.6	0.60		
	4-5	12.7	0.50		
	4-6	14.1	0.45		
	4-7	15.9	0.40		
	4-8	18.2	0.35		
	4-9	21.2	0.30		
	4-10	25.5	0.25		
	4-11	31.8	0.20		
	4-12	37.4	0.17		
	4-13	45.5	0.14		
5	5-1	6.6	1.20	50.0	5
	5-2	8.0	1.00		
	5-3	9.9	0.80		
	5-4	13.3	0.60		
	5-5	15.9	0.50		
	5-6	17.7	0.45		
	5-7	19.9	0.40		
	5-8	22.7	0.35		
	5-9	26.5	0.30		
	5-10	31.8	0.25		
	5-11	39.8	0.20		
	5-12	44.2	0.18		
6	6-1	8.0	1.20	60.0	5
	6-2	9.5	1.00		
	6-3	11.9	0.80		
	6-4	15.9	0.60		
	6-5	19.1	0.50		
	6-6	21.2	0.45		
	6-7	23.9	0.40		
	6-8	27.3	0.35		
	6-9	31.8	0.30		
	6-10	35.4	0.27		

工况组	工况号	位移幅值 u_0 /mm	加载频率 f / Hz	速度幅值 v_0 /（mm/s）	循环圈数 /圈
6	6-11	39.8	0.24	60.0	5
	6-12	43.4	0.22		
	6-13	47.7	0.20		

表 7.2.2　黏滞阻尼墙力学性能试验加载频率相关性工况表

工况组	工况号	位移幅值 u_0 /mm	加载频率 f / Hz	速度幅值 v_0 /（mm/s）	循环圈数 /圈
7	7-1	5.0	0.10	3.1	5
	7-2	10.0		6.3	
	7-3	15.0		9.4	
	7-4	20.0		12.6	
	7-5	25.0		15.7	
	7-6	30.0		18.8	
	7-7	35.0		22.0	
	7-8	40.0		25.1	
	7-9	45.0		28.3	
8	8-1	5.0	0.15	4.7	5
	8-2	10.0		9.4	
	8-3	15.0		14.1	
	8-4	20.0		18.8	
	8-5	25.0		23.6	
	8-6	30.0		28.3	
	8-7	35.0		33.0	
	8-8	40.0		37.7	
	8-9	45.0		42.4	
9	9-1	5.0	0.20	6.3	5
	9-2	10.0		12.6	
	9-3	15.0		18.8	
	9-4	20.0		25.1	
	9-5	25.0		31.4	
	9-6	30.0		37.7	
	9-7	35.0		44.0	
	9-8	40.0		50.3	
	9-9	45.0		56.5	
10	10-1	5.0	0.30	9.4	5
	10-2	7.5		14.1	
	10-3	10.0		18.8	
	10-4	12.5		23.6	

工况组	工况号	位移幅值 u_0 /mm	加载频率 f / Hz	速度幅值 v_0 / (mm/s)	循环圈数 /圈
10	10-5	15.0	0.30	28.3	5
	10-6	17.5		33.0	
	10-7	20.0		37.7	
	10-8	22.5		42.4	
	10-9	25.0		47.1	
	10-10	30.0		56.5	
11	11-1	5.0	0.50	15.7	5
	11-2	7.5		23.6	
	11-3	10.0		31.4	
	11-4	12.5		39.3	
	11-5	15.0		47.1	
	11-6	17.5		55.0	
	11-7	20.0		62.8	
12	12-1	0.5	1.00	3.1	30
	12-2	1.0		6.3	
	12-3	2.5		15.7	
	12-4	3.0		18.8	
	12-5	3.5		22.0	
	12-6	5.0		31.4	
	12-7	6.0		37.7	
	12-8	7.0		44.0	
	12-9	10.0		62.8	

表 7.2.3　黏滞阻尼墙力学性能试验位移幅值相关性工况表

工况组	工况号	位移幅值 u_0 /mm	加载频率 f / Hz	速度幅值 v_0 / (mm/s)	循环圈数 /圈
13	13-1	5.0	0.10	3.1	5
	13-2		0.15	4.7	
	13-3		0.20	6.3	
	13-4		0.25	7.9	
	13-5		0.30	9.4	
	13-6		0.35	11.0	
	13-7		0.40	12.6	
	13-8		0.50	15.7	
	13-9		0.60	18.8	
	13-10		0.80	25.1	
	13-11		1.00	31.4	

工况组	工况号	位移幅值 u_0 /mm	加载频率 f/Hz	速度幅值 v_0 /（mm/s）	循环圈数 /圈
14	14-1	10.0	0.10	6.3	5
	14-2		0.15	9.4	
	14-3		0.20	12.6	
	14-4		0.25	15.7	
	14-5		0.30	18.8	
	14-6		0.35	22.0	
	14-7		0.40	25.1	
	14-8		0.50	31.4	
	14-9		0.60	37.7	
	14-10		0.80	50.3	
	14-11		1.00	62.8	
15	15-1	20.0	0.10	12.6	5
	15-2		0.15	18.8	
	15-3		0.20	25.1	
	15-4		0.25	31.4	
	15-5		0.30	37.7	
	15-6		0.35	44.0	
	15-7		0.40	50.3	
	15-8		0.50	62.8	

由于试验时间为 2015 年 1～2 月，气温极低，为保证黏滞阻尼墙在（24±0.5）℃范围内工作，采用前后两个飞利浦射灯作为采暖光源，通过调节射灯与黏滞阻尼墙的距离控制温度，且保证所有试验工况均在温度稳定（电子温度计数字保持 10 min 不变）后再进行。此外，由于气温随时间波动，为保证所有工况均在（24±0.5）℃范围内进行，在每次加载前半小时需重新校准供暖射灯距离，在温度稳定（电子温度计数字保持 10 min 不变）后方可进行试验。

绘制出所有工况的黏滞阻尼墙抵抗力-水平位移滞回曲线，如图 7.2.4～图 7.2.6 所示，可以看出：

1）滞回曲线大致为光滑的椭圆，部分工况受加载参数的影响产生偏向矩形的趋势；滞回曲线倾斜程度随加载工况的不同而变化，说明阻尼墙在动态运动下具有"伪刚度"（即阻尼墙在相对运动时表现出刚度，而在静态荷载作用下该刚度几乎不存在）的属性，且该伪刚度不能用常数定义，这表示不能用单一的油壶模型来模拟黏滞阻尼墙。

2）当速度幅值 v_0 不变时，随着位移幅值 u_0 的增加，黏滞阻尼墙抵抗力峰值 $F_{\max}$ 基本不变，滞回曲线倾斜程度从明显到近乎为零。滞回环偏向矩形的趋势在第 1 组工况（速度幅值 v_0=10mm/s）下较明显，且随着速度幅值 v_0 增加，逐渐趋向光滑。

3）当加载频率 f 不变时，随着位移幅值 u_0 的增加过程中，黏滞阻尼墙抵抗力峰值 F_{max} 始终增加，且先快后慢。滞回曲线倾斜程度在低频（0.1Hz、0.15Hz）下几乎没有；当加载频率提升至 f=0.2Hz 时，其倾斜程度先增加再减小；当加载频率增加到 f=0.5Hz 之后，刚度增加的趋势逐渐明显。

4）当位移幅值 u_0 不变时，伴随加载频率 f 的增加，抵抗力峰值 F_{max} 和滞回曲线倾斜程度均始终增加，而滞回曲线也从近似矩形向椭圆转变。

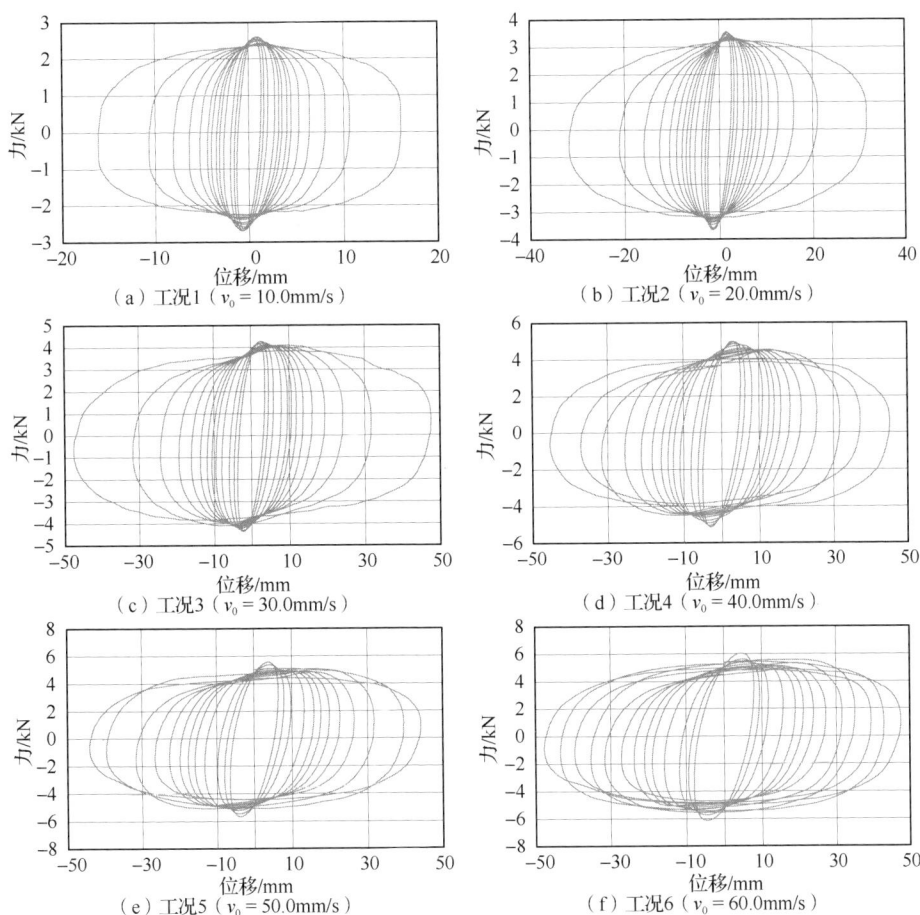

（a）工况1（v_0 = 10.0mm/s）

（b）工况2（v_0 = 20.0mm/s）

（c）工况3（v_0 = 30.0mm/s）

（d）工况4（v_0 = 40.0mm/s）

（e）工况5（v_0 = 50.0mm/s）

（f）工况6（v_0 = 60.0mm/s）

图 7.2.4　速度幅值为定值时黏滞阻尼墙抵抗力-位移滞回曲线

（a）工况7（$f=0.1$Hz）

（b）工况8（$f=0.15$Hz）

（c）工况9（$f=0.2$Hz）

（d）工况10（$f=0.3$Hz）

（e）工况11（$f=0.5$Hz）

（f）工况12（$f=1.0$Hz）

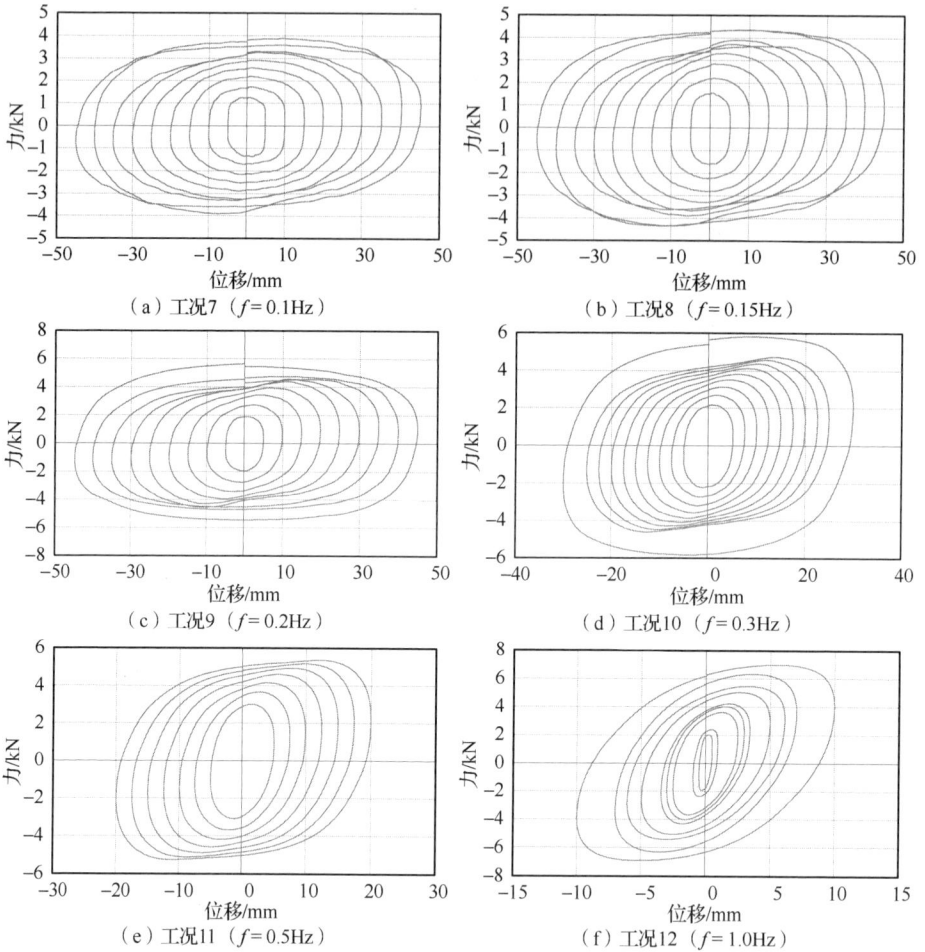

图 7.2.5　加载频率为定值时黏滞阻尼墙抵抗力-位移滞回曲线

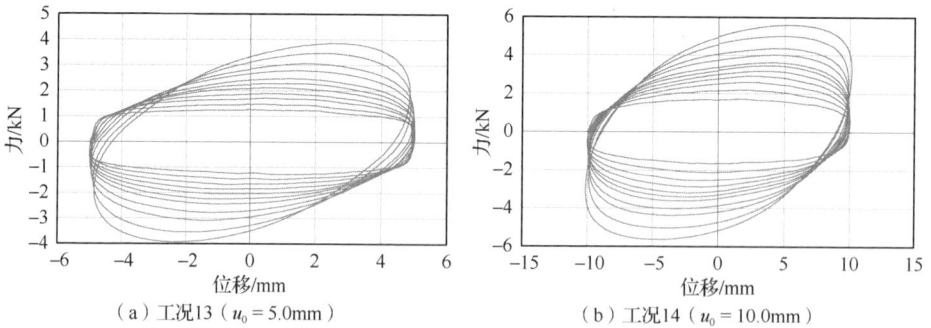

（a）工况13（$u_0=5.0$mm）

（b）工况14（$u_0=10.0$mm）

图 7.2.6　位移幅值为定值时黏滞阻尼墙抵抗力-位移滞回曲线

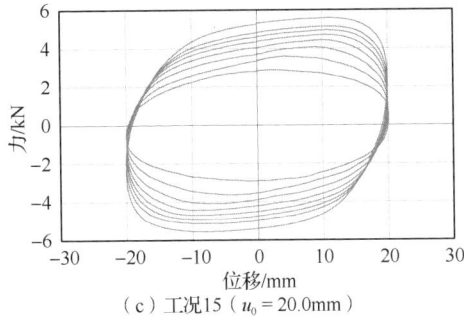

（c）工况 15（$u_0 = 20.0$mm）

图 7.2.6　（续）

　　绘制出所有工况的黏滞阻尼墙抵抗力-水平速度相关曲线，如图 7.2.7～图 7.2.9 所示，可以看出：

　　1）相关曲线呈花生状或 S 形，部分工况在速度为零附近有捏拢现象。曲线有包络的面积，说明无论是否考虑阻尼指数 α，使用单一油壶（图 7.2.10）来表征黏滞阻尼墙的力学特性都是不准确的。

　　2）工况 1 最内侧的相关曲线在速度为零处有力骤降的现象，类似阻尼指数小于 1 的 Kelvin 模型（图 7.2.11），而工况 9 最外侧的相关曲线在速度为零处光滑过度，并且曲线两端尖锐，类似阻尼指数小于 1 的 Maxwell 模型（图 7.2.12），其余工况的相关曲线则兼有 Kelvin 模型和 Maxwell 模型的特点。

　　3）当速度幅值 v_0 不变时，随着位移幅值 u_0 的增加，曲线的捏拢程度逐渐减弱。图 7.2.7～图 7.2.9 的各组工况中，速度幅值 v_0 最低的工况 1，捏拢程度最强。另外，黏滞阻尼墙抵抗力峰值 F_{max} 基本出现在速度幅值 v_0 处，形成相关曲线在两端集中的现象，说明黏滞阻尼墙抵抗力峰值 F_{max} 与速度幅值 v_0 相关程度极高。

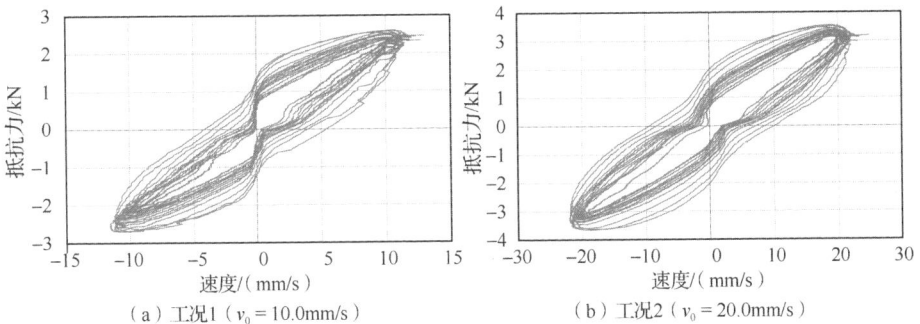

（a）工况 1（$v_0 = 10.0$mm/s）　　　　　　　　（b）工况 2（$v_0 = 20.0$mm/s）

图 7.2.7　速度幅值为常数时黏滞阻尼墙抵抗力-速度相关曲线

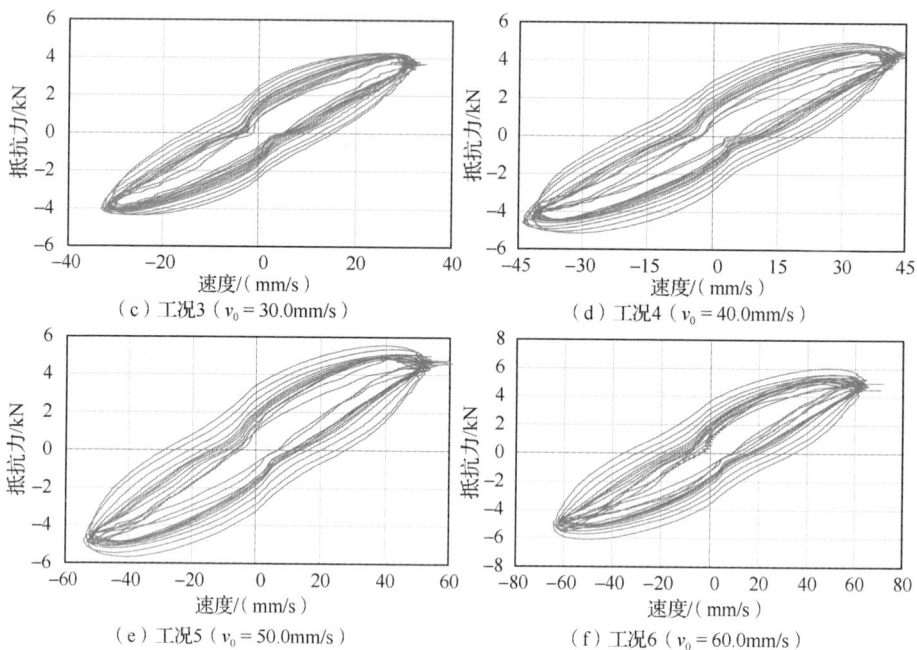

（c）工况3（$v_0=30.0$mm/s）

（d）工况4（$v_0=40.0$mm/s）

（e）工况5（$v_0=50.0$mm/s）

（f）工况6（$v_0=60.0$mm/s）

图 7.2.7 （续）

（a）工况7（$f=0.1$Hz）

（b）工况8（$f=0.15$Hz）

（c）工况9（$f=0.2$Hz）

（d）工况10（$f=0.3$Hz）

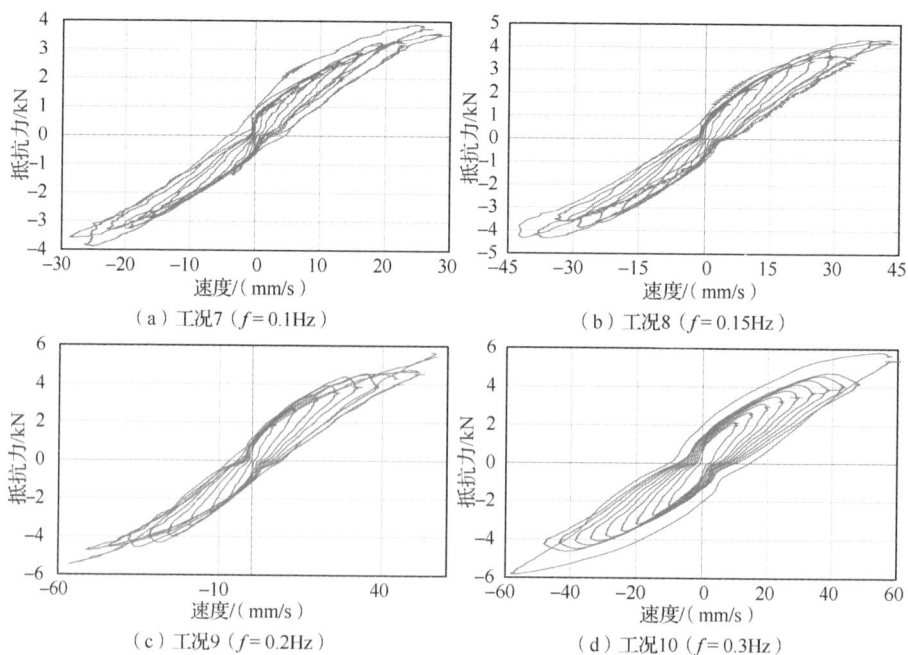

图 7.2.8 加载频率为常数时黏滞阻尼墙抵抗力-速度相关曲线

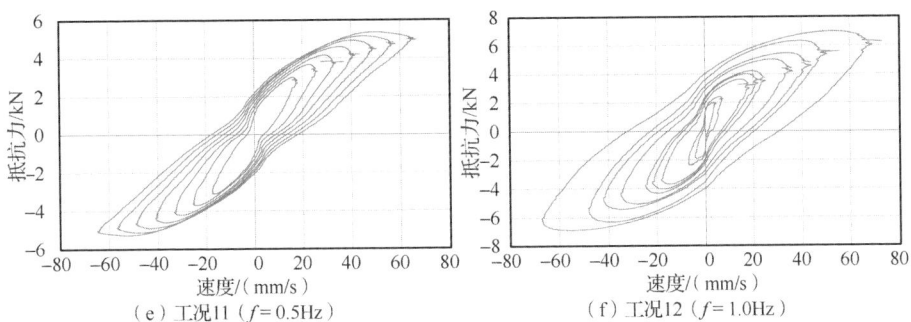

（e）工况11（$f=0.5$Hz）　　　　　　　（f）工况12（$f=1.0$Hz）

图 7.2.8　（续）

（a）工况13（$u_0=5.0$mm）　　　　　　　（b）工况14（$u_0=10.0$mm）

（c）工况15（$u_0=20.0$mm）

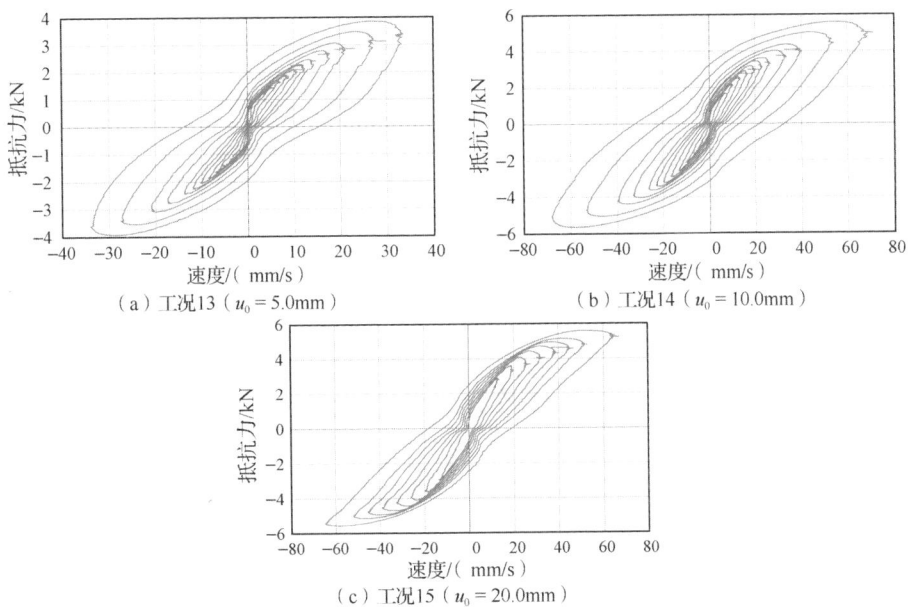

图 7.2.9　位移幅值为常数时黏滞阻尼墙抵抗力-速度相关曲线

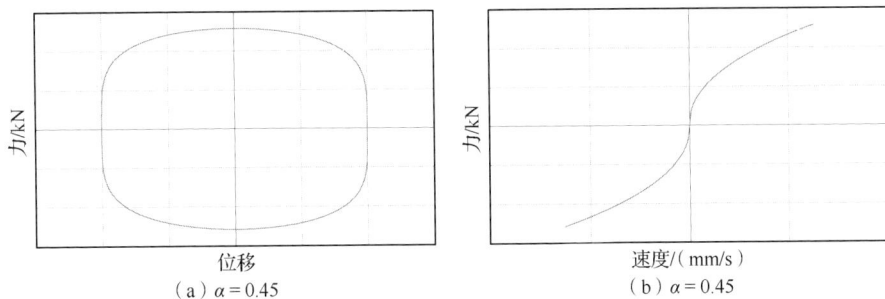

（a）$\alpha=0.45$　　　　　　　　　（b）$\alpha=0.45$

图 7.2.10　不同阻尼指数 α 时油壶模型的力-位移和力-速度曲线

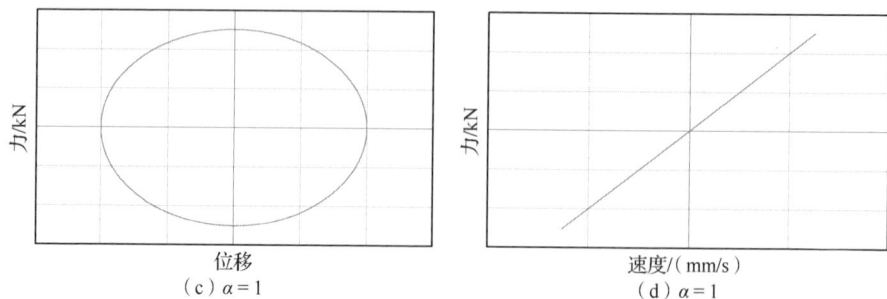

（c）$\alpha=1$

（d）$\alpha=1$

图 7.2.10　（续）

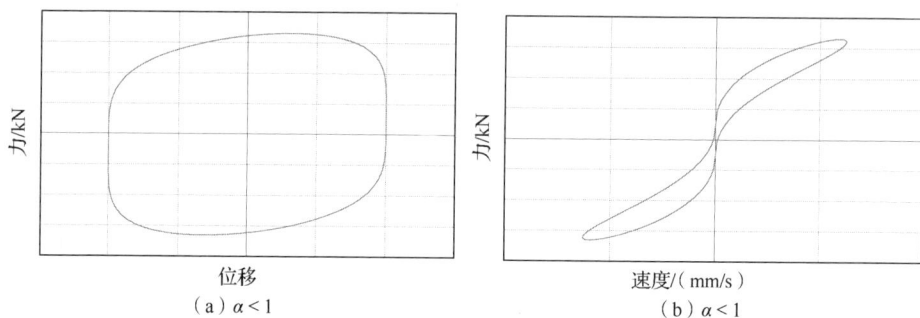

（a）$\alpha<1$

（b）$\alpha<1$

图 7.2.11　阻尼指数 α 小于 1 时 Kelvin 模型的力-位移和力-速度曲线

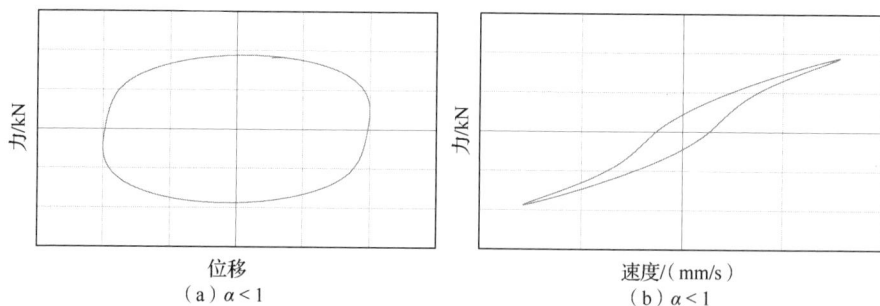

（a）$\alpha<1$

（b）$\alpha<1$

图 7.2.12　阻尼指数 α 小于 1 时 Maxwell 模型的力-位移和力-速度曲线

4）当加载频率 f 不变时，随着位移幅值 u_0 的增加，曲线的捏拢程度逐渐减弱，曲线逐渐丰满。

5）当位移幅值 u_0 不变时，伴随加载频率 f 的增加，相关曲线的变化规律同 3）。

最后，将黏滞阻尼墙抵抗力峰值 F_{max}、等效刚度 K_e 与位移幅值 u_0、速度幅值 v_0 和加载频率 f 的关系绘制于图 7.2.13 和图 7.2.14 中，其中等效刚度 K_e 的定义为抵抗力峰值 F_{max} 与位移幅值 u_0 的比值。可以看出 F_{max} 与 v_0 的回归性最强，而 K_e 与 u_0 的回归性最强，其回归方程依次为

$$F_{\max} = 0.87v_0^{0.45} \qquad (7.2.2)$$

$$K_e = 2.32u_0^{-0.81} \qquad (7.2.3)$$

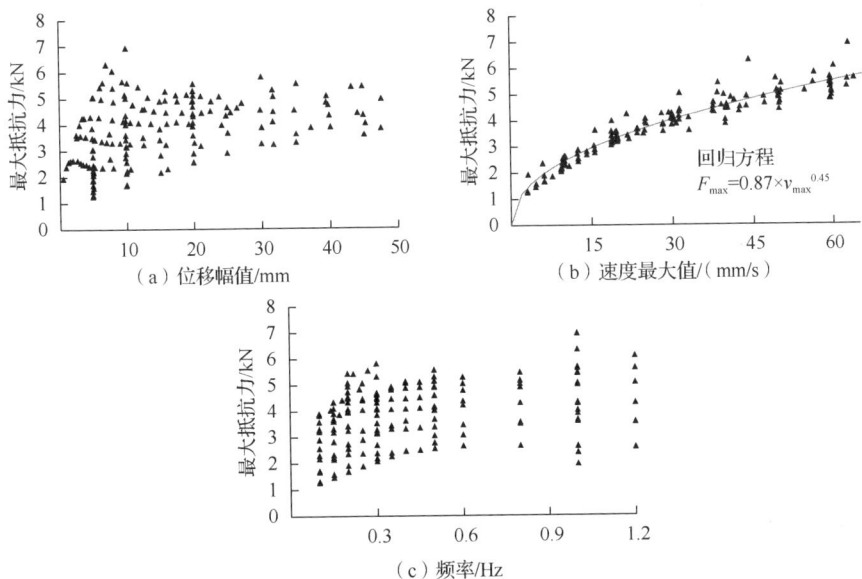

（a）位移幅值/mm

（b）速度最大值/（mm/s）

回归方程
$F_{\max}=0.87 \times v_{\max}^{0.45}$

（c）频率/Hz

图 7.2.13　不同参数对黏滞阻尼墙最大抵抗力的影响

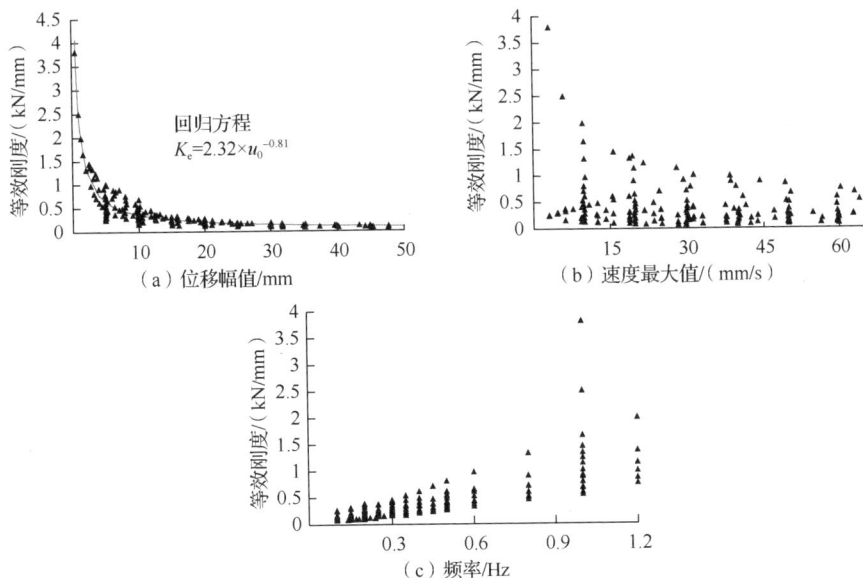

回归方程
$K_e=2.32 \times u_0^{-0.81}$

（a）位移幅值/mm

（b）速度最大值/（mm/s）

（c）频率/Hz

图 7.2.14　不同参数对黏滞阻尼墙等效刚度的影响

第8章 黏滞阻尼墙力学模型

8.1 既有黏滞阻尼墙力学模型

黏滞阻尼墙的力学模型受其内部填充黏滞流体和构造的影响，因此不同厂家所采用的力学模型存在差异，一般用以下几种模型表征。

8.1.1 油壶模型

当黏滞阻尼墙在运动中没有表现出刚度特性时，多采用该模型，同时，该模型也是最早用于表征黏滞阻尼墙的力学模型，其力学模型符号如图8.1.1所示，描述其力学性能的计算公式如下：

$$F(t) = C\,\mathrm{sgn}(\dot{u}(t))\left|\dot{u}(t)\right|^{\alpha} \tag{8.1.1}$$

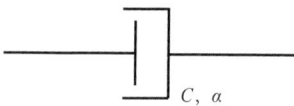

图8.1.1 油壶模型力学符号

式中，$F(t)$为黏滞阻尼墙的抵抗力；C为黏滞阻尼系数，与黏滞阻尼墙的有效面积、黏滞流体的黏度系数、内外钢板间净距、加载频率、环境温度等参数有关；$\dot{u}(t)$为黏滞阻尼墙内外钢板相对速度；α为阻尼指数，与加载频率有关，对于黏滞阻尼墙其变化范围为0.1～1.0，若黏滞流体为理想牛顿流体，则$\alpha=1$，否则$\alpha<1$。

当$\alpha=1$时，黏滞阻尼墙抵抗力与相对速度呈线性变化，此时式（8.1.1）表征理想牛顿流体，表示当受到恒定外力F_0作用时，其产生的变形u只与时间t有关，如图8.1.2所示。

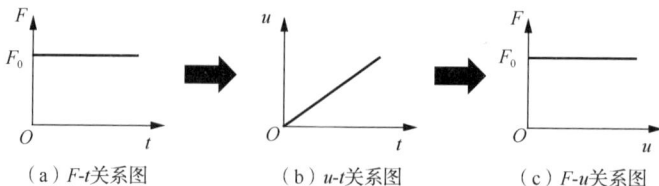

（a）F-t关系图　　（b）u-t关系图　　（c）F-u关系图

图8.1.2 理想牛顿流体

当$\alpha<1$时，黏滞阻尼墙抵抗力与相对速度呈指数变化，此时式（8.1.1）表征非牛顿流体。

若采用正弦波位移控制加载，即$u(t)=u_0\sin(2\pi f t)$，其中u_0为位移幅值，则相

同阻尼系数 C、不同阻尼指数 α 的油壶模型的力-位移滞回曲线和力-速度相关曲线如图 8.1.3 所示。

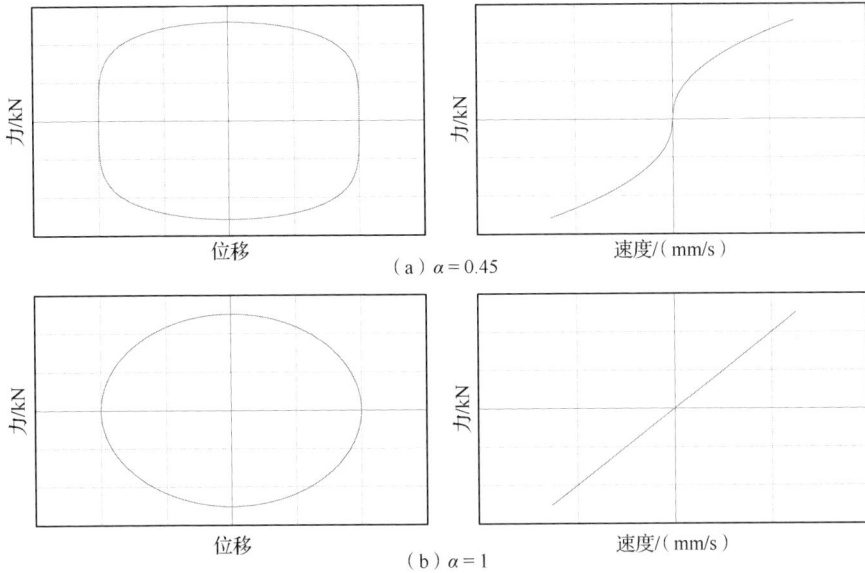

（a）$\alpha = 0.45$

（b）$\alpha = 1$

图 8.1.3　不同阻尼指数 α 时油壶模型的力-位移和力-速度曲线

8.1.2　Kelvin-Voigt 模型

Kelvin-Voigt 模型是当黏滞阻尼墙在运动中表现出刚度特性时,可采用的模型之一。同时,该模型也是由黏滞阻尼墙的开发者们最早更新使用的力学模型。它由一个油壶模型和一个弹簧模型并联而成,其力学模型符号如图 8.1.4 所示,其力学性能的计算公式如下:

$$F(t) = F_C(t) + F_K(t) \tag{8.1.2}$$

$$F_C(t) = C \operatorname{sgn}(\dot{u}(t))\left|\dot{u}(t)\right|^{\alpha} \tag{8.1.3}$$

$$F_K(t) = K \operatorname{sgn}(u(t))\left|u(t)\right|^{\beta} \tag{8.1.4}$$

式中, $F_C(t)$ 为内部油壶的黏滞力,即黏滞阻尼墙的黏滞阻尼力; $F_K(t)$ 为内部弹簧的恢复力,即黏滞阻尼墙的弹性恢复力; $\operatorname{sgn}(\dot{u})$ 为符号函数,满足

$$\operatorname{sgn}(\dot{u}) = \begin{cases} 1 & \dot{u} > 0 \\ -1 & \dot{u} < 0 \end{cases}$$; K 为弹簧的刚度系数,与黏滞阻尼墙的有效面积、黏滞流体的黏度系数、内外钢板间净距、加载频率、环境温度等参数有关; β 为由试验得到的刚度指数,对于黏滞阻尼墙通常认为等于 1,这样并联的弹簧即为线性弹簧,式（8.1.4）即可简化为式（8.1.5）; $u(t)$ 为内外钢板的相对位移。

$$F_K(t) = Ku(t) \tag{8.1.5}$$

Kelvin-Voigt 模型描述了高分子聚合物蠕变的宏观力学特性。当模型受到外力作用的瞬时，由于油壶中液体的阻滞，弹簧不能立刻产生形变，导致整个模型没有发生形变，此时整个模型表现类似刚体，如图 8.1.5（a）和（b）所示。若外力始终保持恒定，则在油壶被拉开的同时，弹簧随之被拉开，整个模型的形变逐渐加大，如图 8.1.5（b）和（c）所示。

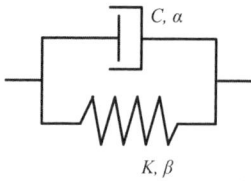

图 8.1.4　Kelvin-Voigt 模型力学符号　　　图 8.1.5　Kelvin-Voigt 模型变形过程

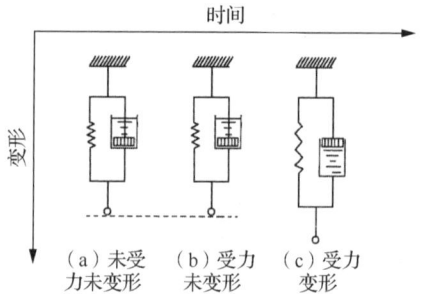

若采用正弦波位移控制加载，由于线性弹簧的加入，力-位移滞回曲线不再是双轴对称的椭圆或类似矩形，而有了倾斜程度，如图 8.1.6 所示。其中，与位移幅值 u_0 出现时刻对应的黏滞阻尼墙抵抗力为 $F(u_0)$，二者的比值即为模型内部线性弹簧的刚度 K。另外，线性弹簧的刚度 K 被有些学者称为储存刚度，可见有 $K_e > K$ 的关系存在。

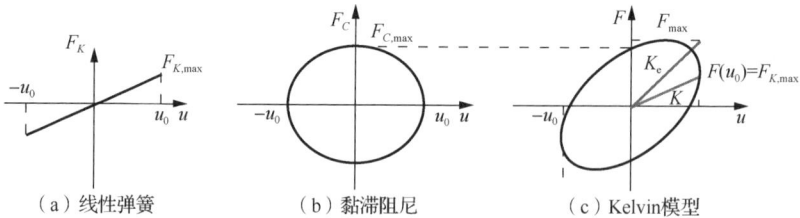

图 8.1.6　$\alpha = 1$ 时 Kelvin 模型滞回曲线构成分析

8.1.3　Maxwell 模型

Maxwell 模型是当黏滞阻尼墙在运动中表现出刚度特性时，可采用的另一种模型。它由一个油壶模型和一个弹簧模型串联而成，由于常采用线性弹簧表达，其力学模型符号如图 8.1.7 所示，其力学性能的计算公式如下：

$$u(t) = u_C(t) + u_K(t) \tag{8.1.6}$$

$$F(t) = C \operatorname{sgn}(\dot{u}_C(t)) |\dot{u}_C(t)|^{\alpha} \tag{8.1.7}$$

$$F(t) = K u_K(t) \tag{8.1.8}$$

式中，$u(t)$ 为黏滞阻尼墙内外钢板的相对位移，由两部分组成，即油壶模型的相

对位移 $u_C(t)$ 和弹簧模型的相对位移 $u_K(t)$；$\dot{u}_C(t)$ 为油壶模型的相对速度；C、K、α 的物理意义同前。

　　Maxwell 模型描述了高分子聚合物应力松弛的宏观力学特性。当模型受到外力作用的瞬时，由于油壶中液体的阻滞导致油壶模型没有形变，此时只有弹簧突然被拉长，整个模型表现类似只有弹簧存在，瞬时产生的变形大小也符合外力 F 与内部弹簧刚度 K 的比值，即 $u(t_1) = u_K(t_1)$，如图 8.1.8（a）和（b）所示。若保持该变形恒定，则油壶逐步被拉开，同时弹簧逐渐缩短，整个模型两端的出力逐渐减小，如图 8.1.8（b）和（c）所示。从另一个角度来看，当 Maxwell 模型始终处于运动中时，其表现出的动刚度近似为其内部弹簧刚度 K。

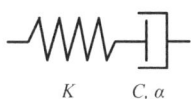

图 8.1.7　Maxwell 模型力学符号

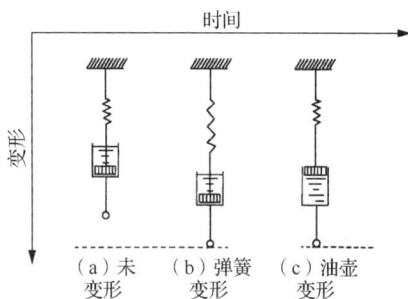

图 8.1.8　Maxwell 模型变形过程

　　若采用正弦波位移控制加载，与 Kelvin-Voigt 模型类似，其力-位移滞回曲线具有倾斜的趋势，如图 8.1.9 所示。其中，阻尼墙出力峰值 $F_{\max}$ 与其对应位移 $u(F_{\max})$ 的比值即为 Maxwell 模型内部的线性弹簧刚度 K。由于位移幅值 u_0 始终大于 $u(F_{\max})$，有 $K_e < K$ 的关系存在。

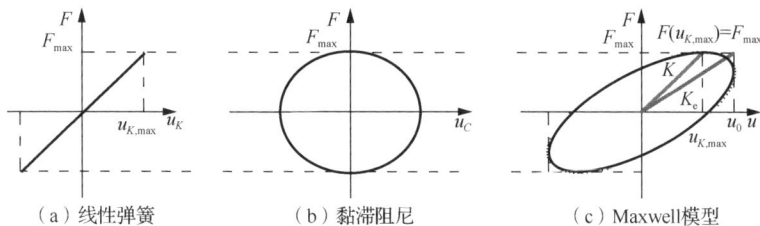

（a）线性弹簧　　　　　　　（b）黏滞阻尼　　　　　　　（c）Maxwell模型

图 8.1.9　$\alpha = 1$ 时 Maxwell 模型滞回曲线构成分析

8.2　黏滞阻尼墙变刚度力学模型——改进的 Maxwell 模型

　　虽然在 7.2 节的力学性能试验中能够得到黏滞阻尼墙的抵抗力峰值 $F_{\max}$ 和速

度幅值 v_0、等效刚度 K_e 和位移幅值 u_0 具有很好的回归性这一结论，但工况中的实时抵抗力 $F(t)$ 和速度 $v(t)$ 并不适用回归式（7.2.2），而等效刚度 K_e 也没有实时的物理量可以对应它，因此需要拟合新的模型。

从 Maxwell 模型着手研究，首先将力学性能试验所有工况进行正交化处理，剔除相同或相似的工况，利用全局最小二乘法，对这 126 个工况进行基于 Maxwell 模型的参数识别，待定参数包括黏滞阻尼系数 C、黏滞阻尼指数 α 和线性弹簧刚度 K，可以得知在黏滞阻尼墙的有效面积、黏滞流体的黏度系数、内外钢板间净距、环境温度都恒定的情况下，黏滞阻尼系数 C、黏滞阻尼指数 α 和线性弹簧刚度 K 这 3 种参数仍随加载工况的不同而不同，绘制这 3 种参数与加载参数的关系图，如图 8.2.1～图 8.2.3 所示。

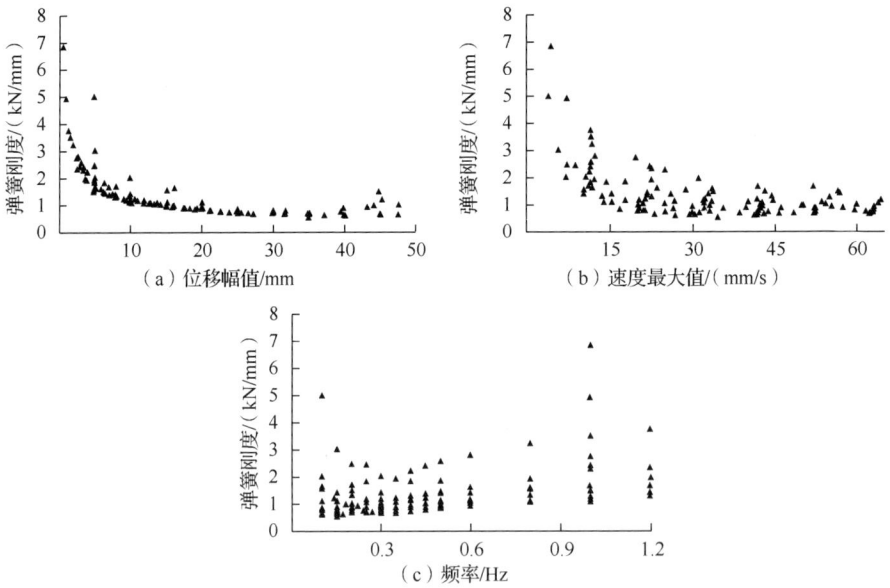

图 8.2.1　黏滞阻尼墙内部弹簧刚度与加载参数的关系

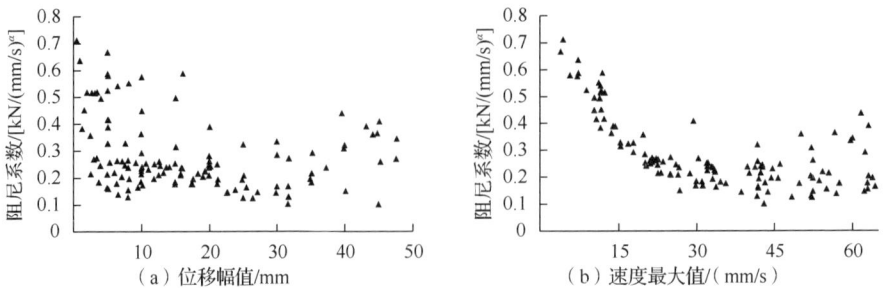

图 8.2.2　黏滞阻尼墙内部黏滞阻尼系数与加载参数的关系

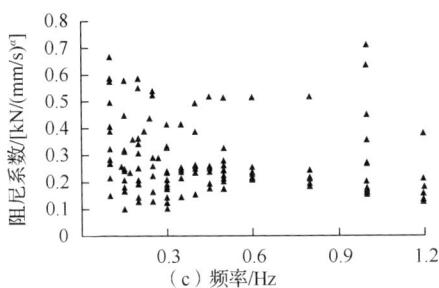

图 8.2.2　（续）

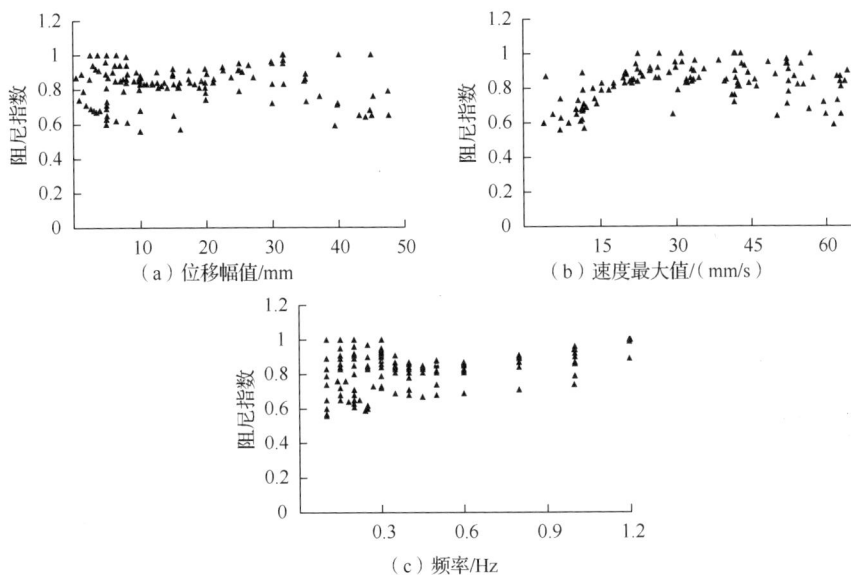

图 8.2.3　黏滞阻尼墙内部黏滞阻尼指数与加载参数的关系

可以看出，Maxwell 模型中的线性弹簧刚度 K 和位移幅值 u_0 的回归性最强，黏滞阻尼系数 C 和速度幅值 v_0 的回归性其次，而黏滞阻尼指数 α 则看不出明显规律，但从图 8.2.4 可以看出，α 多集中于 0.8～0.9 范围内，考虑到抵抗力与速度幅值的回归式（7.2.2）中，速度项指数为 0.45，故可取 α =0.83 来进行后续工作。

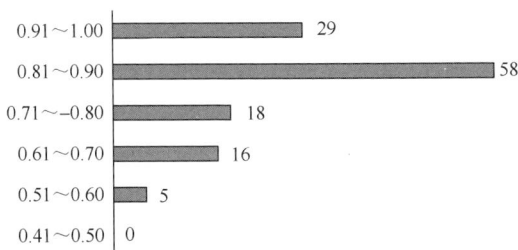

图 8.2.4　黏滞阻尼墙中黏滞阻尼指数的分布

　　若限定 $\alpha = 0.83$，则经过参数识别后，依然是线性弹簧刚度 K 和位移幅值 u_0 的回归性最强，黏滞阻尼系数 C 和速度幅值 v_0 的回归性其次。此外，C 和 v_0 的回归性也有了提高，而影响其数据离散的因素是加载频率，如图 8.2.5 所示。因此将位移幅值 u_0、速度幅值 v_0 和加载频率 f 作为自变量，利用软件 Matlab 和基于置信域（Trust-region）算法的非线性最小二乘法，拟合用于表达黏滞阻尼墙内部 3 个参数的回归公式，结果如下：

$$K = 4.457u_0^{-0.6028} + 0.1968 \tag{8.2.1}$$

$$C = 0.7845v_0^{-0.3896}(0.3707f + 1.0) \tag{8.2.2}$$

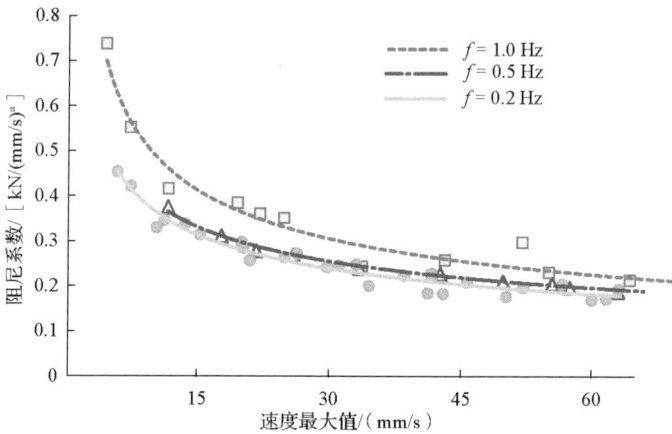

图 8.2.5　黏滞阻尼墙内部黏滞阻尼系数与速度幅值、加载频率的关系

　　对于正弦位移加载，位移幅值 u_0、速度幅值 v_0 和加载频率 f 与实时相对位移 $u(t)$、相对速度 $\dot{u}(t)$ 和相对加速度 $\ddot{u}(t)$ 存在以下关系：

$$u(t) = u_0 \sin(2\pi f t) \tag{8.2.3}$$

$$\dot{u}(t) = 2\pi f u_0 \cos(2\pi f t) = v_0 \cos(2\pi f t) \tag{8.2.4}$$

$$\ddot{u}(t) = -4\pi^2 f^2 u_0 \sin(2\pi f t) \tag{8.2.5}$$

　　将式（8.2.5）两边分别除以式（8.2.3）两边，整理后可得加载频率 f 的实时表达式，即

$$f = \frac{1}{2\pi}\sqrt{\left|\frac{\ddot{u}(t)}{u(t)}\right|} \tag{8.2.6}$$

　　结合三角函数 $\sin^2 x + \cos^2 x = 1$，联立式（8.2.3）～式（8.2.6），可得与位移幅值 u_0 和速度幅值 v_0 对应的实时表达式，即

$$u_0^2 = u^2(t) + \dot{u}^2(t)\left|\frac{u(t)}{\ddot{u}(t)}\right| \tag{8.2.7}$$

$$v_0^2 = |\ddot{u}(t)u(t)| + \dot{u}^2(t) \tag{8.2.8}$$

将式（8.2.6）和式（8.2.7）代入式（8.2.1）和式（8.2.2），可得内部弹簧刚度 K 和黏滞阻尼系数 C 的实时表达式：

$$K = 4.457 \times \left(u^2(t) + \dot{u}^2(t) \times \left| \frac{u(t)}{\ddot{u}(t)} \right| \right)^{-0.3014} + 0.1968 \tag{8.2.9}$$

$$C = 0.7845 \times \left[|\ddot{u}(t) \times u(t)| + \dot{u}^2(t) \right]^{-0.1948} \times \left(0.0590 \times \sqrt{\left| \frac{\ddot{u}(t)}{u(t)} \right|} + 1.0 \right) \tag{8.2.10}$$

再结合式（8.1.6）～式（8.1.8）即可得到适用于变刚度黏滞阻尼墙的力学模型。可以看出，这个力学模型基于 Maxwell 模型，并且关注了内部弹簧刚度 K 和黏滞阻尼系数 C 的动态变化，使其能够更精准地模拟阻尼墙的位移和速度幅值，因此将其称为改进的 Maxwell 模型。

第9章 黏滞阻尼墙相似设计

黏滞阻尼墙相似设计的方法主要有两种：原型与模型之间阻尼指数 α 不变的设计方法；原型与模型之间阻尼指数 α 改变的设计方法。前者采用基于阻尼力等效原则；后者采用基于耗能能力等效原则。

9.1 阻尼指数 α 不变的黏滞阻尼墙相似设计

对于黏滞阻尼墙的相似设计，当模型结构的阻尼指数 α^{m} 与原型结构的阻尼指数 α^{p} 相同时，可按阻尼墙提供的阻尼力等效的原则来确定模型阻尼墙参数。原型结构、模型结构的阻尼力分别如下：

原型结构为

$$F_{d}^{p} = C_{d}^{p}(v^{p})^{\alpha^{p}}$$

模型结构为

$$F_{d}^{m} = C_{d}^{m}(v^{m})^{\alpha^{m}} \tag{9.1.1}$$

式中，F_{d} 为阻尼力；v 为阻尼墙活塞相对运动速度；C_{d} 为黏滞阻尼系数；α 为常数指数。

根据阻尼力相似常数的定义，阻尼力相似常数为

$$S_{F_{d}} = \frac{F_{d}^{m}}{F_{d}^{p}} = \frac{C_{d}^{m}(v^{m})^{\alpha^{m}}}{C_{d}^{p}(v^{p})^{\alpha^{p}}} \tag{9.1.2}$$

使 $\alpha^{m} = \alpha^{p} = \alpha$，则

$$C_{d}^{m} = \frac{S_{F_{d}}}{S_{v}^{\alpha}} C_{d}^{p} = \frac{S_{E}S_{l}^{2}}{(S_{l}S_{a})^{0.5\alpha}} C_{d}^{p} = (S_{E}S_{l}^{2-0.5\alpha} S_{a}^{-0.5\alpha}) C_{d}^{p} \tag{9.1.3}$$

故可以根据式（9.1.3），确定黏滞阻尼墙模型的参数。

【例9.1】 某结构为高位连体结构，由 T2、T3S、T4S、T5 共 4 座，高度为 235m、60 层的塔楼组成。在塔楼顶部，长度为 300m 的连廊将塔楼通过隔震支座和黏滞阻尼器连为一体。结构的三维模型图及黏滞阻尼器的布置如图 9.1.1 和图 9.1.2 所示。

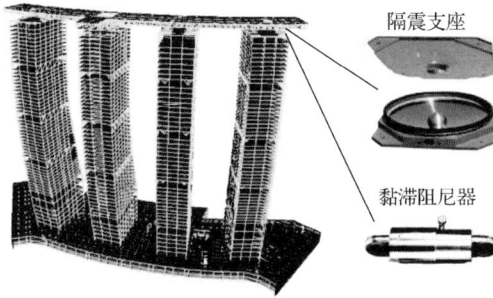

图 9.1.1　结构的三维模型图

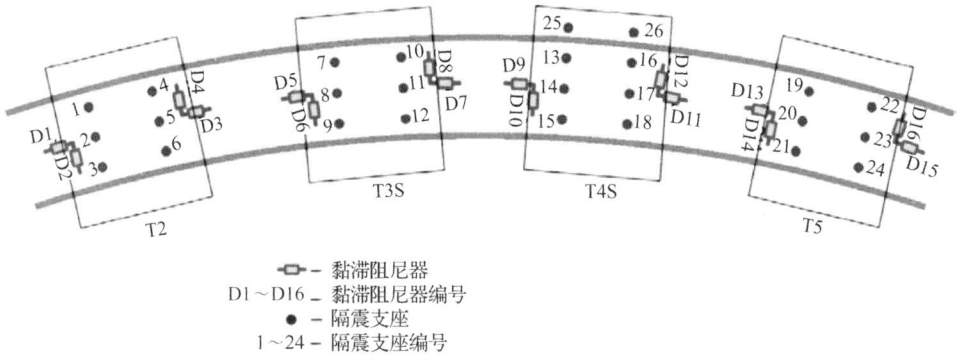

图 9.1.2　黏滞阻尼器的布置图

原型结构共有 16 个黏滞阻尼器，黏滞阻尼器的参数如表 9.1.1 所示。原型结构经过初步设计后，得到的相似常数如表 9.1.2 所示。模型黏滞阻尼器的阻尼指数与原型黏滞阻尼器的相同，$\alpha^m = 0.3$。根据上述的条件，对模型黏滞阻尼器进行相似设计。

表 9.1.1　原型黏滞阻尼器参数

物理量	单位	量值
阻尼系数 C_α^p	$kN \cdot (s/m)^\alpha$	5000
速度指数 α^m	—	0.3
最大出力 F_d^m	kN	2500
个数	个	16

表 9.1.2　振动台模型试验设计相似常数

物理特性	物理量	关系式	相似常数
几何性能	长度	S_l	1/25
材料特性	应变	$S_\varepsilon = 1.0$	1.00

物理特性	物理量	关系式	相似常数
材料特性	应力	$S_\sigma = S_E$	0.20
	弹模	S_E	0.20
	密度	S_ρ	2.50
	质量	$S_m = S_\rho S_l^3$	1.60×10^{-4}
荷载特性	集中力	$S_F = S_E S_l^2$	3.20×10^{-4}
	线荷载	$S_p = S_E S_l$	8.00×10^{-3}
	面荷载	$S_q = S_E$	0.20
	力矩	$S_M = S_E S_l^2$	1.28×10^{-5}
动力特性	速度	$S_v = (S_l S_a)^{0.5}$	0.283
	周期	$S_T = (S_l / S_a)^{0.5}$	0.141
	频率	$S_f = (S_a / S_l)^{0.5}$	7.07
	加速度	S_a	2.00

解：

（1）黏滞阻尼器数量的确定

按照一一对应的关系对黏滞阻尼器进行相似设计。模型结构的黏滞阻尼器个数为 16 个。

（2）相似常数计算

由表 9.1.2 可知，阻尼力相似常数为

$$S_{F_d} = \frac{F_d^m}{F_d^p} = 3.2 \times 10^{-4}$$

速度相似常数为

$$S_v = (S_l S_a)^{0.5} = (1/25 \times 2)^{0.5} = 0.283$$

（3）模型黏滞阻尼器参数的确定

$\alpha^m = \alpha^p = \alpha = 0.3$，由式（9.1.1）～式（9.1.3）知，模型结构阻尼指数为

$$C_d^m = \frac{S_{F_d}}{(S_v)^\alpha} \times C_d^p = \frac{3.2 \times 10^{-4}}{0.283^{0.3}} \times 5000 = 2.337 [\text{kN} \cdot (\text{s/m})^{0.3}]$$

模型结构最大出力为

$$F_d^m = S_F F_d^p = 3.2 \times 10^{-4} \times 2500 = 0.8 （\text{kN}）$$

模型黏滞阻尼器的参数如表 9.1.3 所示。

表 9.1.3　模型黏滞阻尼器参数

物理量	单位	量值
阻尼系数 C_α^m	$kN \cdot (s/m)^\alpha$	2.337
速度指数 α^m	—	0.3
最大出力 F_d^m	kN	0.8
个数	个	16

9.2　阻尼指数 α 改变的黏滞阻尼墙相似设计

1. 黏滞阻尼墙力学模型及基于耗能能力的最大出力推导

当模型阻尼指数 α 不同于原型结构时，应从阻尼墙的工作原理入手，采用基于耗能能力等效的方法进行黏滞阻尼墙的相似设计。

黏滞阻尼墙是速度相关性阻尼墙，其分析计算模型可以采用简化的 Maxwell 模型表达式为

$$F_d(t) = C_\alpha |\dot{u}|^\alpha \, \mathrm{sgn}(\dot{u}) \tag{9.2.1}$$

式中，$F_d(t)$ 为阻尼力；α 为速度指数；C_α 为对应于不同速度指数 α 值的零频率时的阻尼系数；$\dot{u}$ 为阻尼墙伸缩速度；$\mathrm{sgn}(\dot{u})$ 为符号函数，满足：

$$\mathrm{sgn}(\dot{u}) = \begin{cases} 1 & \dot{u} > 0 \\ -1 & \dot{u} < 0 \end{cases} \tag{9.2.2}$$

假设阻尼墙受到简谐波作用，即伸缩位移的计算公式如下：

$$u(t) = u_0 \sin(\omega t) \tag{9.2.3}$$

则其在一个循环周期 $\left(T = \dfrac{2\pi}{\omega} \right)$ 内所作的功 W_d（阻尼墙消耗的能量）为

$$W_d = \int_0^T C_\alpha u_0^{1+\alpha} \omega^{1+\alpha} \, \mathrm{sgn}(\dot{u}) |\cos(\omega t)|^\alpha \cos(\omega t) \mathrm{d}t = C_\alpha u_0^{1+\alpha} \omega^\alpha \tag{9.2.4}$$

由式（9.2.3）可知，黏滞阻尼墙的速度为

$$\dot{u}(t) = u_0 \cos(\omega t) \tag{9.2.5}$$

式（9.2.5）表明 $x = \omega t$ 在 $(\pi/2,\ \pi)$ 及 $(\pi,\ 3\pi/2)$ 时，$\dot{u}(t)$ 小于零，结合式（9.2.2）、式（9.2.4）进一步简化，则有

$$W_d = C_\alpha u_0^{1+\alpha} \left[\int_0^{\frac{\pi}{2}} |\cos x|^\alpha \cos x \mathrm{d}x - \int_{\frac{\pi}{2}}^{\pi} |\cos x|^\alpha \cos x \mathrm{d}x \right.$$

$$\left. - \int_{\pi}^{\frac{3\pi}{2}} |\cos x|^\alpha \cos x \mathrm{d}x + \int_{\frac{3\pi}{2}}^{2\pi} |\cos x|^\alpha \cos x \mathrm{d}x \right]$$

$$= 2C_\alpha u_0^{1+\alpha} \omega^\alpha \left[\int_0^{\frac{\pi}{2}} |\cos x|^\alpha \cos x \mathrm{d}x + \int_0^{\frac{\pi}{2}} |\sin x|^\alpha \sin x \mathrm{d}x \right] = 2C_\alpha u_0^{1+\alpha} \omega^\alpha \quad (9.2.6)$$

式（9.2.6）可利用伽马函数 Γ 和 Γ 函数的倍元公式进一步简化为

$$W_\mathrm{d} = 2^{\alpha+2} C_\alpha u_0^{1+\alpha} \omega^\alpha \frac{\Gamma^2\left(\dfrac{\alpha}{2}+1\right)}{\Gamma(\alpha+1)} \quad (9.2.7)$$

由式（9.2.1）和式（9.2.5）可得

$$F_\mathrm{d}(t) = C_\alpha u_0^\alpha \omega^\alpha |\cos(\omega t)|^\alpha \operatorname{sgn}(\dot{u}) \quad (9.2.8)$$

黏滞阻尼墙提供的最大出力为

$$F_\mathrm{d}(t)_{\max} = C_\alpha u_0^\alpha \omega^\alpha \quad (9.2.9)$$

则式（9.2.7）简化为

$$W_\mathrm{d} = 2^{\alpha+2} u_0 F_\mathrm{d}(t)_{\max} \frac{\Gamma^2\left(\dfrac{\alpha}{2}+1\right)}{\Gamma(\alpha+1)} \quad (9.2.10)$$

对于原型结构

$$W_\mathrm{d}^\mathrm{p} = 2^{\alpha^\mathrm{p}+2} u_0^\mathrm{p} F_\mathrm{d}^\mathrm{p}(t)_{\max} \frac{\Gamma^2\left(\dfrac{\alpha^\mathrm{p}}{2}+1\right)}{\Gamma(\alpha^\mathrm{p}+2)}$$

对于模型结构

$$W_\mathrm{d}^\mathrm{m} = 2^{\alpha^\mathrm{m}+2} u_0^\mathrm{m} F_\mathrm{d}^\mathrm{m}(t)_{\max} \frac{\Gamma^2\left(\dfrac{\alpha^\mathrm{m}}{2}+1\right)}{\Gamma(\alpha^\mathrm{m}+2)} \quad (9.2.11)$$

$$F_\mathrm{d}^\mathrm{m}(t)_{\max} = \frac{W_\mathrm{d}^\mathrm{m}}{2^{\alpha^\mathrm{m}+2} u_0^\mathrm{m} \dfrac{\Gamma^2\left(\dfrac{\alpha^\mathrm{m}}{2}+1\right)}{\Gamma(\alpha^\mathrm{m}+2)}} = \frac{S_{W_\mathrm{d}} W_\mathrm{d}^\mathrm{p}}{2^{\alpha^\mathrm{m}+2} u_0^\mathrm{m} \dfrac{\Gamma^2\left(\dfrac{\alpha^\mathrm{m}}{2}+1\right)}{\Gamma(\alpha^\mathrm{m}+2)}}$$

$$= \frac{S_{W_\mathrm{d}} 2^{\alpha^\mathrm{p}+2} u_0^\mathrm{p} F_\mathrm{d}^\mathrm{p}(t)_{\max} \dfrac{\Gamma^2\left(\dfrac{\alpha^\mathrm{p}}{2}+1\right)}{\Gamma(\alpha^\mathrm{p}+2)}}{2^{\alpha^\mathrm{m}+2} u_0^\mathrm{m} \dfrac{\Gamma^2\left(\dfrac{\alpha^\mathrm{m}}{2}+1\right)}{\Gamma(\alpha^\mathrm{m}+2)}} = \frac{S_{W_\mathrm{d}}}{S_l} \frac{2^{\alpha^\mathrm{p}+2} u_0^\mathrm{p} \dfrac{\Gamma^2\left(\dfrac{\alpha^\mathrm{p}}{2}+1\right)}{\Gamma(\alpha^\mathrm{p}+2)}}{2^{\alpha^\mathrm{m}+2} u_0^\mathrm{m} \dfrac{\Gamma^2\left(\dfrac{\alpha^\mathrm{m}}{2}+1\right)}{\Gamma(\alpha^\mathrm{m}+2)}} F_\mathrm{d}^\mathrm{p}(t)_{\max}$$

$$(9.2.12)$$

2. 阻尼指数 α 改变的黏滞阻尼墙模型设计

根据量纲平衡原则确定耗能相似常数和速度相似常数，如下：

耗能相似常数为

$$S_W = S_F S_l$$

速度相似常数为

$$S_v = (S_l S_a)^{0.5\alpha} \tag{9.2.13}$$

模型黏滞阻尼墙的速度指数 α^m 决定于实际工程的具体情况；最大出力 $F_d^m(t)_{max}$ 可根据式（9.2.14）确定；阻尼系数 C_α^m 可根据黏滞阻尼墙的计算分析模型由式（9.2.15）确定。

$$F_d^m(t)_{max} = \frac{S_{W_d}}{S_l} \frac{2^{\alpha^p+2} u_0^p \dfrac{\Gamma^2\left(\dfrac{\alpha^p}{2}+1\right)}{\Gamma(\alpha^p+2)}}{2^{\alpha^m+2} u_0^m \dfrac{\Gamma^2\left(\dfrac{\alpha^m}{2}+1\right)}{\Gamma(\alpha^m+2)}} F_d^p(t)_{max} \tag{9.2.14}$$

$$C_\alpha^m = \frac{F_d^m(t)_{max}}{\left|\dot{u}_{max}^m\right|^{\alpha^m}} \tag{9.2.15}$$

式中，$\left|\dot{u}_{max}^m\right| = S_v \left|\dot{u}_{max}^p\right| = S_v \sqrt[\alpha^p]{F_d^p(t)_{max}/C_\alpha^p}$。

【例 9.2】　根据振动台试验的实际需要，改变模型黏滞阻尼器的相似常数，取 $\alpha^m = 1$，其余条件均与算例一相同。据此重新设计例 9.1 中的模型黏滞阻尼器。

解：

（1）黏滞阻尼器数量确定

按照一一对应的关系对黏滞阻尼器进行相似设计。模型结构的黏滞阻尼器个数为 16 个。

（2）相似常数计算

耗能相似常数为

$$S_{W_d} = S_F S_l = 3.2 \times 10^{-4} \times (1/25) = 1.28 \times 10^{-5}$$

速度相似常数

$$S_v = (S_l S_a)^{0.5} = (1/25 \times 2)^{0.5} = 0.283$$

（3）模型黏滞阻尼器参数确定

模型黏滞阻尼器的最大出力为

$$F_{\mathrm{d}}^{\mathrm{m}}(t)_{\max} = \frac{S_{W_{\mathrm{d}}}}{S_l} \frac{2^{\alpha^{\mathrm{p}}+2} \dfrac{\Gamma^2\left(\dfrac{\alpha^{\mathrm{p}}}{2}+1\right)}{\Gamma(\alpha^{\mathrm{p}}+2)}}{2^{\alpha^{\mathrm{m}}+2} \dfrac{\Gamma^2\left(\dfrac{\alpha^{\mathrm{m}}}{2}+1\right)}{\Gamma(\alpha^{\mathrm{m}}+2)}} F_{\mathrm{d}}^{\mathrm{p}}(t)_{\max}$$

$$= \frac{1.28\times10^{-5}}{1/25} \times \frac{2^{2.3}\times\dfrac{\Gamma^2(1.15)}{\Gamma(2.3)}}{2^3\times\dfrac{\Gamma^2(1.5)}{\Gamma(3)}} \times 2500 = 0.936 \ (\mathrm{kN})$$

模型黏滞阻尼器的阻尼指数为

$$\left|\dot{u}_{\max}^{\mathrm{p}}\right| = \sqrt[\alpha^{\mathrm{p}}]{F_{\mathrm{d}}^{\mathrm{p}}(t)_{\max}/C_{\alpha}^{\mathrm{p}}} = \sqrt[0.3]{2500/5000} = 0.0992 \ (\mathrm{m/s})$$

$$\left|\dot{u}_{\max}^{\mathrm{m}}\right| = S_v\left|\dot{u}_{\max}^{\mathrm{p}}\right| = 0.283\times0.0992 = 0.028 \ (\mathrm{m/s})$$

$$C_{\alpha}^{\mathrm{m}} = \frac{F_{\mathrm{d}}^{\mathrm{m}}(t)_{\max}}{\left|\dot{u}_{\max}^{\mathrm{m}}\right|^{\alpha^{\mathrm{m}}}} = \frac{0.936}{0.028} = 33.43 \ \left[\mathrm{kN}\cdot(\mathrm{s/m})\right]$$

模型黏滞阻尼器的参数汇总如表 9.2.1 所示。

表 9.2.1 模型黏滞阻尼器参数

物理量	单位	量值
阻尼系数 C_{α}^{m}	$\mathrm{kN}\cdot(\mathrm{s/m})^{\alpha}$	33.43
速度指数 α^{m}	—	1
最大出力 $F_{\mathrm{d}}^{\mathrm{m}}$	kN	0.936
个数	个	16

第 10 章 黏滞阻尼墙减震结构动力性能

10.1 黏滞阻尼墙减震结构模拟地震振动台试验

10.1.1 试验概况

1. 试验目的

对带黏滞阻尼墙的模型结构进行模拟地震振动台试验是研究黏滞阻尼墙减震效果和耗能特征的可靠手段之一，国内外学者分别从抗风和抗震的角度对此进行了一些研究，其主要结论有黏滞阻尼墙能够大幅提升结构体系的阻尼比，小幅提升结构体系的自振频率，并且对层间位移的控制效果十分显著，对楼层加速度的控制效果在不同文献中有着不同的答案。

因此为了更深入地了解黏滞阻尼墙的减震机理，并且检验所总结的力学模型在随机时程下的适用性，本节将 6 个缩尺黏滞阻尼墙对称布置在单跨三层钢框架结构中，分别对带黏滞阻尼墙的钢框架结构和不带黏滞阻尼墙的钢框架结构进行 3 种峰值加速度为 $0.1g\sim0.7g$ 地震波作用下的振动台试验，研究黏滞阻尼墙的减震效果和耗能特征，对其提供的附加刚度和附加阻尼的变化规律及对结构性能的影响进行分析。

2. 试验内容

模型种类：有控结构、无控结构。

模型描述：单跨三层钢框架结构，平面尺寸 2000mm×1080mm，结构高度 4665mm，层高依次为 1665mm、2000mm、1000mm，Y 向（长轴）在标高 1665mm 和 3665mm 处各有两道框架连系梁。

激励波形：El Centro 波、Taft 波和 AW09-1 波。

试验地点：同济大学土木工程防灾国家重点实验室。

10.1.2 结构模型参数

本次试验使用的结构模型为振动台实验室一个既有 3 层钢框架模型，采用

Q345 型钢焊接而成，其各杆件截面信息如表 10.1.1 所示，其平面图如图 10.1.1 所示，立面图如图 10.1.2 所示，弱轴方向为 X 向（3 层横梁），强轴方向为 Y 向（5 层横梁）。底梁内侧留有与振动台连接的螺栓孔 18 个，孔距为 300mm，孔径为 35mm。

1）无控结构模型：在单跨钢框架结构的第 1～3 层次梁上从下至上，依次添加 2.2t、2.4t 和 2.4t 砝码作为附加质量，所得结构即为无控结构。

2）有控结构模型：在无控结构进行振动台试验之前，安装墙型黏滞阻尼墙即为有控结构。本试验所用缩尺黏滞阻尼墙共 6 个（如图 7.2.1 所示，有效面积为 200mm×200mm），分别安装在有控结构的弱轴 X 向，每层两个，采用层间柱形式，如图 10.1.3 所示。

表 10.1.1　钢框架各杆件截面信息

杆件	截面	高/mm	宽/mm
柱	工字钢 GB-I10	100	68
主梁	槽钢 GB-C12	120	53
次梁	两根槽钢对接 GB-C10×2	96	100
底梁	工字钢 GB-I25A	250	116

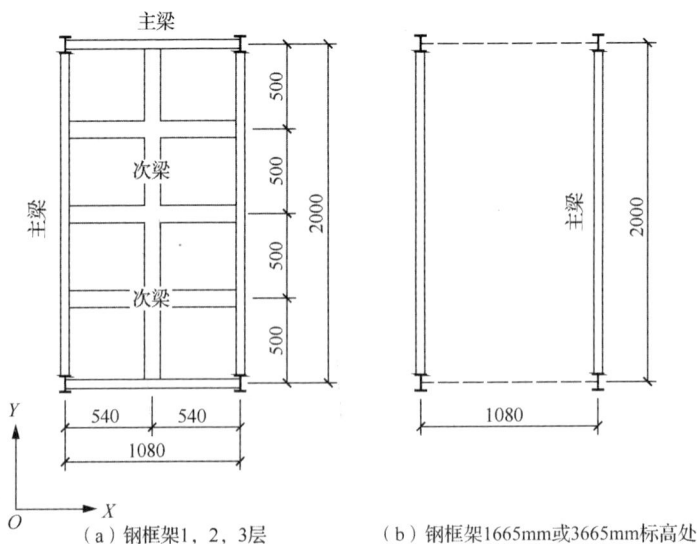

（a）钢框架1，2，3层　　　　（b）钢框架1665mm或3665mm标高处

图 10.1.1　钢框架平面图

标高:

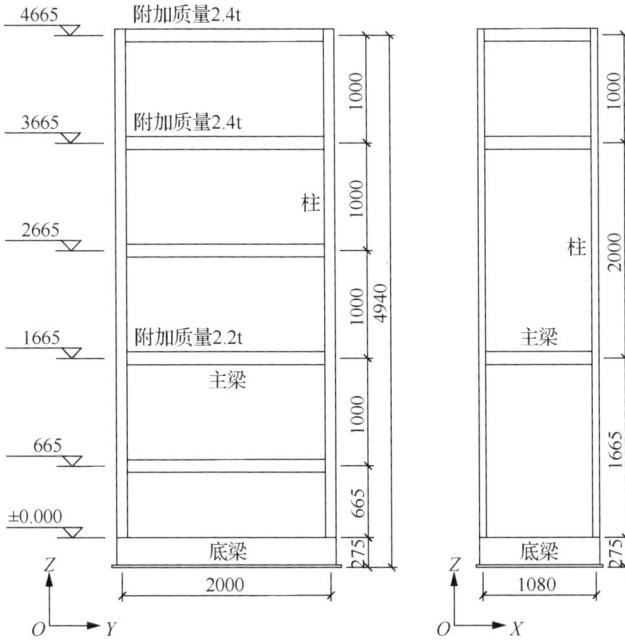

图 10.1.2　钢框架立面图

图 10.1.3　黏滞阻尼墙与钢框架连接实拍图

10.1.3　输入地震波加速度时程

试验选用地震波形采用对照组所用地震波,即 El Centro 波、Taft 波及 AW09-1 波,持时分别为 53.46s、54.36s 和 50.00s。归一化后的加速度时程曲线如图 10.1.4 所示,对应的加速度谱与规范反应谱(7 度区多遇地震)的对比如图 10.1.5 所示。实际强震记录加速度时程数据来自于 PEER Ground Motion Database,且按照时间间隔 0.02s 提取。

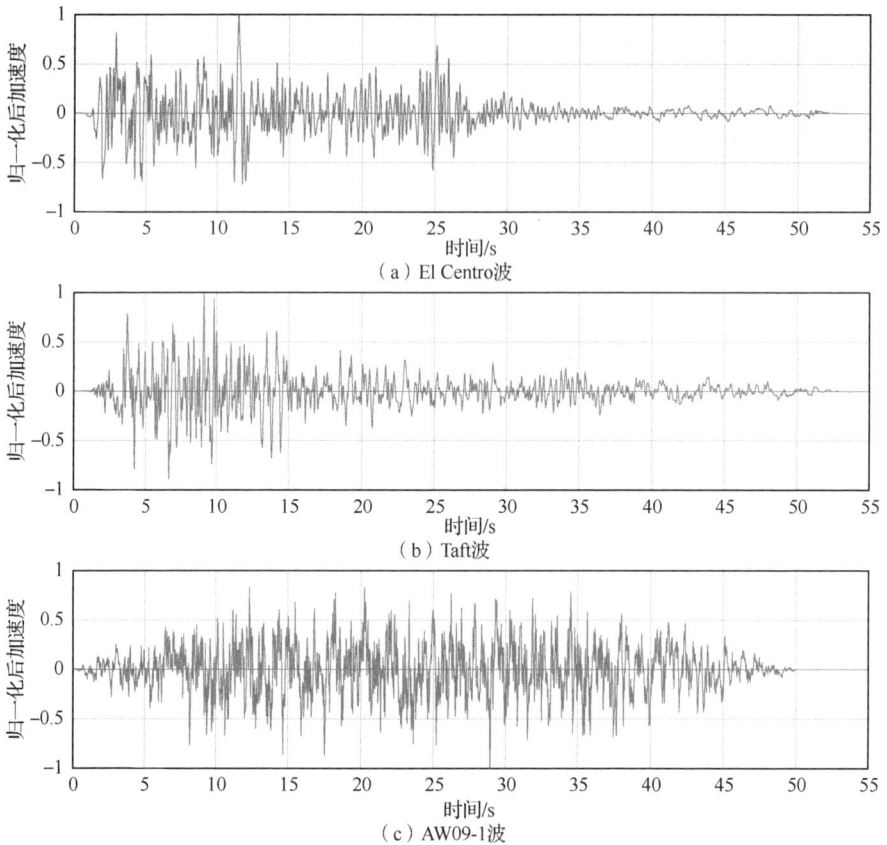

(a) El Centro 波

(b) Taft 波

(c) AW09-1 波

图 10.1.4　归一化后的加速度时程曲线

本试验模型结构没有对应的原型结构,但试验设计时仍根据相似理论进行,各物理量之间满足动力相似关系,主要相似常数如表 10.1.2 所示。其中时间相似常数为 1/2,故所选地震波需在时间上压缩后使用,即将步长由原本的 0.02s 压缩为 0.01s,这样 El Centro 波、Taft 波及 AW09-1 波的时长分别改变为 26.72s、27.18s 和 25.00s。压缩后 3 条地震波的功率谱与试验前白噪声扫频结果(有控、无控结构 1 阶周期对比)如图 10.1.6 所示,加速度谱[《上海市建筑抗震设计规程》(DGJ08—9—2013),上海多遇地震,阻尼比 2%]与试验前白噪声扫频结果(有控、无控结构 1 阶周期）对比如图 10.1.7 所示，其中有控、无控结构的第 1 阶周期 T_1 为振动台试验的测量值。

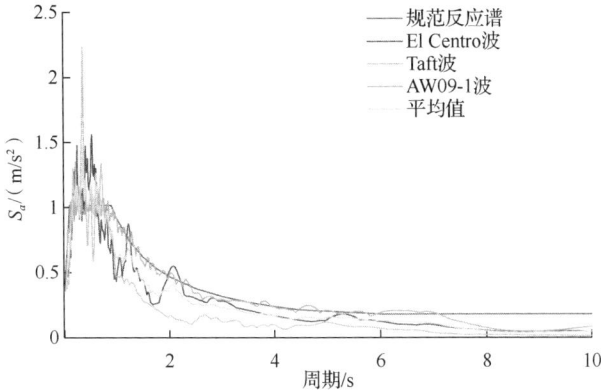

图 10.1.5　地震波加速度谱与规范反应谱对比（上海多遇地震，阻尼比 2%）

表 10.1.2　设置黏滞阻尼墙钢框架模型相似常数

物理性能	物理参数	关系式	相似常数	备注
几何性能	长度	S_l	1/4	控制尺寸
	线位移	$S_\delta = S_l$	1/4	
	角位移	$S_\varphi = S_\sigma / S_E$	1	
材料性能	应变	$S_\varepsilon = S_\sigma / S_E$	1	控制材料
	弹性模量	$S_E = S_\sigma$	1	
	应力	S_σ	1	
	泊松比	S_υ	1	
	质量密度	$S_\rho = S_\sigma / (S_a S_l)$	4	
	质量	$S_m = S_\sigma S_l^2 / S_a$	1/16	
荷载性能	集中力	$S_F = S_\sigma S_l^2$	1/16	
	线荷载	$S_q = S_\sigma S_l$	1/4	
	面荷载	$S_p = S_\sigma$	1	
	力矩	$S_M = S_\sigma S_l^3$	1/64	
动力性能	阻尼	$S_c = S_\sigma S_l^{1.5} S_a^{-0.5}$	1/8	
	周期	$S_T = S_l^{0.5} S_a^{-0.5}$	1/2	
	频率	$S_f = S_l^{-0.5} S_a^{0.5}$	2	
	速度	$S_v = (S_l S_a)^{0.5}$	1/2	
	加速度	S_a	1	控制试验
	重力加速度	S_g	1	控制试验
模型高度		5.00m		含底梁
模型质量		8.09t		含底梁、配重

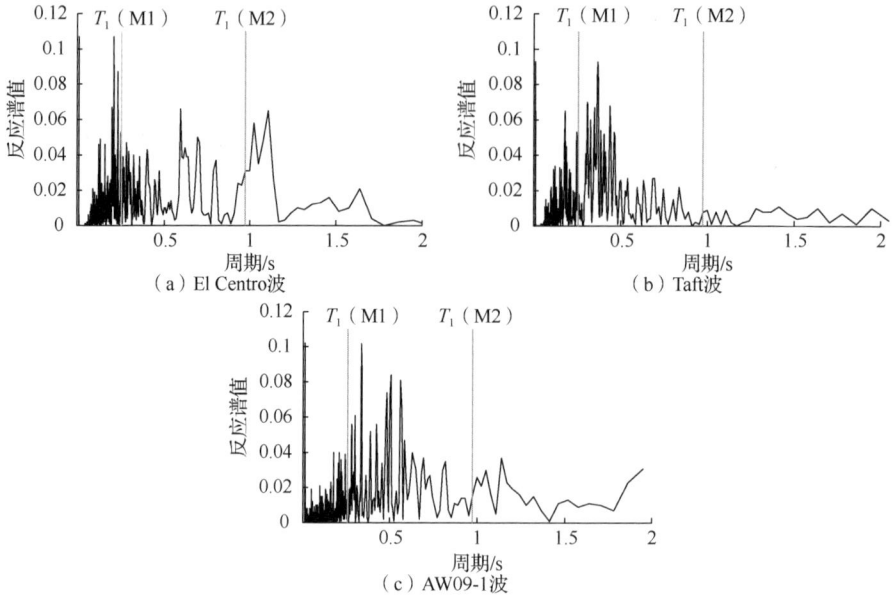

图 10.1.6　时程压缩后的地震波功率谱（M1、M2 分别表示有控结构、无控结构）

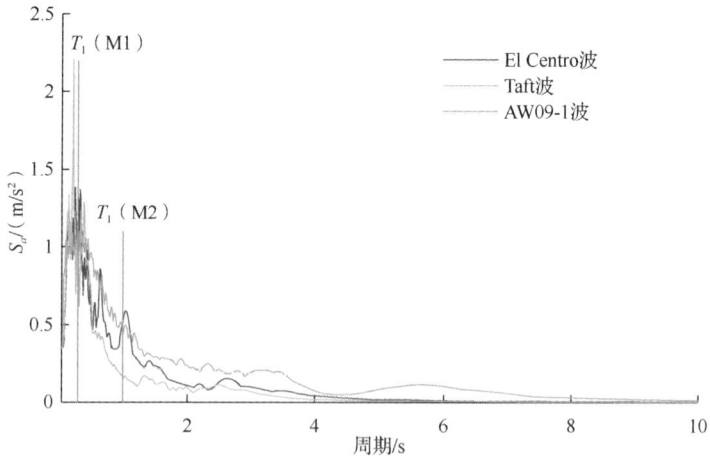

图 10.1.7　时程压缩后的地震波加速度谱（上海多遇地震，阻尼比 2%）

10.1.4　试验步骤

输入地震波持续时间的相似关系为压缩为原地震波的 1/2。

完成有控结构的所有工况后，再进行无控结构，所有工况均为 X 向单向输入。通过在每组工况间隔输入加速度峰值（PGA）0.05g 的白噪声扫频，查看钢框架的动力特性。

有控结构的台面输入加速度峰值从 0.1g 逐渐增至 0.7g；无控结构由于楼层位移过大，为避免柱底应变达到屈服，故仅执行了台面激励加速度峰值为 0.1g 的一组工况，并且在其结束后的白噪声扫频中使用台面激励加速度峰值为 0.02g 的白噪声。实际试验加载方案如表 10.1.3 所示。

表 10.1.3　振动台试验工况表

试验工况		输入地震波	台面激励加速度峰值		备注
			设定值	实际值	
有控结构	1	白噪声	0.05g	0.06g	震前白噪声
	2	El Centro 波	0.10g	0.09g	滤波
	3	Taft 波	0.10g	0.10g	滤波
	4	AW09-1 波	0.10g	0.10g	滤波
	5	白噪声	0.05g	0.05g	震前白噪声
	6	El Centro 波	0.20g	0.20g	滤波
	7	Taft 波	0.20g	0.21g	滤波
	8	AW09-1 波	0.20g	0.20g	滤波
	9、10	白噪声	0.05g	0.05g	震后、震前白噪声
	11	El Centro 波	0.30g	0.31g	滤波
	12	Taft 波	0.30g	0.30g	滤波
	13	AW09-1 波	0.30g	0.30g	滤波
	14、15	白噪声	0.05g	0.05g	震后、震前白噪声
	16	El Centro 波	0.40g	0.40g	滤波
	17	Taft 波	0.40g	0.40g	滤波
	18	AW09-1 波	0.40g	0.40g	滤波
	19、20	白噪声	0.05g	0.05g	震后、震前白噪声
	21	El Centro 波	0.50g	0.54g	滤波
	22	Taft 波	0.50g	0.48g	滤波
	23	AW09-1 波	0.50g	0.50g	滤波
	24、25	白噪声	0.05g	0.05g	震后、震前白噪声
	26	El Centro 波	0.60g	0.63g	滤波
	27	Taft 波	0.60g	0.64g	滤波
	28	AW09-1 波	0.60g	0.56g	滤波
	29、30	白噪声	0.05g	0.05g	震后、震前白噪声
	31	El Centro 波	0.70g	0.70g	滤波
	32	Taft 波	0.70g	0.70g	滤波
	33	AW09-1 波	0.70g	0.71g	滤波
	34	白噪声	0.05g	0.05g	震后白噪声

续表

试验工况		输入地震波	台面激励加速度峰值		备注
			设定值	实际值	
无控结构	35	白噪声	0.05g	0.05g	震前白噪声
	36	El Centro 波	0.10g	0.09g	滤波
	37	Taft 波	0.10g	0.10g	滤波
	38	AW09-1 波	0.10g	0.10g	滤波
	39	白噪声	0.02g	0.02g	震后白噪声

　　注：为防止上海人工波造成结构响应过大，振动台台面碰撞边界（限值 100mm），将时程压缩过的波形通过自然滤波法，保留不小于 0.4Hz 的部分。另外，由于振动台设备安全要求，所有波只能保留不小于 0.2Hz 的部分，即时程压缩过的 El Centro 波和 Taft 波通过自然滤波法，仅保留不小于 0.2Hz 的部分。

　　由于墙式黏滞阻尼墙循环性能及力学恢复性能的限制，在有控结构的振动台试验中，根据试验现场情况，以阻尼墙黏滞液液面恢复为准，每个工况间间隔 5min～2h 不等。

10.1.5　试验现象

　　1. 有控结构

　　在台面激励加速度峰值 0.05g 的白噪声工况下，结构响应非常轻微，不易察别。在台面激励加速度峰值相同的每组地震波工况中，El Centro 波的层间位移响应最大，AW09-1 波次之，Taft 波最小，与图 10.1.7 反映出的加速度峰值大小规律一致。由于在 El Centro 波激励下，结构的层间位移只有一个最大的波动，其余波动均较小，而 AW09-1 波激励下，结构的层间位移波动幅度相当，均保持在较大幅度，因此即使其层间位移峰值小于 El Centro 波激励下的，其震后阻尼墙液面凹陷仍明显大于 El Centro 波激励下的。

　　在有控结构所有工况中，柱底翼缘处的轴向应变均小于 $1000\mu(= 0.1\%)$，即均处于弹性工作范围。在白噪声时程波和地震波输入结束后，结构很快即停止振动。

　　2. 无控结构

　　在峰值 0.05g 的白噪声工况下，结构响应明显，层间位移和柱底翼缘处应变很大，其中第二层层间位移达到 39.6mm，柱底翼缘处轴向应变峰值达到 $1701\mu(= 0.17\%)$，进入屈服状态。因此为保证试验安全，仅进行了一组峰值为 0.1g 的地震波工况，并且震后的白噪声扫频采用加速度峰值为 0.02g 的白噪声。

　　在台面激励加速度峰值为 0.1g 情况下，结构响应明显，AW09-1 波的层间位移响应最大，El Centro 波次之，Taft 波最小，与图 10.1.7 反映出的加速度峰值规律有差别，而各层层间位移大小依序为第二层大于第一层大于第三层。其中在 AW09-1 波激励下，最大层间位移和最大层间位移角均出现在第一层，分别为 39.9mm 和 1/50。

在无控结构所有工况中，在加速度峰值 0.1g 的 Taft 波和加速度峰值 0.02g 的白噪声工况中，柱底翼缘处的轴向应变小于 850μ (= 0.085%)，即处于弹性工作范围；在加速度峰值 0.1g 的 AW09-1 波和加速度峰值 0.05g 的白噪声工况中，柱底翼缘处的轴向应变峰值大于 1650μ (= 0.165%)，即达到屈服。

在地震波输入结束之后，结构振动仍然有很大的响应且不易静止。

10.1.6　试验结果分析

1. 结构加速度响应

通过 MTS 数据采集系统可以获得在各水准地震作用下结构的压电式加速度传感器的反应信号，对反应信号分析处理，得到结构模型各层的绝对加速度响应。不同水准地震作用下有控、无控结构各层绝对加速度响应幅值 a_{max} 如图 10.1.8 和图 10.1.9 所示。在加速度峰值为 0.1g 的地震波激励下，有控结构和无控结构的各层绝对加速度响应幅值对比及减振效果如图 10.1.10 所示。

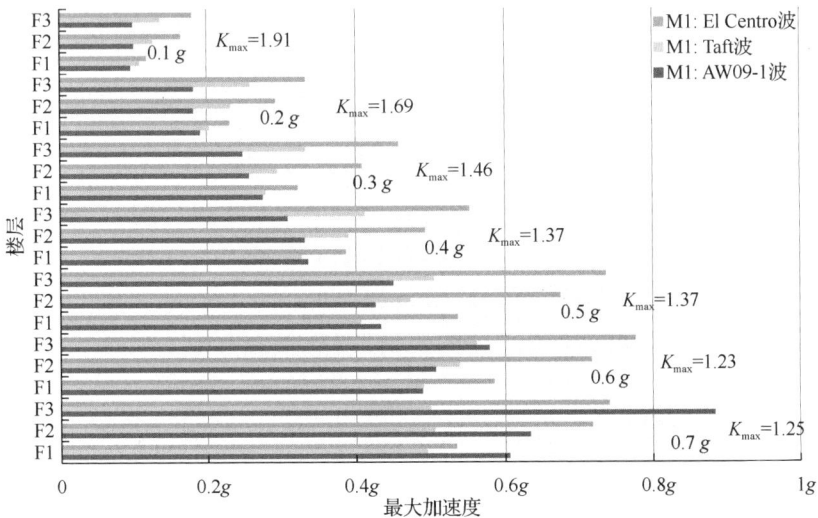

图 10.1.8　台面激励加速度峰值 0.1g～0.7g 地震波作用下有控结构 X 向楼层加速度幅值
（M1 代表有控结构）

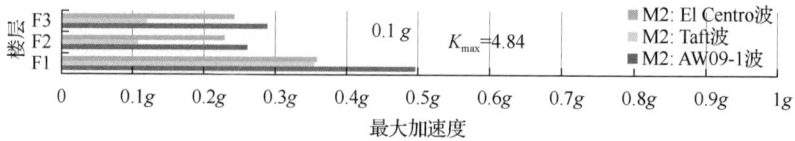

图 10.1.9　台面激励加速度峰值 0.1g 地震波作用下无控结构 X 向楼层加速度幅值

（M2 代表无控结构）

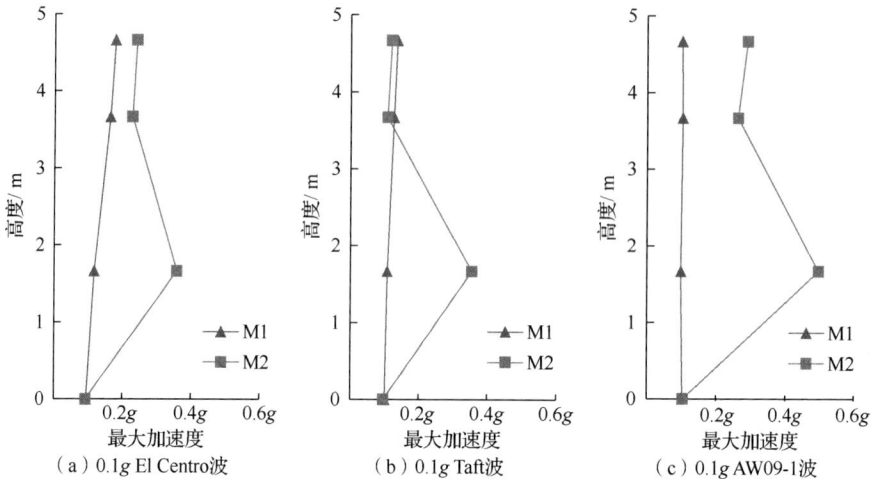

（a）0.1g El Centro波　　　（b）0.1g Taft波　　　（c）0.1g AW09-1波

图 10.1.10　有控结构和无控结构楼层绝对加速度对比

（M1、M2 分别代表有控结构、无控结构）

从这些结果可以看出：

1）由于钢框架各层层高的差异导致的竖向刚度不连续，3 条地震波对无控结构的激励作用均使无控结构在第一层处的加速度响应最大，而第二层和第三层加速度响应相当。

2）从楼层加速度来看，在台面激励加速度峰值为 0.1g 的地震波激励下，若无控结构的楼层加速度大于 0.2g，则有控结构对应楼层的减震效果就是正向的；而当无控结构的楼层加速度小于 0.2g 时，有控结构对应楼层的加速度不减反增，这说明随着结构加速度响应的增大，阻尼墙减震性能的来源从提供刚度转向提供黏滞阻尼。

3）从有控结构与无控结构的对比可看出，阻尼墙的存在使得第一层加速度响应大幅减小，并且保证了第二层、第三层的加速度响应在弹性范围内增大。

4）随着地震波激励加速度峰值从 0.1g 逐渐增大至 0.7g，有控结构各层的加速度放大系数依次递减，表明随着激励的增加，结构层间位移和层间速度逐渐增大，阻尼墙发挥效能比例也逐渐增大；尤其在台面激励加速度峰值为 0.7g 时，有控结构各层加速度放大系数基本不大于 1。

5）从各楼层加速度放大系数来看，阻尼墙对 AW09-1 地震波减震效果最明显，而对 El Centro 波减震效果最小。

2. 结构楼层位移响应

结构楼层位移响应是指楼层相对于底梁顶部的相对位移，计算所用原始数据由 ASM 位移传感器获得，并与 CA-YD 加速度记录值积分后的位移校核。不同水准地震波作用下有控、无控结构各楼层在 X 向位移幅值如图 10.1.11 和图 10.1.12 所示，在台面激励加速度峰值为 0.1g 地震波作用下有控、无控结构的楼层位移幅值和顶层位移时程曲线对比分别如图 10.1.13 和图 10.1.14 所示。

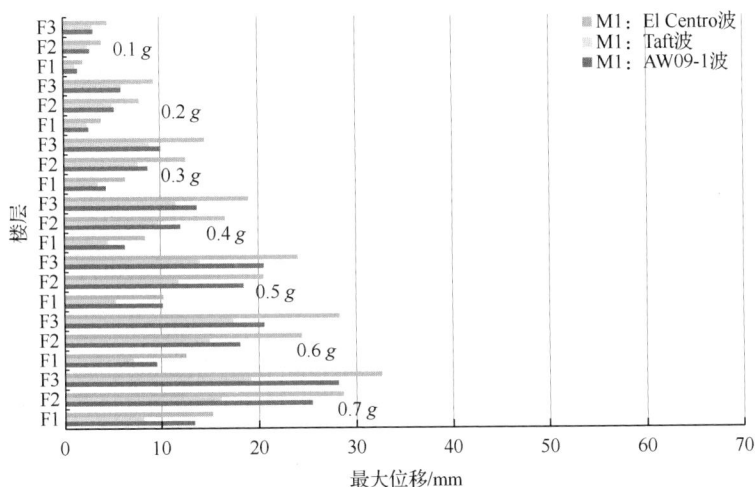

图 10.1.11　台面激励加速度峰值 0.1g～0.7g 地震波作用下有控结构 X 向楼层位移幅值

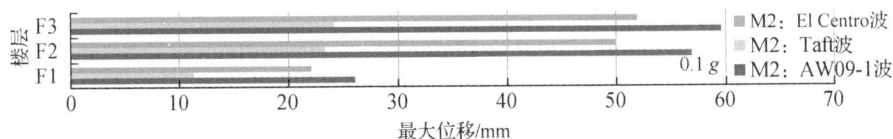

图 10.1.12　台面激励加速度峰值 0.1g 地震波作用下无控结构 X 向楼层位移幅值

由图可以看出：

1）黏滞阻尼墙的减震效果优异，减震系数高达 87%～95%。在台面激励加速度峰值为 0.1g 的不同地震波作用下，各楼层的减震系数大小主要取决于无控结构楼层位移响应大小，不同地震波的减震效果由高至低依次为 AW09-1 波、El Centro 波和 Taft 波。

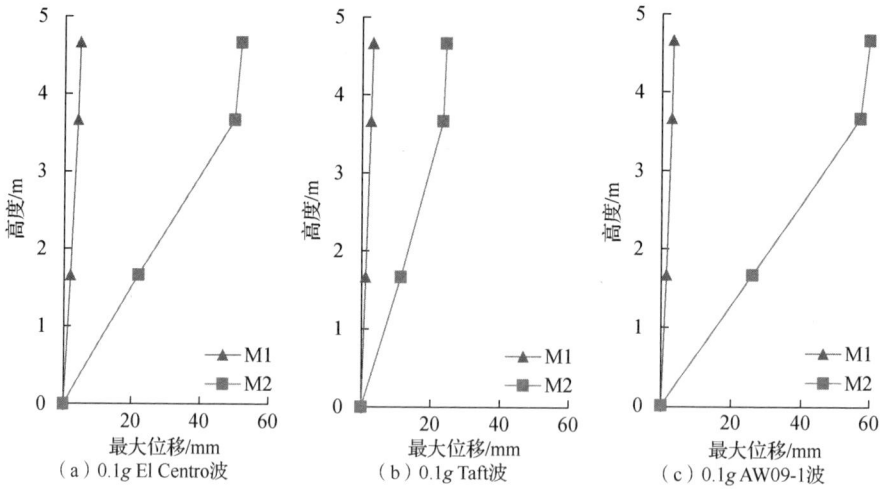

（a）0.1g El Centro波　　　（b）0.1g Taft波　　　（c）0.1g AW09-1波

图 10.1.13　有控结构和无控结构楼层位移幅值对比

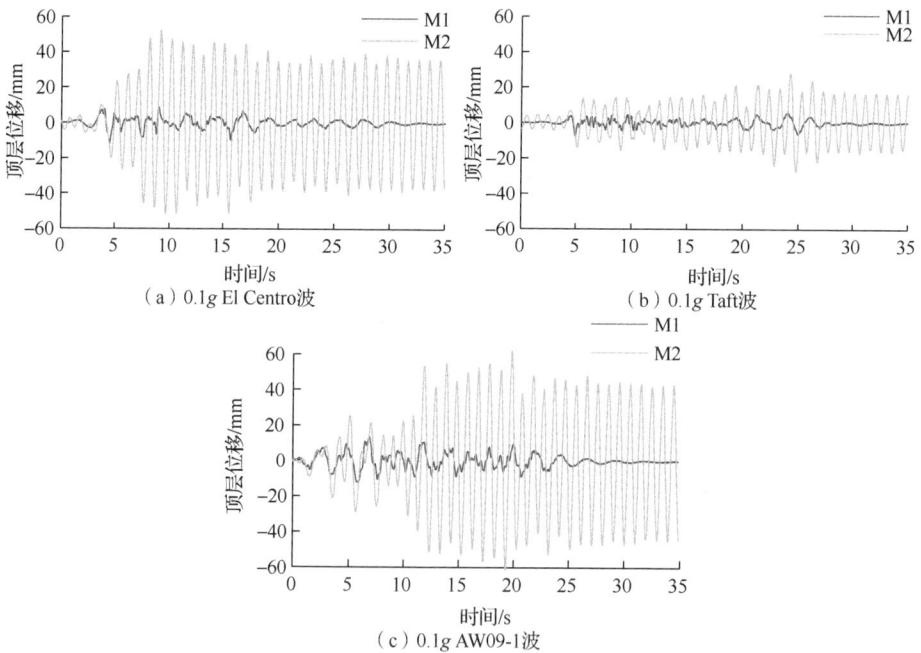

（a）0.1g El Centro波　　　　　　（b）0.1g Taft波

（c）0.1g AW09-1波

图 10.1.14　有控结构和无控结构的顶层位移时程曲线对比

　　2）无控结构的楼层位移响应由大至小依次为 AW09-1 波、El Centro 波和 Taft 波，并且前两者数值约为第三者的两倍。阻尼墙的作用使有控结构的楼层位移响应由大至小的次序变为 El Centro 波、AW09-1 波和 Taft 波，并且当台面激励加速度峰值不大于 0.2*g* 时，前者略大于后两者，且后两者数值相当，而当台面激励加速度峰值等于 0.7*g* 时，El Centro 波下的数值略大于 AW09-1 波，且远大于 Taft 波。

3）有控结构各层位移响应幅值随地震波激励加速度峰值的增大约呈线性递增关系，表明在阻尼墙的作用下，有控结构基本保持弹性状态。

4）图 10.1.14 中，无控结构在地震波激励停止后，无法在短时间内停止自由振动；而有控结构则在地震波激励停止约 10 s 后即可停止振动。

5）从有控结构和无控结构顶层位移的时程对比可看出，阻尼墙在结构发生小位移起就开始发挥作用，并且当顶层位移大于±10mm 后，其阻尼力大大提高，使得顶层位移迅速降低，表明该阻尼墙在大位移下的减震效果优于小位移。

3. 结构层间位移响应

不同水准地震作用下有控、无控结构的层间位移角如图 10.1.15 和图 10.1.16 所示。在台面激励加速度峰值为 0.1*g* 地震波作用下有控、无控结构的层间位移角 *θ* 对比分别如图 10.1.17 所示。

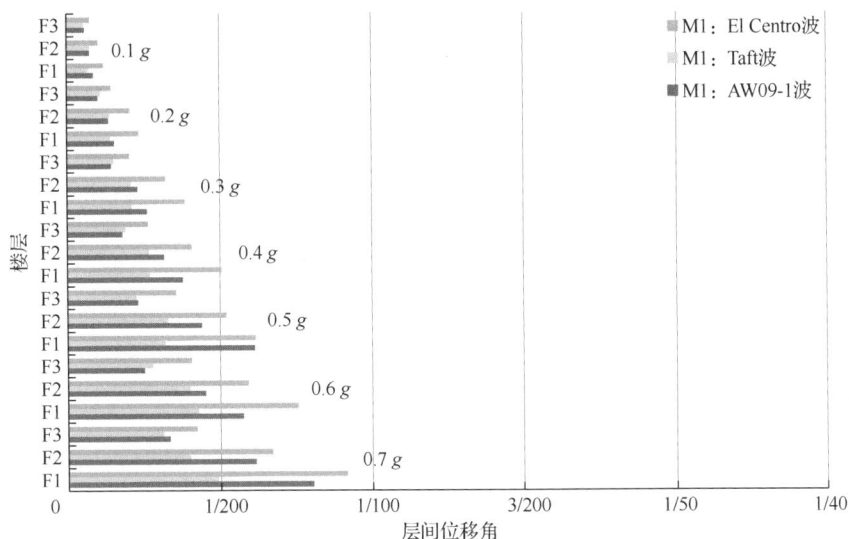

图 10.1.15　台面激励加速度峰值 0.1*g*～0.7*g* 地震波作用下有控结构 *X* 向层间位移角

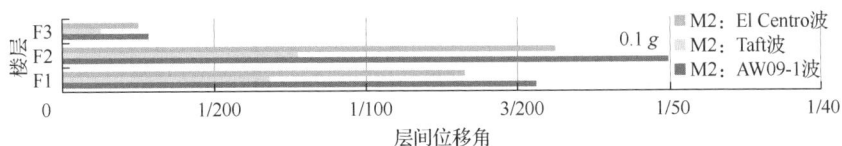

图 10.1.16　台面激励加速度峰值 0.1*g* 地震波作用下无控结构 *X* 向楼 *X* 向层间位移角

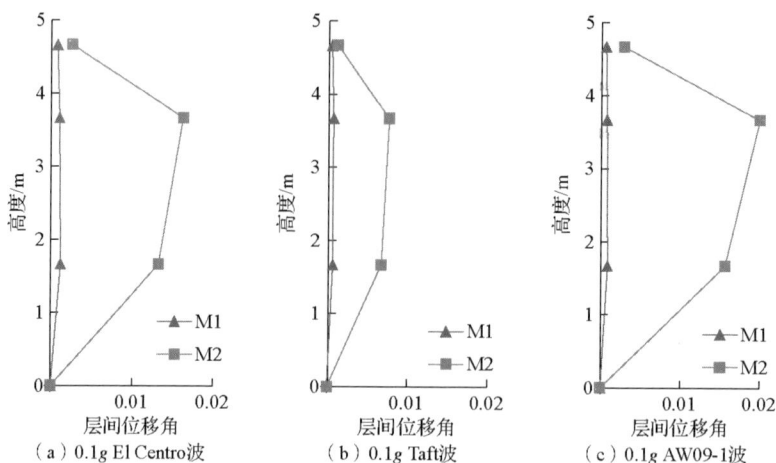

图 10.1.17　有控结构和无控结构的层间位移角对比

从这些结果可以看出：

1）无控结构层间位移幅值大小与层高正相关，即由大到小依序为第二层、第一层和第三层；而有控结构无此规律。

2）黏滞阻尼墙的减震效果优异，减震系数为 56%～96%，并且减震系数大小与对应的无控结构层间位移大小正相关，不同地震波的减震效果由高至低依次为 AW09-1 波、El Centro 波和 Taft 波。

3）无控结构的层间位移幅值由大至小依次为 AW09-1 波、El Centro 波和 Taft 波，并且前两者数值约为第三者的两倍。阻尼墙的作用使有控结构在第一、二层的层间位移幅值由大至小的次序变为 El Centro 波、AW09-1 波和 Taft 波，并且当台面激励加速度峰值不大于 $0.2g$ 时，前者略大于后两者，且后两者数值相当，而当台面激励加速度峰值为 $0.7g$ 时，El Centro 波下的数值略大于 AW09-1 波，且远大于 Taft 波。此外有控结构第三层的层间位移幅值则始终保持 El Centro 波下的数值略大于后两者，且后两者数值相当。

4）钢框架各层层高的差异使有控结构在总体较小的层间位移下，层间位移最大的楼层和层间位移角最大的楼层不一定一致。

5）有控结构层间位移幅值和层间位移角随地震波激励峰值的增大约呈线性递增关系，表明在阻尼墙的作用下，有控结构基本保持弹性状态。

6）钢框架与阻尼墙的位移传递率大多数在 40%～80% 范围内波动，位移插值大多数在 1～5mm 内，说明阻尼墙与层间柱连接良好。

4. 结构楼层剪力响应

结构层间剪力响应（即每层柱底的层间剪力）时程通过式（10.1.1）计算得出，

$$V_i(t) = \sum_{i=1}^{3} [m_i a_i(t)] \qquad i = 1, 2, 3 \qquad (10.1.1)$$

式中，$V_i(t)$ 表示第 i 层层间剪力响应时程；m_i 表示第 i 层楼层质量；$a_i(t)$ 表示第 i 层楼层相对加速度响应时程。

下面对比各层 X 向最大层间剪力来考察黏滞阻尼墙的减震效果，有控结构和无控结构各层的层间剪力幅值及对比如图 10.1.18～图 10.1.20 所示。

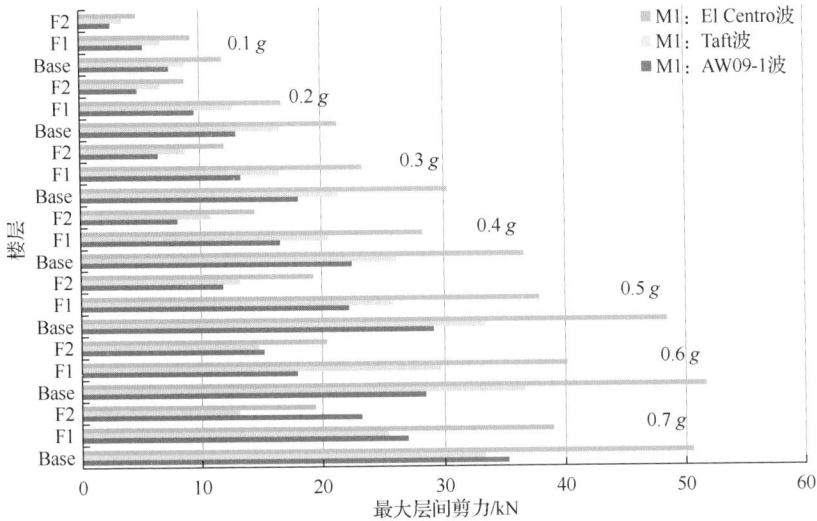

图 10.1.18　台面激励加速度峰值 0.1g～0.7g 地震波作用下有控结构 X 向层间剪力

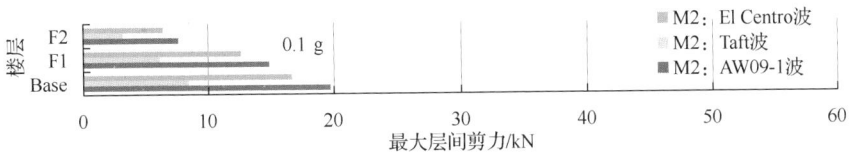

图 10.1.19　台面激励加速度峰值 0.1g 地震波作用下无控结构 X 向层间剪力

从这些结果可以看出：

1）在不同地震波激励下，阻尼墙的减震效果有正有负，基本与无控结构对应工况下的层间剪力大小相关，即若无控结构层间剪力整体偏大，则阻尼墙主要提供阻尼，具有正向的减震效果；若无控结构的层间剪力整体偏小，则阻尼墙主要提供刚度，虽然具有负向的减震效果，但幅度很小，而且大部分剪力被阻尼墙承担，有控结构中钢框架部分承担的层间剪力仍小于无控结构。

2）有控结构层间剪力随地震波激励加速度峰值的增大约呈线性递增关系，表明在阻尼墙的作用下，有控结构基本保持弹性状态。

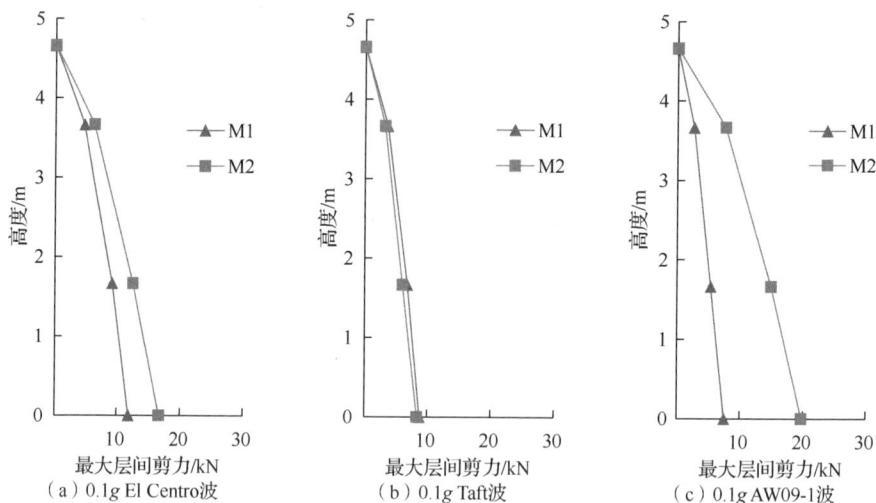

图 10.1.20　有控结构和无控结构的层间剪力幅值对比

10.2　黏滞阻尼墙减震结构有限元分析

对振动台试验进行数值模拟的目的是将数值模拟所得的主要结构特性和响应与振动台试验结果对比，以此验证结构有限元模型、阻尼墙力学模型和非线性分析方法的合理性。考虑到将模型结构还原为原型结构，会引入大量的干扰因素，譬如结构重力失真效应、阻尼墙频率敏感性问题等，因此本节利用 OpenSees 软件对振动台试验的模型结构进行数值模拟。根据 10.1 节中设计的无控结构和有控结构，利用 OpenSees 软件对其建立有限元分析模型。

由于 OpenSees 软件中物理量没有特定的单位，需要用户自行统一，因此在建模过程中统一为 kN-mm 单位系统，因此建模过程中所有数据和参数均统一至该单位下输入。整个建模过程通过输入 TCL 脚本语言命令流实现。

10.2.1　黏滞阻尼墙力学模型在 OpenSees 中的实现

UniaxialMaterial 类的主要成员函数及其功能如表 10.2.1 所示，除继承基类的这些成员函数外，ViscousWallDamper 类的主要成员函数如表 10.2.2 所示。构造函数的调用顺序是自上而下的，即先执行基类构造函数，再执行派生类构造函数；而析构函数的调用顺序恰好相反。DormandPrince、ABM6 和 ROS 这 3 种算法是为了保证计算收敛的自适应数值算法。

表 10.2.1　UniaxialMaterial 类主要成员函数

函数名	功能
UniaxialMaterial	构造函数，不能被继承，在创建对象时进行初始化工作，如为成员变量赋值
~UniaxialMaterial	析构函数，不能被继承，在销毁对象时进行清理工作，如释放内存
setTrialStrain	获取应变和应变率，通常在该函数中计算当前应力、刚度等
getStrain / getStrainRate	返回当前应变/应变率
getStress	返回材料当前应力
getInitialTangent	返回材料初始切线刚度
getTangent	返回材料当前切线刚度
getDampTangent	返回阻尼切线刚度
commitState	更新历史变量，在一个时间步收敛时调用，成功返回 0，否则返回负数
revertToLastCommit	恢复到最后一次提交状态，成功返回 0，否则返回负数
revertToStart	恢复到初始状态，成功返回 0，否则返回负数
UniaxialMaterial *getCopy	返回一个指向 UniaxialMaterial 对象副本的指针
sendSelf / recvSelf	继承自 MovableObject 的两种方法，用于并行处理和数据库编程
Print	继承自 TaggedObject 的一种方法，用于打印材料的相关信息

表 10.2.2　ViscousWallDamper 类主要成员函数

函数名	功能
ViscousWallDamper	构造函数，创建派生类对象时，初始化派生类的成员变量
~ViscousWallDamper	析构函数，执行清理，回收资源
Sgn	返回指定变量的符号，正数返回 1，负数返回-1，其余返回 0
DormandPrince	基于精确龙格-库塔（4，5）的 Dormand Prince 算法，属于一步算法
ABM6	6 阶 Adams Bashforth Moulton 算法，是由基本微积分定理推导出的多步算法
ROS	改进的三重 Rosenbrock 算法
f	计算步长 h 内力的变化率

另外，考虑到黏滞阻尼墙的内部刚度随加载情况的不同而不同，初始刚度定义为 0，这样在 OpenSees 软件的模态分析中将不会考虑到黏滞阻尼墙的作用，即所得有控结构的振型和周期将和没有设置黏滞阻尼墙的无控结构一致，黏滞阻尼墙的作用只能在动力时程分析中才会体现出来，这也是 OpenSees 软件中其他黏滞阻尼材料建立本构模型的一贯做法。新材料 ViscousWallDamper 在 OpenSees 软件中的调用命令格式及各参数的含义如表 10.2.3 所示。

表 10.2.3　ViscousWallDamper 材料的调用命令

调用命令格式
uniaxialMaterial ViscousDamper $matTag $Alpha $K_a $K_b $K_c $C_a $C_b $C_c < $NM $RelTol $AbsTol $MaxHalf>

参数名	含义
$matTag	材料标签序号
$Alpha	黏滞阻尼指数
$K_a $K_b $K_c	计算黏滞阻尼墙内部弹簧动态刚度的参数
$C_a $C_b $C_c	计算黏滞阻尼墙内部油壶动态黏滞阻尼系数的参数
$NM	选用哪种自适应数值算法的参数（默认值 1；1 代表 DormandPrince，2 代表 ABM6，3 代表 ROS）
$RelTol	控制自适应迭代算法最大相对误差的容差值（默认值 10^{-6}）
$AbsTol	控制自适应迭代算法最大绝对误差的容差值（默认值 10^{-6}）
$MaxHalf	在一个积分步内，允许的子步迭代最大数（默认值 15）

在计算环境单位为 kN-mm 系统时，对于性能试验所用的有效面积 200mm×200mm 的缩尺黏滞阻尼墙和有效面积 2000mm×2000mm 的 NL×850×60 的足尺黏滞阻尼墙，部分参数列于表 10.2.4，此外 NM、RelTol、AbsTol 和 MaxHalf 均为默认值。可以看出，黏滞阻尼墙参数的换算原则为按有效面积的比例放大 K_a、K_c 和 C_a 的数值。

表 10.2.4　缩尺黏滞阻尼墙和足尺黏滞阻尼墙的参数换算

参数		缩尺 VWD	足尺 VWD NL×850×60
有效面积（长×宽）		200mm×200mm	2000mm×2000mm
有效面积放大倍数		1	100
改进的 Maxwell 模型、OpenSees 中材料定义的参数	Alpha	0.83	0.83
	K_a	4.457	445.7
	K_b	−0.3014	−0.3014
	K_c	0.1968	19.68
	C_a	0.7845	78.45
	C_b	−0.1948	−0.1948
	C_c	0.059	0.059

10.2.2　试验结构建模

通常，当梁刚度与柱刚度比值很大时，可近似将梁看成一个刚体，整个建筑结构可简化为层剪切模型，大大简化了计算自由度数目，缩短了计算时间。第 10.1 节中，钢框架结构的弱轴方向与框架柱弱轴方向平行，并且单向地震波输入方向恰好与之垂直，即弹塑性分析中，钢框架结构的水平刚度主要受框架柱截面弱轴方向的惯性矩影响；再考虑到主、次梁组合成的井格梁的刚度相比四根框架柱刚度大很多（图 10.1.1），因此可将主体结构（即未加装阻尼墙的原框架结构）的计算模型简化为层剪切模型，如图 10.2.1 所示。

代表各层框架柱的剪切弹簧采用双折线模型，在 OpenSees 软件中采用 Steel01 材料和 twoNodeLink 单元来实现，所用材料与单元的计算简图如图 10.2.2 所示。其中，材料的屈服力 F_y、屈服前刚度 E_0 和应变硬化率 b（即屈服后刚度与屈服前刚度之比值）的取值由使用 OpenSees 软件进行静力弹塑性推覆分析而得。最后，将层剪切计算模型框架部分的参数汇总于表 10.2.5。

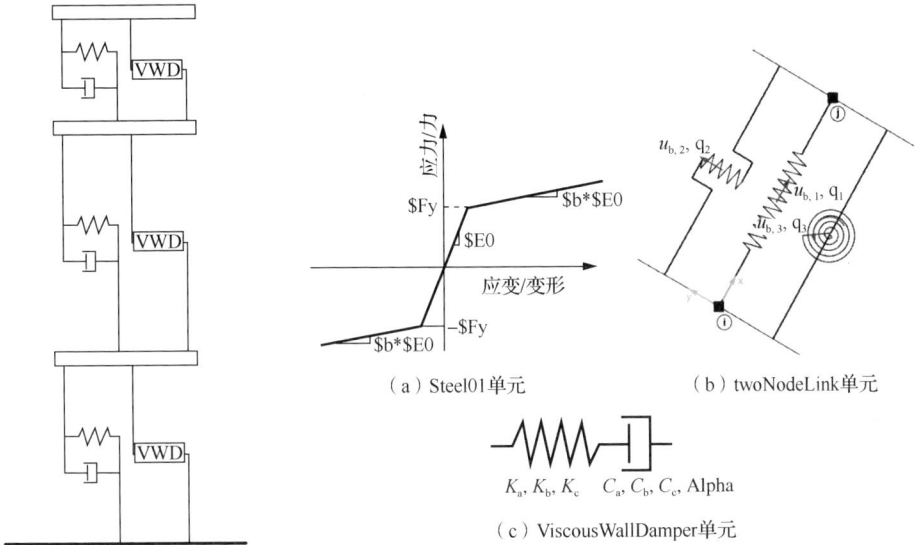

图 10.2.1　三层钢框架计算模型

（a）Steel01 单元　　　　　　（b）twoNodeLink 单元

（c）ViscousWallDamper 单元

图 10.2.2　OpenSees 中材料本构和单元模型

表 10.2.5　层剪切计算模型框架部分的参数

位置	质量 m / t	高度 H / mm	屈服力 F_y / kN	屈服前刚度 E_0	应变硬化率 b
3 层	2.6259	4665	49.932	3.243	0.0339
2 层	2.7894	3665	23.874	0.405	0.0495
1 层	2.6760	1665	28.726	0.703	0.0476

代表黏滞阻尼墙的剪切弹簧采用 OpenSees 软件已有的 twoNodeLink 单元和第 8 章中新开发的 ViscousWallDapmer 材料来实现，其中材料的参数取值如表 10.2.4 所示。

通过 OpenSees 软件的模态分析，可以得到有控、无控结构的自振频率。与 10.2.1 节中叙述一致，由于 ViscousWallDamper 材料无初始刚度，在模态分析中不体现其存在，有控、无控结构的模态分析输出结果一致。将其与振动台试验结果对比（表 10.2.6），可以看出二者吻合程度良好，从动力特性方面说明了用层模型来模拟 3 层钢框架模型结构是合理的。

表 10.2.6　　3 层钢框架 X 向 OpenSees 模态分析结果与振动台试验结果对比

模态阶数	频率 f / Hz		误差 / %
	OpenSees	振动台试验结果	
1	1.050	1.027	2.24
2	3.330	3.338	-0.25
3	7.920	7.686	3.04

10.2.3　结果对比分析

1. 无控结构的绝对加速度响应和层间位移响应

OpenSees 输出的节点响应均为相对于其固定端的数值，因此楼层绝对加速度响应等于软件计算结果与输入加速度激励之和。另因篇幅所限，仅将 El Centro 地震波激励下的时程曲线对比如图 10.2.3 和图 10.2.4 所示。可以看出，计算值和试验值曲线波动趋势一致、吻合良好，幅值误差在可接受范围内。另外，计算值与试验值在时程曲线图中的相位差源于其 1 阶频率 2.24%的误差，即二者在经过约 22 个周期后会存在 180 度相位差。

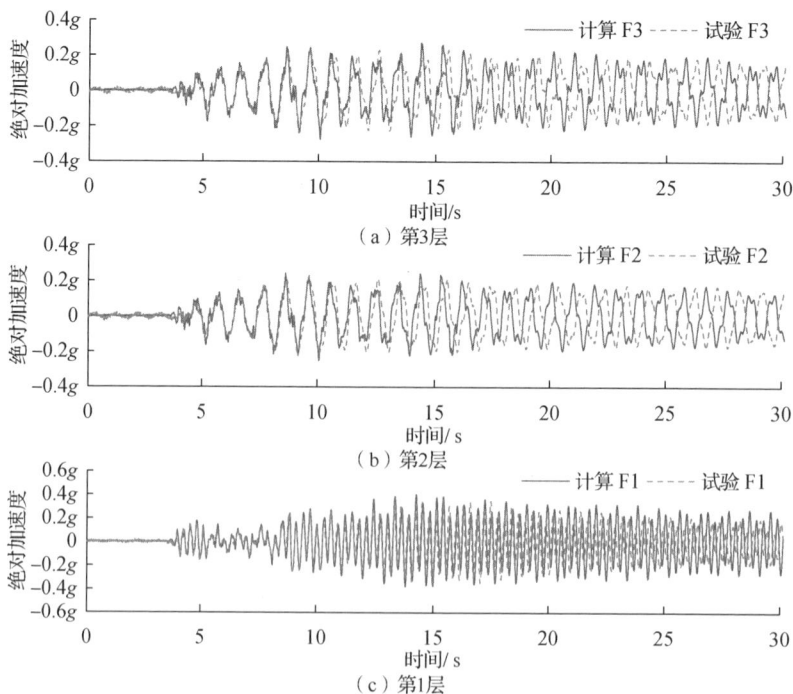

图 10.2.3　加速度峰值 0.1g El Centro 波下无控结构的绝对加速度时程曲线对比

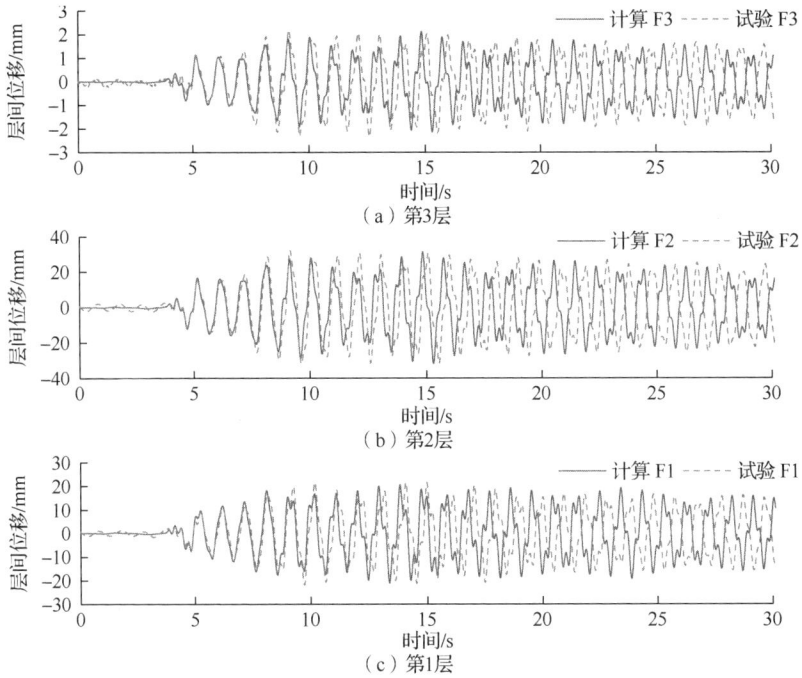

图 10.2.4　加速度峰值 0.1g El Centro 波下无控结构的层间位移时程曲线对比

2. 有控结构的绝对加速度响应和层间位移响应

通过无控结构的计算值与试验值的对比，层模型的合理性进一步被确认，因此进行有控结构的对比，来验证黏滞阻尼墙计算模型的适用性。有控结构在不同地震波激励下，其 X 向楼层绝对加速度幅值和层间位移幅值的计算、试验结果对比列于表 10.2.7 和表 10.2.8。另因篇幅所限，仅列 El Centro 波激励下的时程曲线对比如图 10.2.5～图 10.2.18 所示。

表 10.2.7　地震波激励下有控结构 X 向绝对加速度幅值 a_{max} 的计算结果与试验结果对比

PGA	位置	El Centro 波			Taft 波			AW09-1 波		
		试验值	计算值	误差 /%	试验值	计算值	误差 /%	试验值	计算值	误差 / %
0.1g	第 3 层	0.180g	0.115g	−36	0.137g	0.146g	6	0.099g	0.115g	16
	第 2 层	0.165g	0.109g	−34	0.127g	0.135g	7	0.100g	0.104g	4
	第 1 层	0.118g	0.085g	−28	0.108g	0.081g	−25	0.096g	0.089g	−8
0.2g	第 3 层	0.334g	0.319g	−4	0.258g	0.277g	8	0.182g	0.221g	21
	第 2 层	0.293g	0.240g	−18	0.232g	0.264g	14	0.182g	0.215g	18
	第 1 层	0.231g	0.140g	−39	0.203g	0.202g	0	0.191g	0.172g	−10

PGA	位置	El Centro 波			Taft 波			AW09-1 波		
		试验值	计算值	误差/%	试验值	计算值	误差/%	试验值	计算值	误差/%
0.3g	第3层	0.458g	0.387g	−16	0.333g	0.411g	23	0.248g	0.400g	61
	第2层	0.409g	0.370g	−9	0.295g	0.454g	54	0.257g	0.334g	30
	第1层	0.323g	0.286g	−12	0.279g	0.239g	−14	0.275g	0.260g	−6
0.4g	第3层	0.552g	0.442g	−20	0.412g	0.560g	36	0.309g	0.494g	60
	第2层	0.492g	0.434g	−12	0.390g	0.501g	28	0.332g	0.389g	17
	第1层	0.387g	0.369g	−5	0.328g	0.342g	4	0.336g	0.341g	1
0.5g	第3层	0.736g	0.571g	−22	0.504g	0.655g	30	0.450g	0.584g	30
	第2层	0.674g	0.532g	−21	0.473g	0.504g	7	0.426g	0.470g	10
	第1层	0.536g	0.442g	−17	0.406g	0.366g	−10	0.433g	0.439g	1
0.6g	第3层	0.776g	0.582g	−25	0.562g	0.959g	71	0.579g	0.826g	43
	第2层	0.716g	0.599g	−16	0.538g	0.705g	31	0.506g	0.703g	39
	第1层	0.585g	0.543g	−7	0.490g	0.601g	23	0.489g	0.695g	42
0.7g	第3层	0.740g	0.831g	12	0.499g	1.002g	101	0.884g	0.973g	10
	第2层	0.717g	0.825g	15	0.505g	0.724g	43	0.634g	0.852g	34
	第1层	0.534g	0.714g	34	0.494g	0.697g	41	0.606g	0.842g	39

注：误差中负号表示计算值小于试验值。

表 10.2.8 地震波激励下有控结构 X 向层间位移幅值 Δu_{max} 的计算结果与试验结果对比

PGA	位置	El Centro 波				Taft 波				AW09-1 波			
		试验值/mm	计算值/mm	差值/mm	误差/%	试验值/mm	计算值/mm	差值/mm	误差/%	试验值/mm	计算值/mm	差值/mm	误差/%
0.1g	第3层	0.7	0.3	−0.4	−54	0.6	0.2	−0.4	−65	0.6	0.2	−0.4	−66
	第2层	2.1	1.5	−0.6	−28	1.5	0.9	−0.6	−42	1.5	1.1	−0.4	−29
	第1层	2.0	1.8	−0.2	−12	1.2	0.8	−0.4	−36	1.4	1.2	−0.2	−12
0.2g	第3层	1.4	0.9	−0.5	−37	1.1	0.5	−0.6	−57	1.0	0.5	−0.5	−46
	第2层	4.1	2.8	−1.3	−31	2.8	1.9	−0.9	−34	2.7	2.8	0.1	5
	第1层	3.9	4.4	0.5	14	2.4	2.1	−0.3	−12	2.6	3.3	0.7	27
0.3g	第3层	2.0	1.5	−0.5	−26	1.5	0.8	−0.7	−44	1.4	1.1	−0.3	−22
	第2层	6.4	5.1	−1.3	−20	4.2	2.8	−1.4	−33	4.6	4.5	−0.1	−1
	第1层	6.4	9.3	2.9	45	3.5	4.0	0.5	13	4.3	5.6	1.3	31
0.4g	第3层	2.6	1.9	−0.7	−28	1.9	1.2	−0.7	−36	1.8	1.6	−0.2	−12
	第2层	8.1	7.5	−0.6	−7	5.3	3.8	−1.5	−29	6.3	5.5	−0.8	−12
	第1层	8.4	12.9	4.5	53	4.5	6.2	1.7	37	6.3	7.7	1.4	22
0.5g	第3层	3.6	2.1	−1.5	−41	2.3	1.6	−0.7	−31	2.3	1.9	−0.4	−15
	第2层	10.4	9.1	−1.3	−13	6.6	4.8	−1.8	−27	8.8	7.1	−1.7	−20
	第1层	10.3	17.1	6.8	66	5.3	8.7	3.4	63	10.2	10.3	0.1	1

续表

PGA	位置	El Centro 波				Taft 波				AW09-1 波			
		试验值 /mm	计算值 /mm	差值 /mm	误差 /%	试验值 /mm	计算值 /mm	差值 /mm	误差 /%	试验值 /mm	计算值 /mm	差值 /mm	误差 /%
0.6g	第3层	4.0	2.2	−1.8	−45	2.8	2.4	−0.4	−15	2.5	2.7	0.2	8
	第2层	11.8	14.3	2.5	21	8.0	7.4	−0.6	−8	9.0	8.8	−0.2	−2
	第1层	12.6	20.2	7.6	61	7.1	10.9	3.8	53	9.6	13.6	4.0	42
0.7g	第3层	4.2	3.0	−1.2	−29	3.1	2.6	−0.5	−17	3.3	3.1	−0.2	−7
	第2层	13.4	13.5	0.1	0	8.0	8.5	0.5	7	12.3	11.4	−0.9	−7
	第1层	15.2	21.1	5.9	39	8.2	12.3	4.1	50	13.4	17.6	4.2	31

注：差值和误差中的负号表示计算值小于试验值。

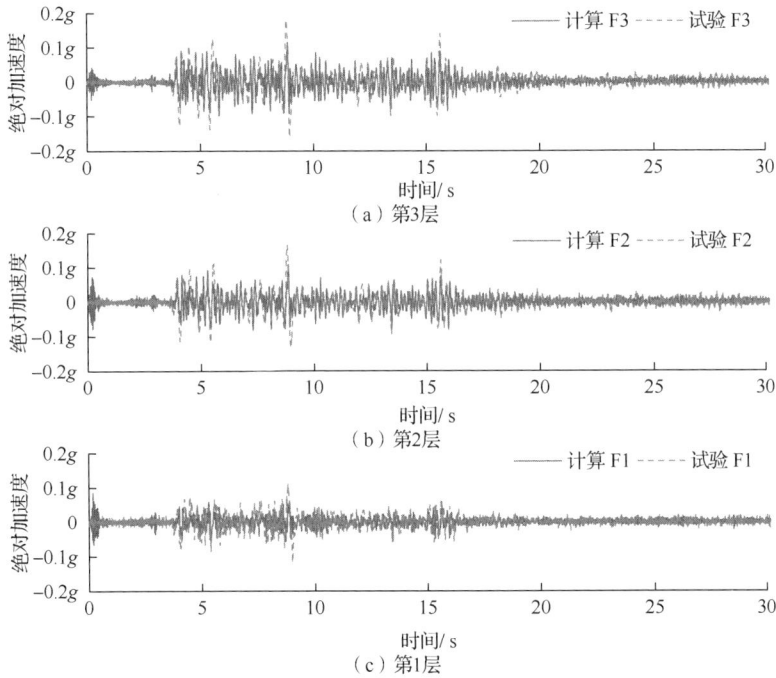

（a）第3层

（b）第2层

（c）第1层

图 10.2.5　加速度峰值 0.1g El Centro 地震波下有控结构的绝对加速度响应对比

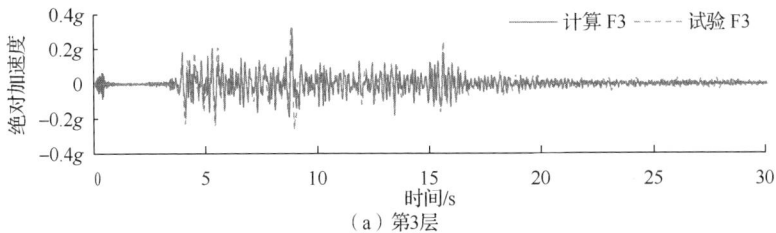

（a）第3层

图 10.2.6　加速度峰值 0.2g El Centro 波下有控结构的绝对加速度响应对比

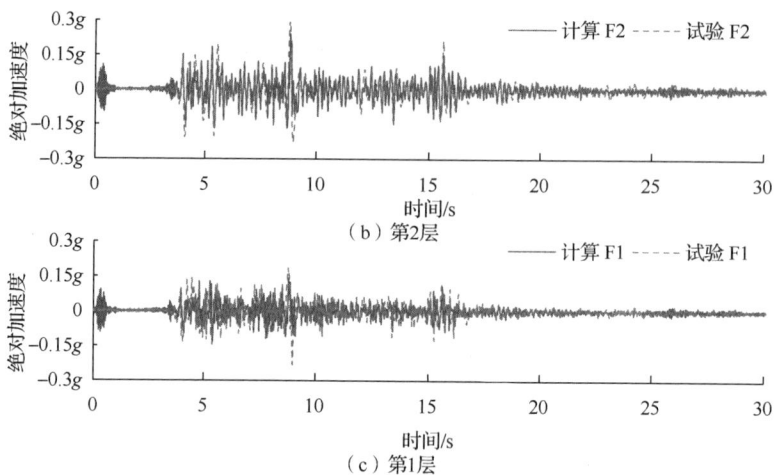

（b）第2层

（c）第1层

图 10.2.6　（续）

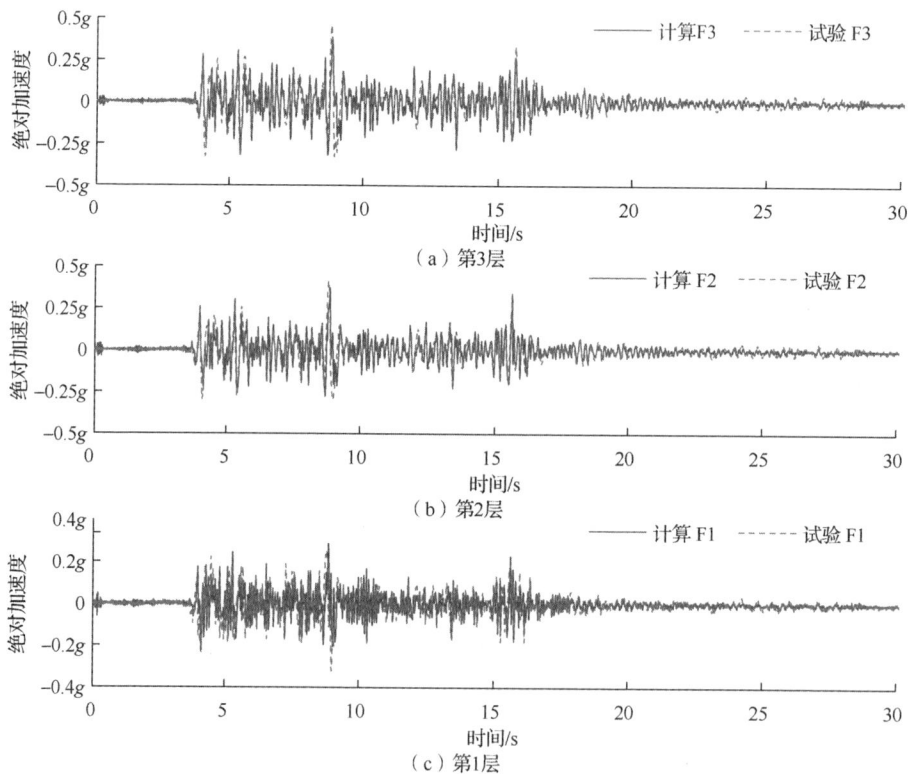

（a）第3层

（b）第2层

（c）第1层

图 10.2.7　加速度峰值 0.3g El Centro 波下有控结构的绝对加速度响应对比

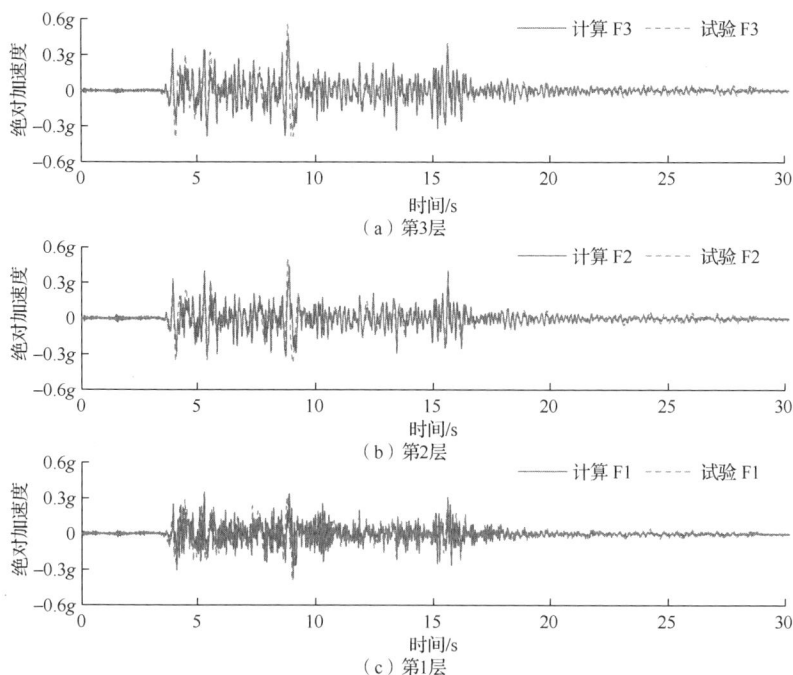

图 10.2.8 加速度峰值 0.4g El Centro 波下有控结构的绝对加速度响应对比

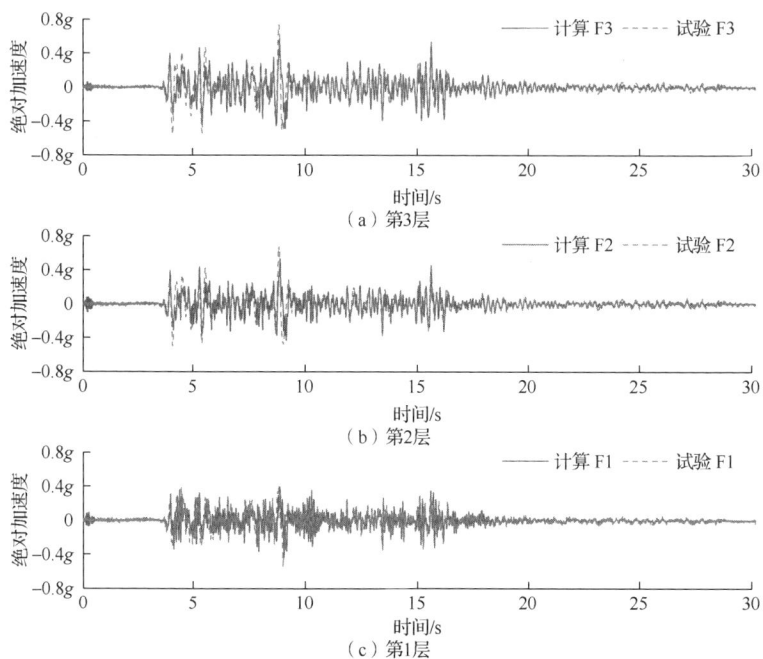

图 10.2.9 加速度峰值 0.5g El Centro 波下有控结构的绝对加速度响应对比

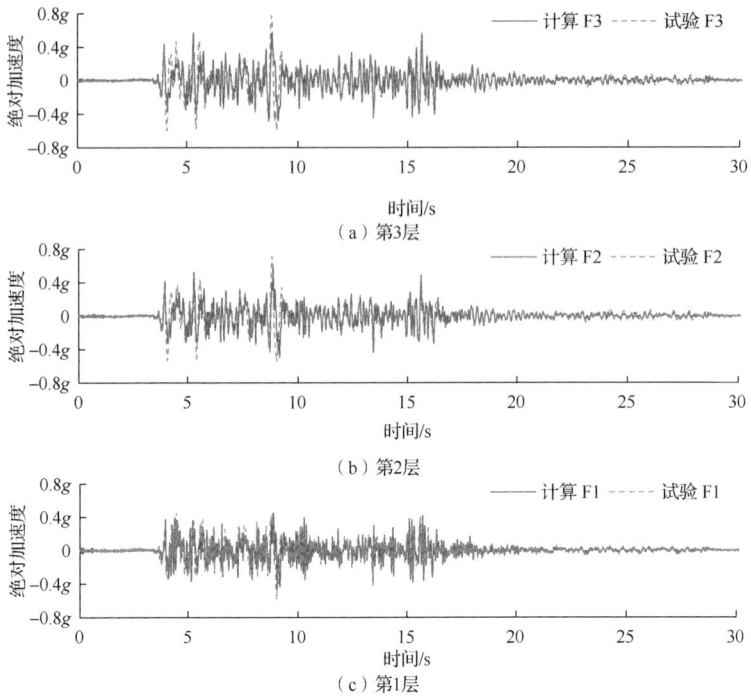

图 10.2.10　加速度峰值 0.6g El Centro 波下有控结构的绝对加速度响应对比

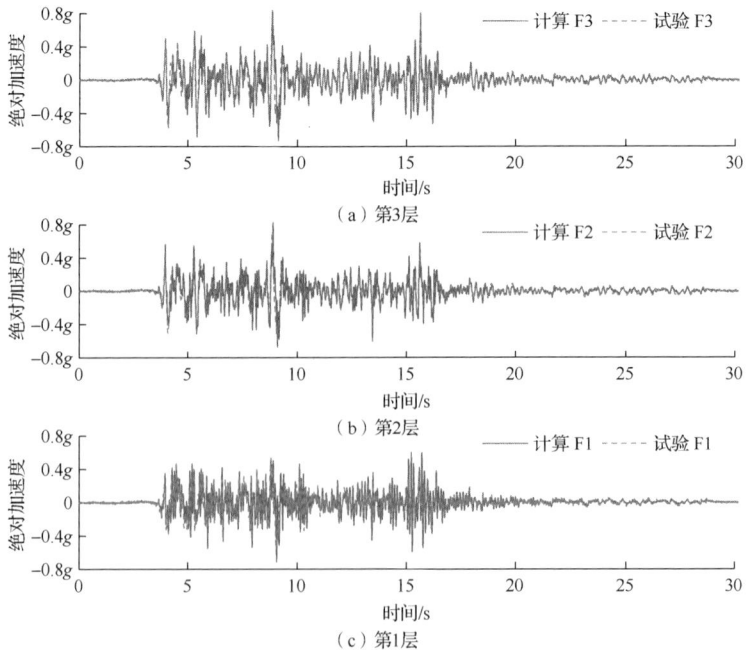

图 10.2.11　加速度峰值 0.7g El Centro 波下有控结构的绝对加速度响应对比

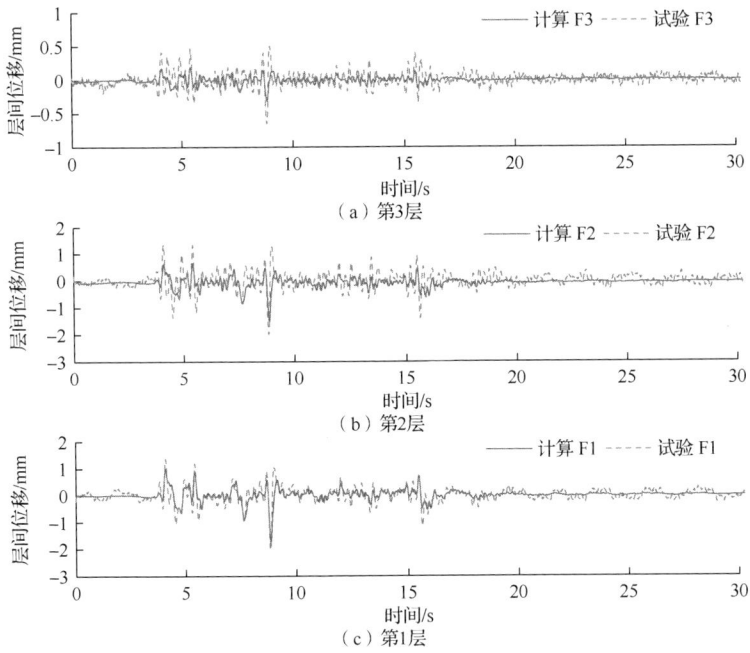

图 10.2.12　速度峰值 0.1g El Centro 波下有控结构的层间位移时程曲线对比

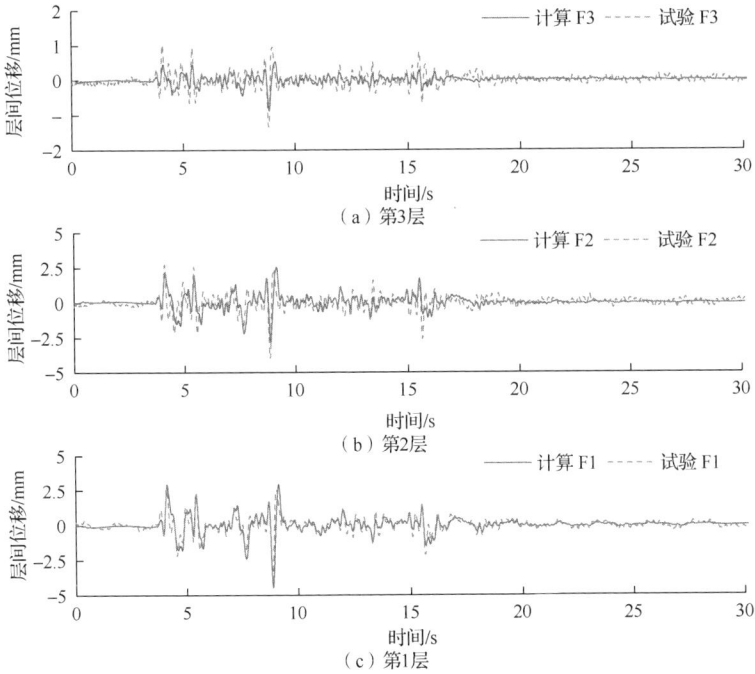

图 10.2.13　加速度峰值 0.2g El Centro 波下有控结构的层间位移时程曲线对比

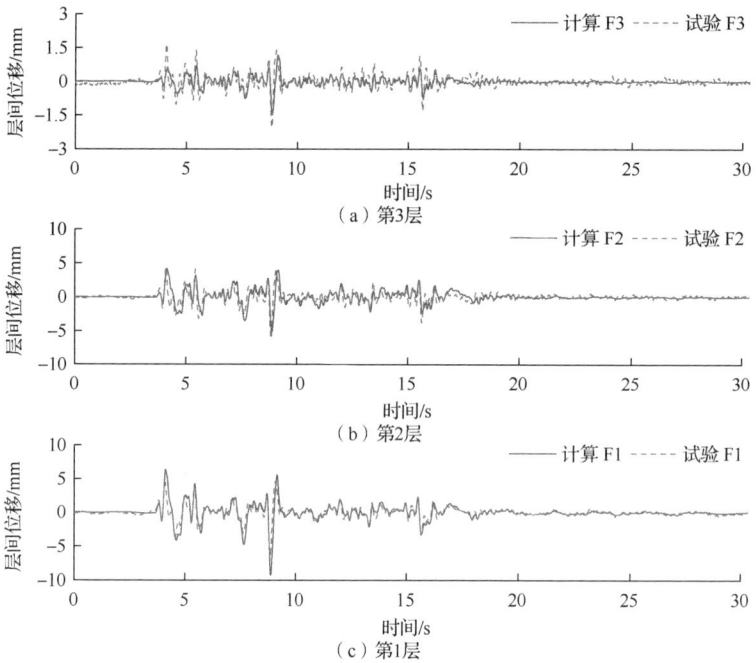

图 10.2.14 加速度峰值 0.3*g* El Centro 波下有控结构的层间位移时程曲线对比

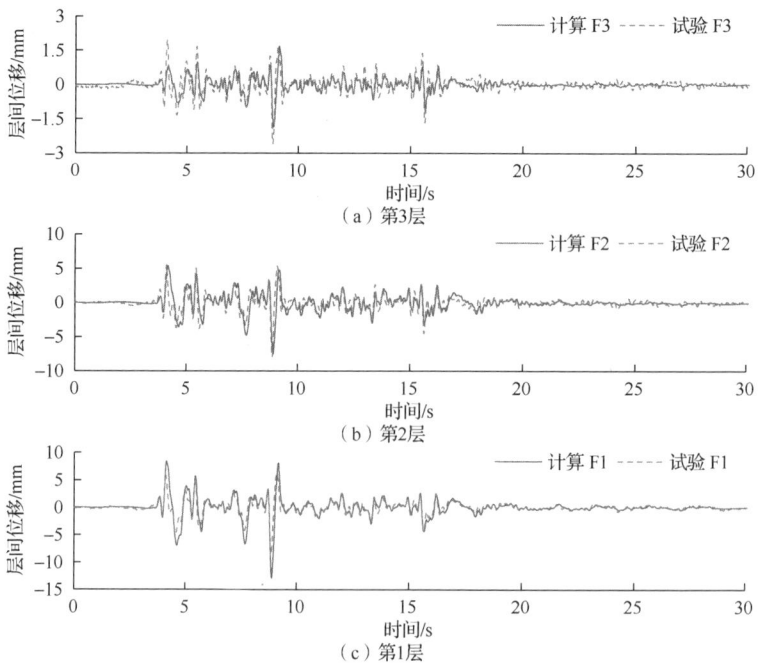

图 10.2.15 加速度峰值 0.4*g* El Centro 波下有控结构的层间位移时程曲线对比

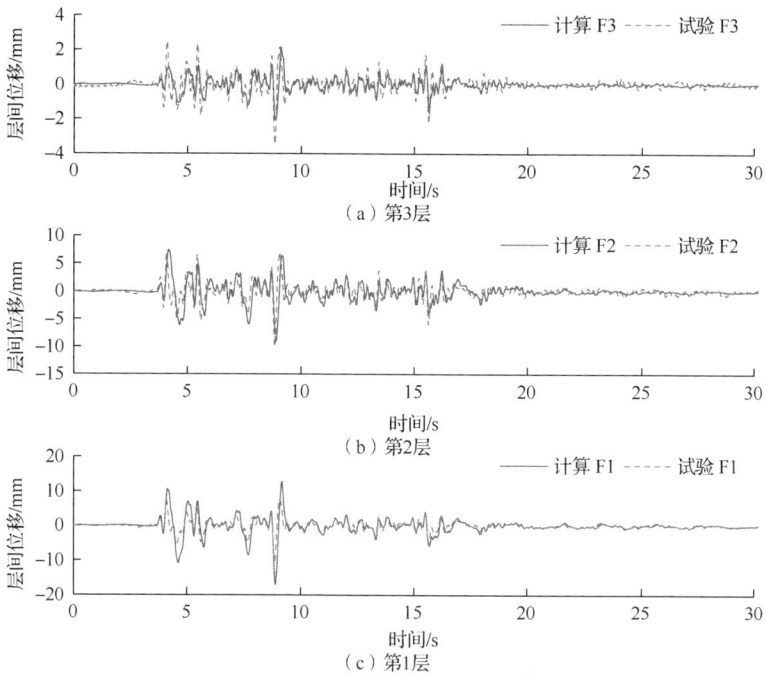

图 10.2.16　加速度峰值 0.5g El Centro 波下有控结构的层间位移时程曲线对比

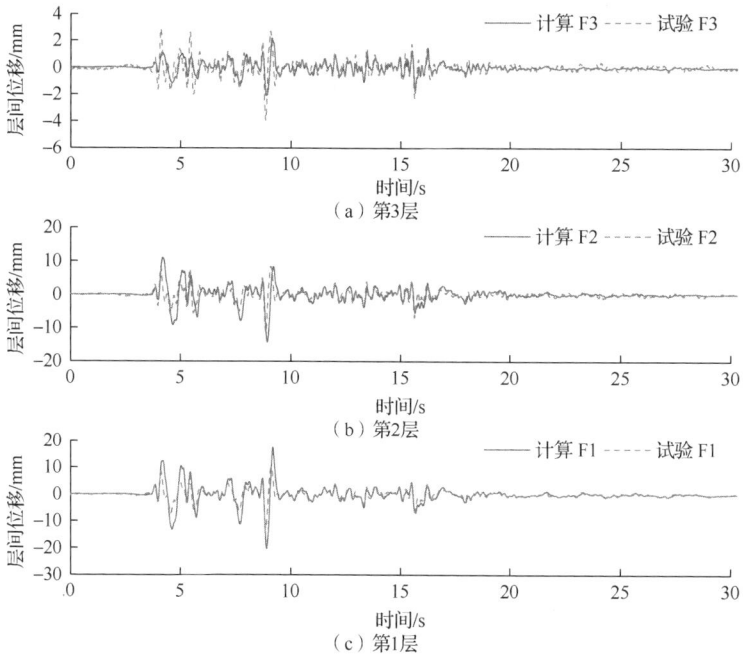

图 10.2.17　加速度峰值 0.6g El Centro 波下有控结构的层间位移时程曲线对比

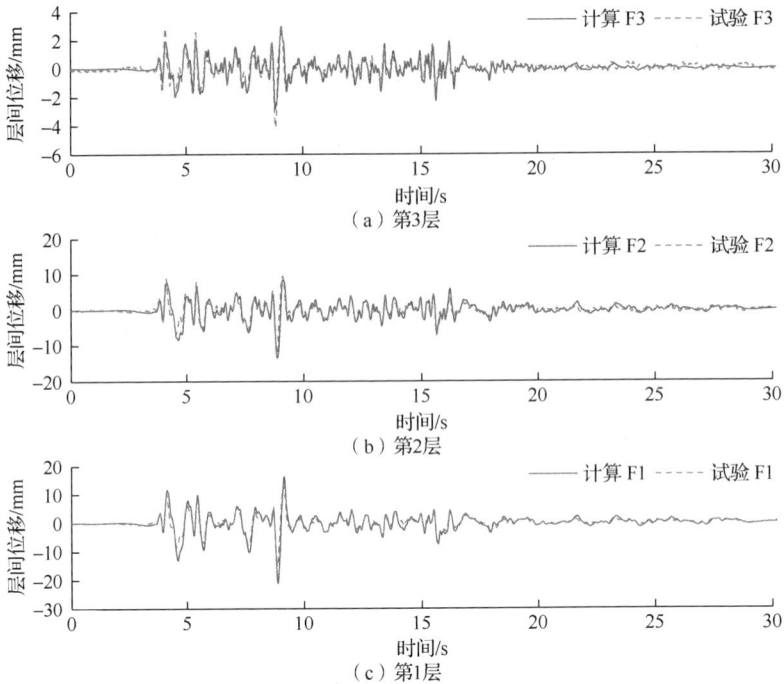

图 10.2.18　加速度峰值 0.7g El Centro 波下有控结构的层间位移时程曲线对比

表 10.2.7 中，除个别工况的顶层加速度幅值误差较大外，绝大部分工况误差都在可接受范围内。而图 10.2.5～图 10.2.11 中，在时程曲线最前端，计算值出现了极短时间内的加速度偏大情况，并且该情况在地震波加速度峰值越小的工况下越明显。推测其原因为黏滞阻尼墙计算模型在 $\left|\dfrac{u(t)}{a(t)}\right|$ 数值极小或 $\left|\dfrac{a(t)}{u(t)}\right|$ 数值极大时会出现计算模型抵抗力过大的情况，尽管给予了一定的限制措施，并且满足了性能试验结果吻合度的要求，但振动台试验中黏滞阻尼墙经历的加载环境复杂度超出了性能试验的工况设定，致使在时程曲线前端位移极小时出现黏滞阻尼墙计算模型抵抗力偏大的情况；另外，输入地震波加速度峰值越小，该情况越明显，则说明虽然计算模型存在这种不足，但其产生的误差有限，只有当楼层绝对加速度幅值很小时，才能明显看出，否则可以忽略。最后从图 10.2.5～图 10.2.11 中可以清晰地看到，该现象只在地震波刚输入的 1s 内出现，其余时程范围内，计算值与试验值吻合度均保持良好，并且无论输入地震波峰值大小如何，该误差都不影响绝对加速度幅值的判断，即目前的计算模型已经达到工程计算的要求，因此在缺少性能试验补充工况的前提下，可认为该计算模型满足工程要求，暂不修正。

表 10.2.8 中，层间位移幅值的差值变化趋势大致随输入地震波加速度峰值的增大而增大，推测原因为安装误差导致了黏滞阻尼墙的内腹板与外钢箱接触点的法向应力超出原设计，使二者相对运动时的摩擦阻力在一定程度上提升了黏滞阻尼墙的耗能效果。在不同位置处安装误差的程度不同，并且有控结构的振动特征随输入地震波的不同而不同，因此无法在计算模型中模拟该影响。另外，不同楼层的差值在整体随激励的增大而增大的趋势下，仍有不规律的波动，造成该现象的原因应当为不同的安装误差程度和输入地震波特性共同作用的结果。从图 10.2.12～图 10.2.18 中可以看到，尽管在个别波峰处层间位移的计算值比试验值偏小（对于工程计算偏于安全），但无论在哪种水平的地震波激励下，整个时程二者波动一致、吻合度良好。

第 11 章　黏滞阻尼墙减震结构设计方法

11.1　减震结构常用设计方法

黏滞阻尼墙减震结构规范设计方法为基于附加阻尼比的设计方法。该方法先通过振型分解反应谱法分析；再求得结构满足性能目标所需的附加阻尼比；在此基础上，依据减震概念的设计原则合理布置阻尼墙，确定各层阻尼墙的阻尼力以实现目标附加阻尼比。黏滞阻尼墙减震结构规范设计方法应满足《建筑消能减震技术规程》（JGJ 297—2013）有关规定。

1）消能减震结构设计应保证主体结构符合《建筑抗震设计规范》（GB 50011—2010）的规定。楼（屋）盖应满足平面内无限刚性的要求。当楼（屋）盖平面内无限刚性要求不满足时，应考虑楼（屋）盖平面内的弹性变形，并建立符合实际情况的力学分析模型。抗震计算分析模型应同时包括主体结构与消能部件。

2）当在垂直相交的两个平面内布置消能器，且分别按不同水平方向进行结构地震作用分析时，应考虑相交处的柱在双向地震作用下的受力。

3）消能减震结构的高度超过《建筑抗震设计规范》（GB 50011—2010）的相关规定时，应进行专项研究。

4）消能减震结构构件设计时，应考虑消能部件引起的柱、墙、梁的附加轴力、剪力和弯矩作用。

11.1.1　黏滞阻尼墙的布置

黏滞阻尼墙的布置应符合下列规定：

1）黏滞阻尼墙的布置宜使结构在两个主轴方向的动力特性相近。

2）黏滞阻尼墙的竖向布置宜使结构沿高度方向刚度均匀。

3）黏滞阻尼墙宜布置在层间相对位移或相对速度较大的楼层，同时可采用合理形式增加阻尼墙两端的相对速度的技术措施，提高阻尼墙的减震效率。

4）黏滞阻尼墙的布置不宜使结构出现薄弱构件或薄弱层。

5）采用黏滞阻尼墙时，各楼层的阻尼墙的最大阻尼力与主体结构的层间剪力和层间位移的乘积之比的比值宜接近。

6）黏滞阻尼墙减震结构布置黏滞阻尼墙的楼层中，阻尼墙的最大阻尼力在水平方向上分量之和不宜大于楼层层间屈服剪力的 60%。

11.1.2 黏滞阻尼墙结构刚度和有效阻尼比

黏滞阻尼墙附加给结构的实际刚度和有效阻尼比，可按下列方法确定：

1）非线性黏滞阻尼墙附加给结构的有效刚度可采用等价线性化方法确定。

2）黏滞阻尼墙附加给结构的有效阻尼比的计算公式如下：

$$\xi_{\mathrm{d}} = \sum_{j=1}^{n} W_{\mathrm{c}j} \Big/ (4\pi W_{\mathrm{s}}) \qquad (11.1.1)$$

式中，ξ_{d} 为消能减震结构的附加有效阻尼比；$W_{\mathrm{c}j}$ 为第 j 个阻尼墙在结构预期层间位移 Δu_j 下往复循环一周所消耗的能量，$\mathrm{kN \cdot m}$；W_{s} 为消能减震结构在水平地震作用下的总应变能，$\mathrm{kN \cdot m}$。

3）不计扭转影响时，消能减震结构在水平地震作用下的总应变能的计算公式如下：

$$W_{\mathrm{s}} = \sum_{i=1}^{m} F_i u_i / 2 \qquad (11.1.2)$$

式中，F_i 为质点 i 的水平地震作用标准值（一般取相应于第一振型的水平地震作用即可），kN；u_i 为质点 i 对应于水平地震作用标准值的位移，m；m 为体系自由度数目。

4）线性黏滞阻尼墙在水平地震作用下往复一周所消耗的能量，可按下式计算：

$$W_{\mathrm{c}j} = \frac{2\pi^2}{T_1} C_j \cos^2 \theta_j \Delta u_j^2 \qquad (11.1.3)$$

式中，T_1 为消能减震结构的基本自振周期，s；C_j 为第 j 个阻尼墙由试验确定的线性阻尼系数，$\mathrm{kN/(m \cdot s)}$；θ_j 为第 j 个阻尼墙的消能方向与水平面的夹角，（°）；Δu_j 为第 j 个阻尼墙两端的相对水平位移，m。

当阻尼墙的阻尼系数和有效刚度与结构振动周期有关时，可取相应于消能减震结构基本自振周期的值。

5）非线性黏滞阻尼墙在水平地震作用下往复循环一周所消耗的能量，计算公式如下：

$$W_{\mathrm{c}j} = \lambda_1 F_{\mathrm{d}j\max} \Delta u_j \qquad (11.1.4)$$

式中，λ_1 为阻尼指数的函数，可按表 11.1.1 取值；$F_{\mathrm{d}j\max}$ 为第 j 个阻尼墙在相应水平地震作用下的最大阻尼力，kN。

表 11.1.1　λ_1 值

阻尼指数 α	λ_1 值
0.25	3.7

续表

阻尼指数 α	λ_1 值
0.50	3.5
0.75	3.3
1	3.1

注：其他阻尼指数对应的 λ_1 值可线性插值。

6）采用振型分解反应谱法分析时，结构有效阻尼比可采用附加阻尼比的迭代方法计算。

7）采用时程分析法计算消能器附加给结构的有效阻尼比时，消能器两端的相对水平位移 Δu_{di}、质点 i 的水平地震作用标准值 F_i、质点 i 对应于水平地震作用标准值的位移，应采用符合抗震规范规定的时程分析结果包络值。

8）采用静力弹塑性分析方法时，计算模型中消能器宜采用第 8 章给出的 Maxwell 恢复力模型，并由实际分析计算获得消能器附加给结构的有效阻尼比，不能采用预估值。

9）消能减震结构在多遇和罕遇地震作用下的总阻尼比应分别计算，消能部件附加给结构的有效阻尼比超过 25%时，宜按 25%计算。

11.2　黏滞阻尼墙减震结构简化设计方法

11.2.1　目标位移与层间剪力

若主体结构在弹塑性时程计算中不能满足规范限值的要求，则可将由弹塑性位移角换算出的层间位移限值作为罕遇地震作用下的目标位移。若主体结构在弹性时程计算中即不能满足规范限值的要求，则需制定两个目标位移，即多遇地震作用下的弹性目标位移和罕遇地震作用下的弹塑性目标位移。值得注意的是，后者仅建议在抗震加固中使用，若新设计结构不能满足弹性位移要求，则反映主体结构在对应设防烈度下过于软弱，需要重新设计。

为了使设计方法对工程师友好、易用，在确定目标位移后，可以使用抗震规范中的设计抗震反应谱，通过振型分解反应谱法来预估多遇或罕遇地震作用下结构的层间剪力。若黏滞阻尼墙布置方案未知，振型分解反应谱法中用到的周期和振型可暂不考虑黏滞阻尼墙的影响，即使用主体结构的周期和振型。此外，对于长周期的高层结构来说，高阶振型对其影响较大，因此建议在使用振型分解反应谱法的时候，同一方向的振型数不小于 3，或者按照振型的质量参与系数不小于 90%的原则来选取计算振型。

若主体结构存在竖向不规则的薄弱层，则建议将计算得到的该层层间剪力乘以 1.2 倍放大系数，同时将其上下相邻的楼层层间剪力乘以 1.15 倍放大系数。

11.2.2　主体结构的恢复力

这一步需要先对主体结构通过静力弹塑性 Pushover 分析得到主体结构各层在水平方向上的力-位移曲线，即恢复力曲线。

Pushover 的过程简述如下：

1）建立主体结构计算模型（这一步在上节中使用振型分解反应谱法的过程已经完成）。

2）对主体结构加上重力荷载后，再施加逐渐递增的水平推力，该水平推力的侧向分布形式可以与质量和基本振型形状乘积成比例，也可与倒三角形状成比例，前者更好一些。

3）将每一时刻下，每层的推力与对应的层间位移绘在一张图上，即可得到主体结构各层的恢复力曲线。

11.2.3　黏滞阻尼墙初步布置方案

通过下式可获得黏滞阻尼墙的初步布置方案：

$$N_i = \frac{V_i - F_{f,i}}{u_i K_{1,i}} \tag{11.2.1}$$

式中，N_i 表示第 i 层的黏滞阻尼墙数量，向上取整，但若 $N_i < 0.5$ 且该楼层处于所有黏滞阻尼墙布置楼层的边缘，则为了减小黏滞阻尼墙对结构附加刚度的增大导致地震剪力增大，该层可暂不布置；V_i 表示通过振型分解反应谱法计算出的层间剪力；u_i 表示目标位移；$F_{f,i}$ 表示在层间位移达到目标位移 u_i 时，主体结构能够提供的弹性恢复力；$K_{1,i}$ 表示单个黏滞阻尼墙在达到目标位移 u_i 时其力学模型的动态刚度，估算的计算公式如下：

$$K_{1,i} = K_a (u_i^2)^{K_b} + K_c \tag{11.2.2}$$

式中，K_a、K_b 和 K_c 为计算黏滞阻尼墙的内部刚度所需的参数，可由表 10.2.4 中已知参数按照有效面积比例换算而得。

设计抗震反应谱是基于单自由度体系的弹性分析，并经过大量统计分析和一定修正后得出的，其目的是在总体上把握具有某一类特征的地震动特性，并不针对某一条具体的地震波，因此使用振型分解反应谱法计算出的罕遇地震作用下的层间剪力不一定能包络所有地震波在弹塑性时程分析中的层间剪力，通过式（11.2.2）得到的黏滞阻尼墙初步布置方案在时程分析中可能无法满足所有地震波激励下的目标位移。此时可以根据具体的时程分析结果，适当调整布置方案。具体实用设计步骤可根据图 11.2.1 进行设计。

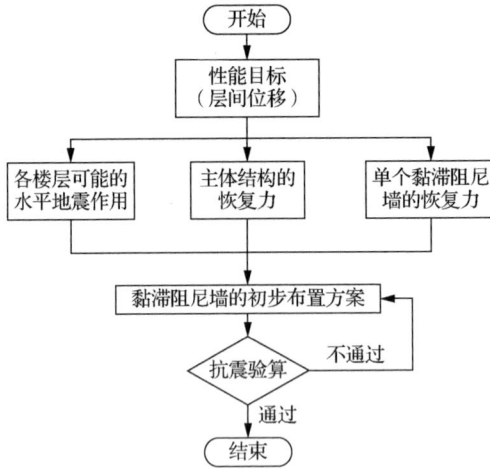

图 11.2.1　实用设计方法流程图

第 12 章　黏滞阻尼墙减震结构工程实践与实例

12.1　黏滞阻尼墙减震改造结构实例——上海世茂广场 I 期

12.1.1　项目概述

上海世茂广场（图 12.1.1）建于 2002 年，原设计中，主、裙楼在 7～10 层设置了 40 组黏滞阻尼器相连，阻尼器主要作用是避免主裙楼发生碰撞，同时，起到减振弱连接的作用。在正常运营 15 年后裙楼需要进行改建，且由于新旧规范更替，地震作用增加，原有主楼与裙楼间的阻尼器即使发挥耗能作用，也尚未达到预计的减震目标。因此，改建结构方案采取更替部分主楼裙楼之间的阻尼器及在裙楼内新增黏滞阻尼墙的做法，将减震后的结构地震响应降低至原设计地震响应水平，避免抗侧力构件的加固。

（a）改建前现场实景图　　　　　　　　（b）改建后效果图

图 12.1.1　上海世茂广场示意图

12.1.2　建模参数

上海世茂广场位于上海黄浦区南京东路，占地面积为 13350m²，总建筑面积为 17 万 m²，其中主楼地上 60 层，地下 3 层，高度为 333m，1～11 层采用框架混凝土框筒，12 层以上巨型桁架内部为混凝土填充的巨型体系。一期裙楼由商场和广场两部分组成：①商场为地上 10 层，总高度约为 48m 的钢筋混凝土框架剪力墙结构体系；②广场为地上 2 层，总高度为 48m，首层层高约为 35m 的框架结构，包括采用钢管混凝土柱、钢梁、压型钢板现浇混凝土组合楼板，以及上人网架结构的屋盖。

上海世茂广场模型采用 Etabs 有限元软件，主楼刚度以主楼单独计算得到的层刚度按弹簧约束考虑在裙楼模型中，模型如图 12.1.2 所示。模型中使用了 40 个模拟圆筒黏滞阻尼器的 Link 单元，10 个模拟黏滞阻尼墙的 Link 单元。其减震初步方案中，圆筒黏滞阻尼器位置和数量采用设计院方案（既有 35 套+新增 5 套），重点确定黏滞阻尼墙的尺寸、参数及位置。

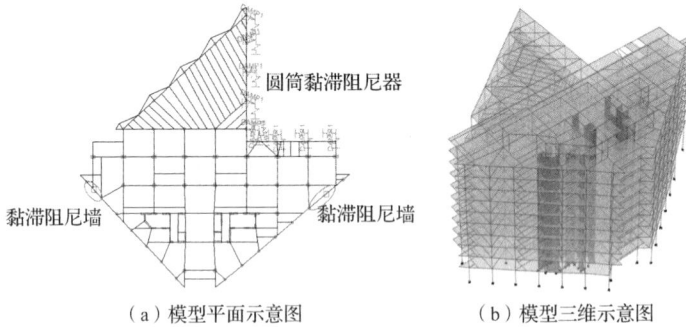

（a）模型平面示意图　　　　　　（b）模型三维示意图

图 12.1.2　裙楼模型示意图

1. 地震波选择

以裙楼为研究对象，按照有效峰值、持续时间、频谱特性等方面匹配的原则，选用《建筑抗震设计规程》（DGJ08—9—2013）提供的七组地震波：SHW1～SHW7，其中 SHW1、SHW2 两组为人工地震波，SHW3～SHW7 五组为天然地震波。

将 7 组时程曲线进行波谱转换后，与规范反应谱曲线进行比较，对比结果如图 12.1.3 所示。在对应于裙楼结构主要振型的周期点上，多组时程波的平均地震影响系数曲线与振型分解反应谱法所用的地震影响系数曲线相差不大于 20%，满足规范在统计意义上基本相符的时程波选取要求。

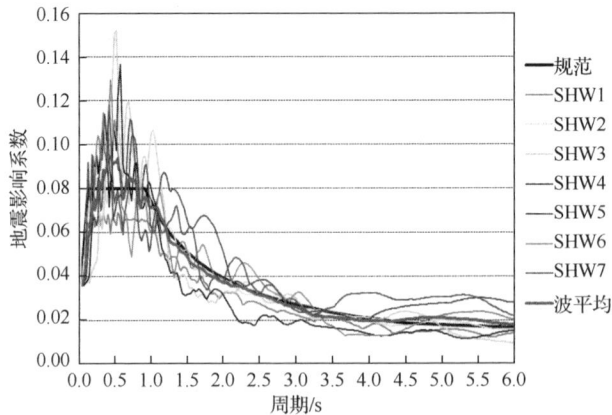

图 12.1.3　地震波与规范反应谱曲线的对比

2. 黏滞阻尼墙参数

黏滞阻尼墙产品的尺寸及分析参数如表 12.1.1 所示，VFD-NL×500×60 的力学性能试验结果如图 12.1.4 所示。阻尼墙在模型中的参数设置如图 12.1.5 所示。

表 12.1.1　2015/09 JB 黏滞阻尼墙标准产品

黏滞阻尼墙类型	设计阻尼力/kN	阻尼系数/［kN/（m/s）］	阻尼指数
VFD-NL×200×60	200	500	0.45
VFD-NL×500×60	500	1200	0.45

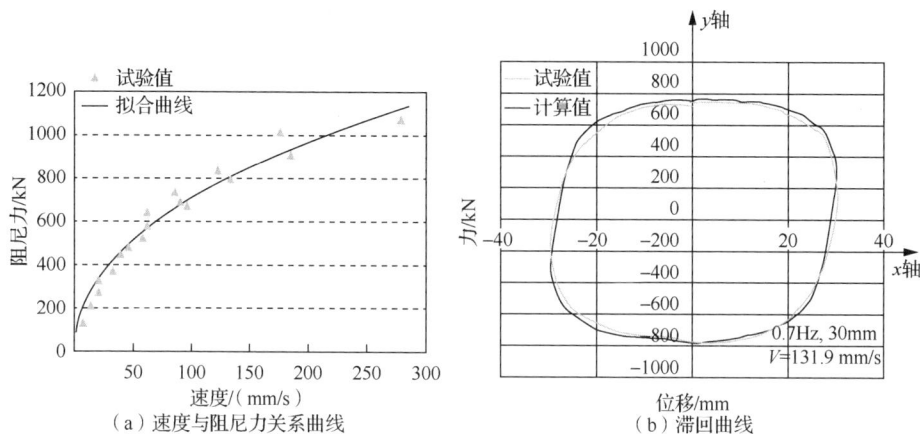

（a）速度与阻尼力关系曲线　　（b）滞回曲线

图 12.1.4　VFD-NL×500×60 力学性能

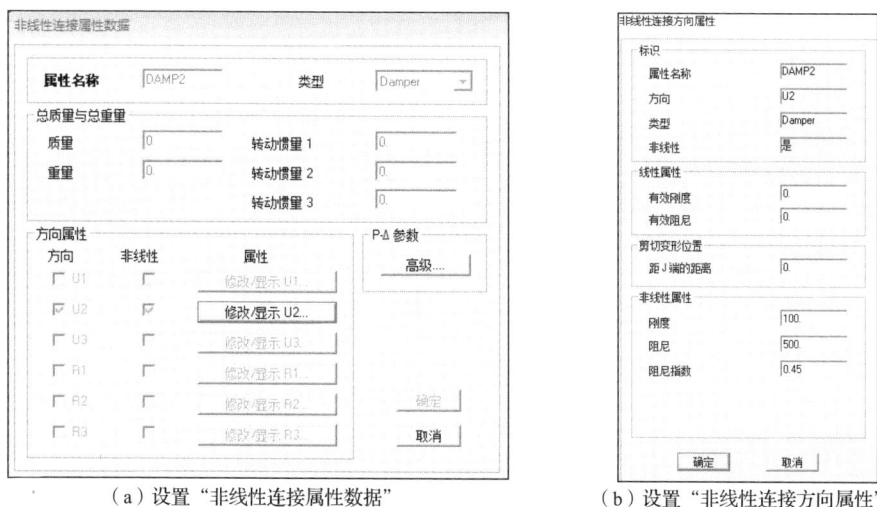

（a）设置"非线性连接属性数据"　　（b）设置"非线性连接方向属性"

图 12.1.5　Etabs 模型参数设置（单位：kN-mm）

12.1.3　黏滞阻尼墙布置方案

　　首先，考虑黏滞阻尼墙可能的安装位置包括之前 CAD 图纸中标注的位置，以及有限元分析软件模型中布置的位置。其次，考虑到耗能装置宜上下连续布置，结合建筑的功能，给出了阻尼墙布置的 4 种方案，平面图和立面图如图 12.1.6 和图 12.1.7 所示，黏滞阻尼墙现场施工图如图 12.1.8 所示。

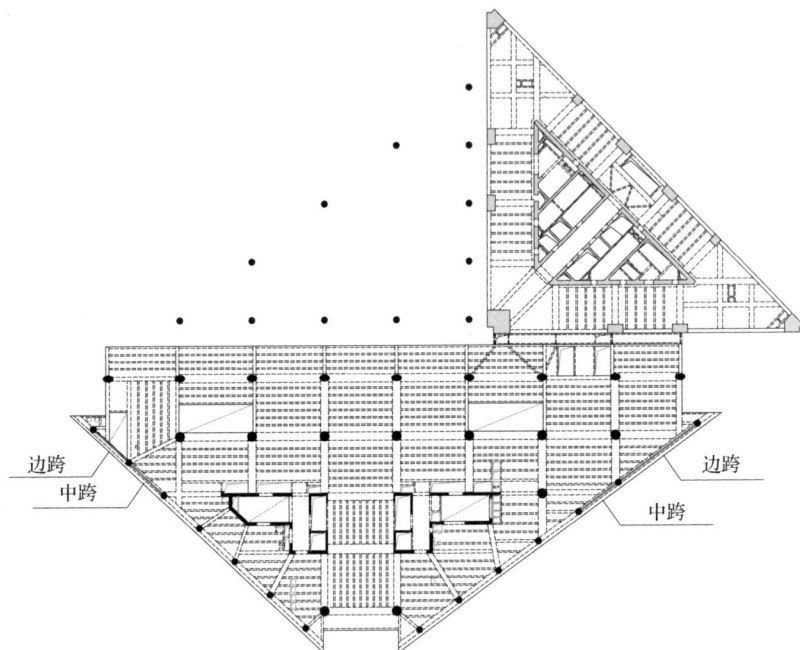

图 12.1.6　黏滞阻尼墙 4 种方案布置平面图

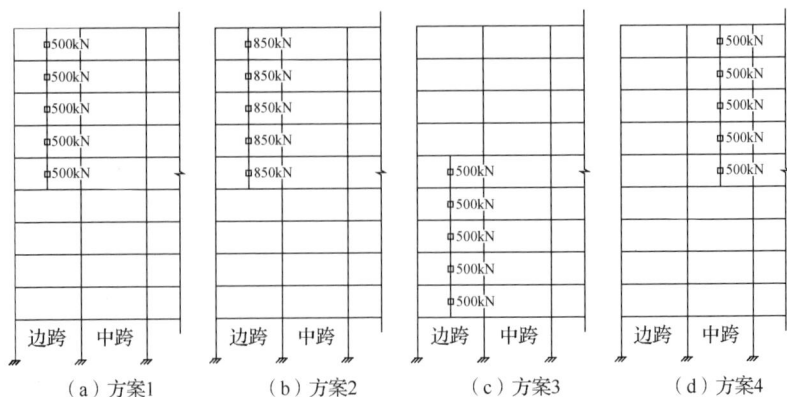

图 12.1.7　黏滞阻尼墙 4 种方案布置立面图

（a）现场施工（1）

（b）现场施工（2）

图 12.1.8　黏滞阻尼墙现场施工图

12.1.4　黏滞阻尼墙布置方案验算

选取 7 种地震波（图 12.1.3）进行多遇地震下的时程分析，层间剪力和层间位移角如图 12.1.9 和图 12.1.10 所示。从图中可以看出，4 个方案均呈现良好的耗能减震效果，耗能减震效果大致可从强到弱排序为方案 1 大于方案 2 大于方案 3 大于方案 4，可见方案 1 的层间剪力和层间位移角均小于其他 3 个方案，因此在此项目中选取方案 1 为布置方案。

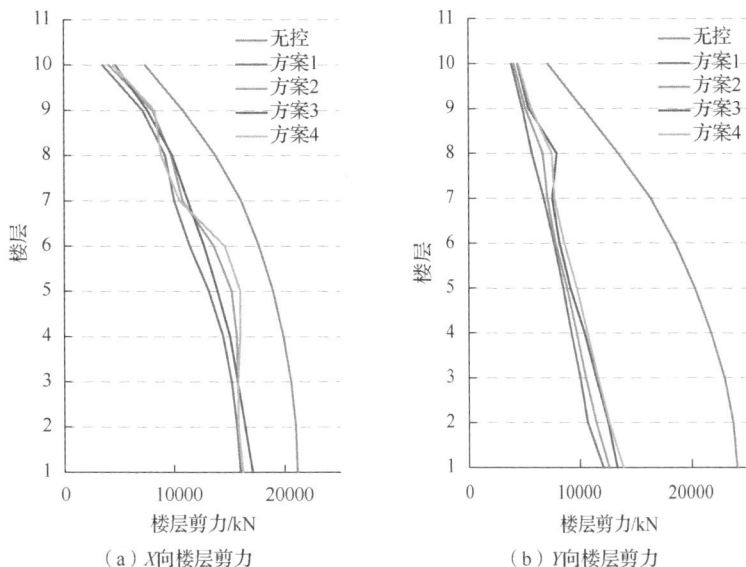

（a）X 向楼层剪力

（b）Y 向楼层剪力

图 12.1.9　4 种方案在多遇地震下的层间剪力对比图

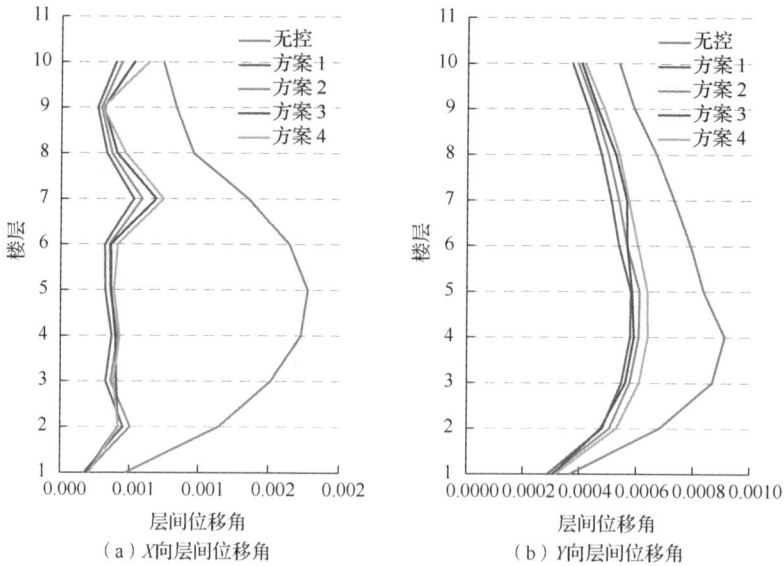

（a）X向层间位移角　　　　　　　　（b）Y向层间位移角

图 12.1.10　4 种方案在多遇地震下的层间位移角对比图

12.1.5　黏滞阻尼墙减震效果分析

减震分析以小震、中震和大震下的时程分析为基础，分别从结构的层间剪力、楼层倾覆力矩及层间位移角 3 个角度来展现黏滞阻尼墙和圆筒黏滞阻尼器共同作用的减震效果。其中，小震，中震和大震的地面峰值加速度（PGA）分别为 0.035g、0.1g 和 0.2g。

考察不同水准下阻尼墙对裙楼楼层剪力影响如图 12.1.11 和图 12.1.12 所示。考虑阻尼墙作用时，不同水准地震作用下裙楼楼层剪力均有所减小，小震作用下楼层剪力减少幅度较大，中震和大震作用下楼层剪力减小幅度依次降低。

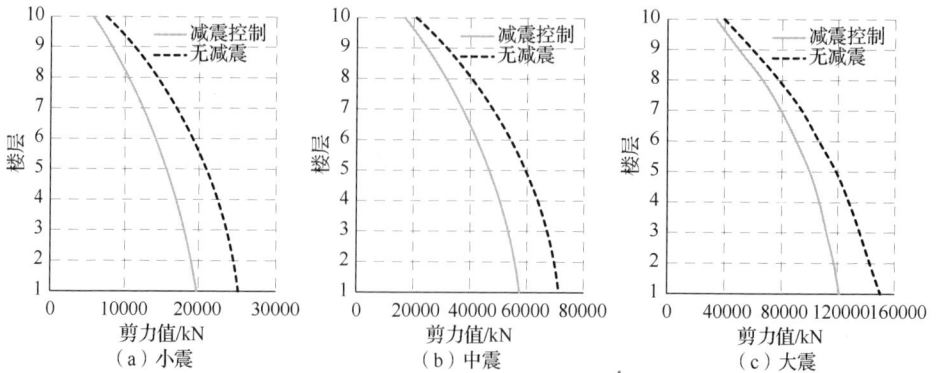

（a）小震　　　　　　　　（b）中震　　　　　　　　（c）大震

图 12.1.11　不同水准地震作用下阻尼墙对裙楼 X 方向层间剪力的影响

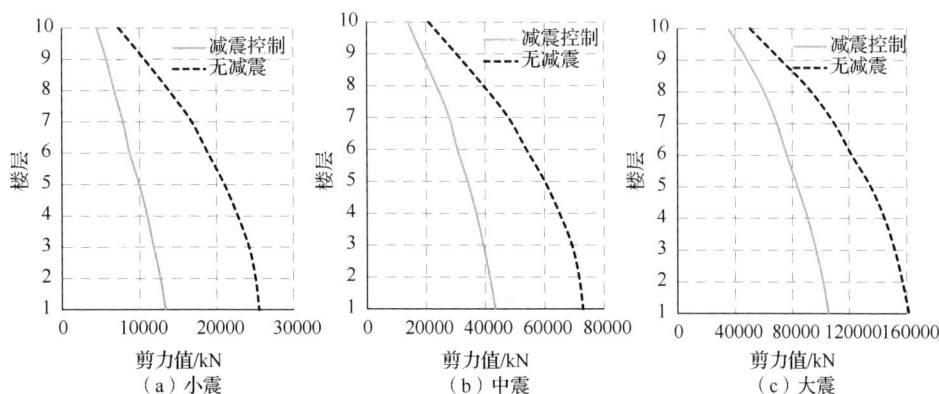

图 12.1.12 不同水准地震作用下阻尼墙对裙楼 *Y* 方向层间剪力的影响

从图 12.1.13 和图 12.1.14 可以看出，考虑阻尼墙作用时，不同水准地震作用裙楼楼层倾覆力矩均有所减小，小震作用下倾覆力矩减少幅度较大，中震和大震作用下倾覆力矩减小幅度依次降低。

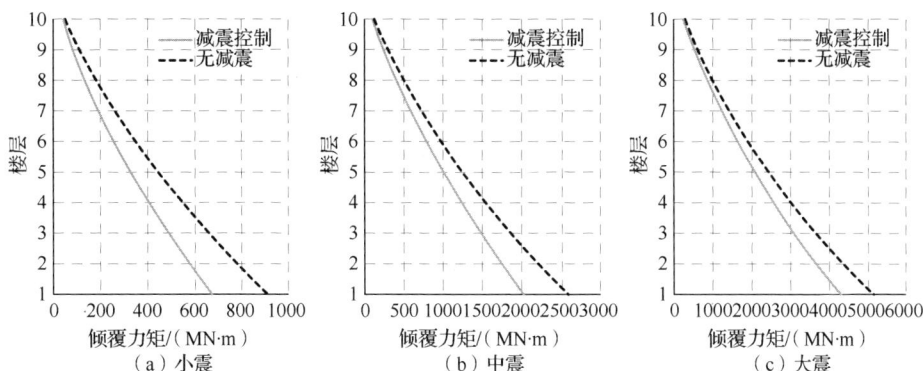

图 12.1.13 不同水准地震作用下阻尼器墙对裙楼 *X* 方向楼层倾覆力矩的影响

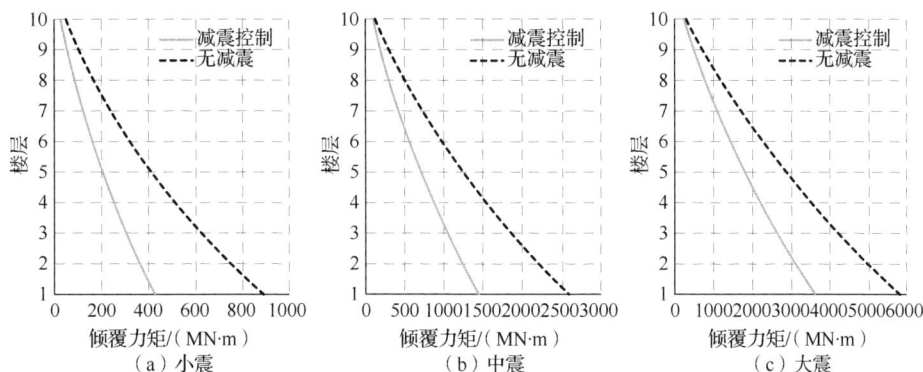

图 12.1.14 不同水准地震作用下阻尼墙对裙楼 *Y* 方向楼层倾覆力矩的影响

　　从图 12.1.15 和图 12.1.16 可以看出,考虑到阻尼墙的耗能特性,不同水准地震作用下裙楼最大层间位移角远远小于无控制结构的层间位移角,说明裙楼的水平位移得到了有效控制,尤其在 X 方向有显著效果。在小震作用下最大层间位移角减少幅度最大,中震和大震作用下最大层间位移角减小幅度依次降低。

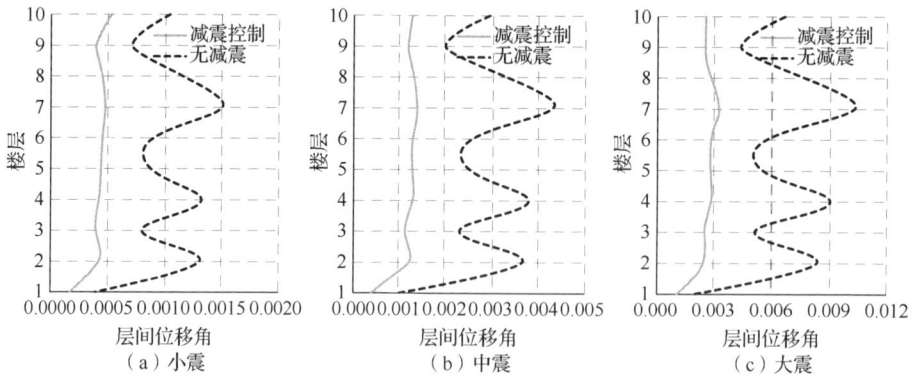

图 12.1.15　不同水准地震作用下阻尼墙对裙楼 X 方向层间位移角的影响

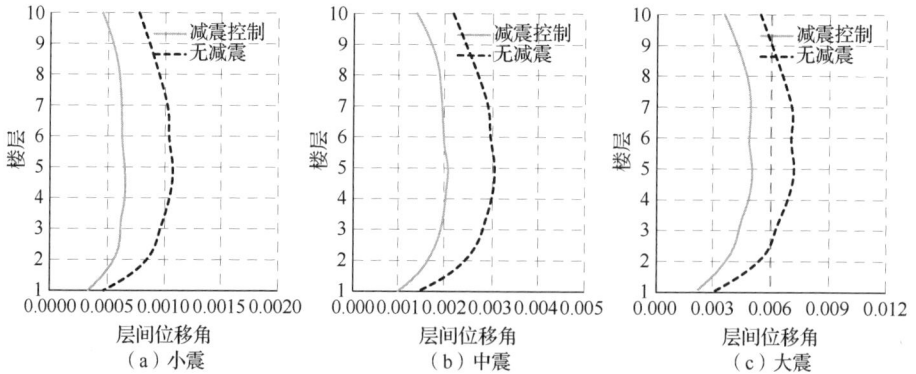

图 12.1.16　不同水准地震作用下阻尼墙对裙楼 Y 方向层间位移角的影响

　　综合以上分析,考虑阻尼墙作用时,不同水准地震作用,裙楼的楼层剪力、倾覆力矩、层间位移角均有所减小;小震、中震和大震作用下,楼层剪力、倾覆力矩及 Y 向层间位移角减小幅度依次降低;X 向层间位移角减小幅度依次增加,说明阻尼墙对裙楼钢框架部分的变形有明显的减小效果,避免了大震下裙楼钢框架部分与主楼发生碰撞。

12.2　黏滞阻尼墙减震钢结构算例——北京长富宫中心饭店

12.2.1　项目概述

北京长富宫中心饭店钢结构（图 12.2.1）属于我国最早一批建造的现代高层钢结构。饭店占地面积为 55942m²，客房楼建筑面积为 50516m²，地上 24 层，地下 1 层，标准层层高度为 3.3m，总高度为 84.75m。该工程采用纯框架结构体系。北京长富宫中心饭店结构立面图如图 12.2.2 所示，标准层结构平面图如图 12.2.3 所示，其立面结构高度为 84.75m，平面长宽为 48m×25.8m，主结构长边方向为 5 跨，短边方向为 3 跨。1～2F 钢骨混凝土材料采用 C30，主筋采用 HRB335，箍筋采用 HPB300；钢结构材料采用 Q345。为提高该结构的抗震性能，在原结构中增设黏滞阻尼墙，设防目标为在罕遇地震情况下上部结构的层间变形角小于 1/100。对设置阻尼墙后其结构反应的变化进行了考察。

图 12.2.1　北京长富宫中心饭店照片

采用黏滞阻尼墙加固来进行罕遇地震作用下时程分析的框架结构（图 12.2.4），结构总高度为 84.75m，共 24 层，其中 1～2 层为钢骨混凝土框架，3～24 层为钢框架。其弹塑性分析模型参数是利用软件 SNAP 对三维计算模型进行了静力弹塑性推覆分析得到的，结果如表 12.2.1 所示。原模型使用 SNAP 软件建立了表 12.2.1 所列参数的质点系弯剪型弹塑性模型，并对该模型进行了 3 条地震波下的罕遇地震分析，其中所用人工波的反应谱吻合设防烈度 8 度、$T_g = 0.4s$ 的规范反应谱。

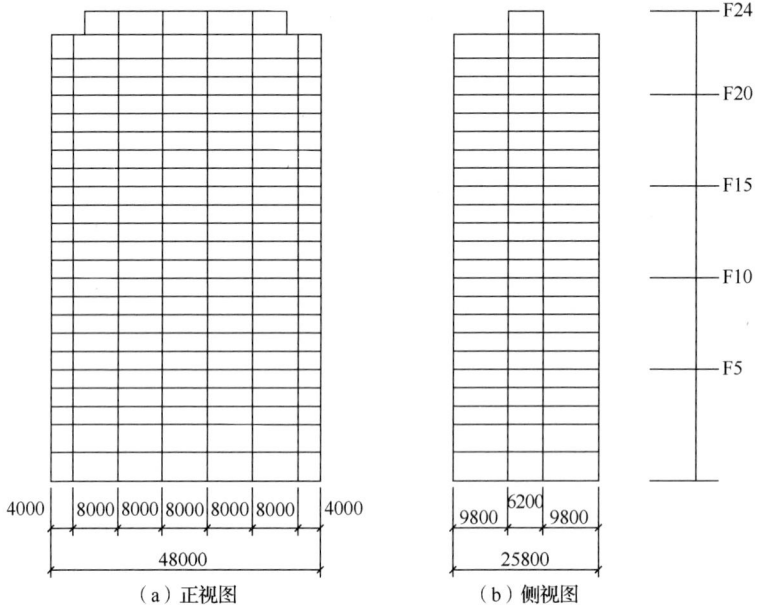

图 12.2.2　24 层框架结构立面图

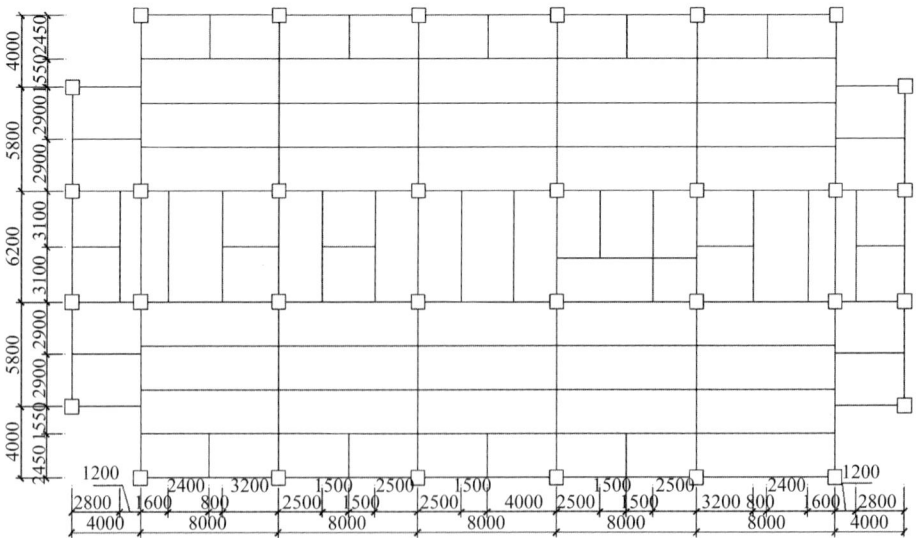

图 12.2.3　24 层框架结构标准层结构平面布置图

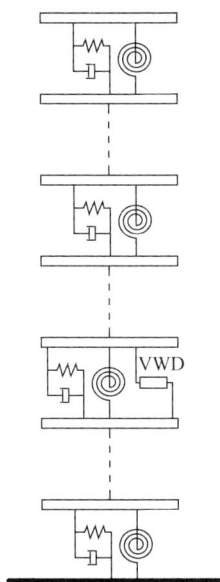

图 12.2.4　24 层框架结构计算模型

表 12.2.1　静力弹塑性推覆分析结果

楼层	质量 /t	高度 /m	类型	弯曲刚度 /[（kN·m）/ rad]	弹性刚度 /（kN/mm）	K_2 / K_1	K_3 / K_1	混凝土开裂荷载 /kN	屈服荷载 /kN
F24	216	84.75	双折线	1.51×10^8	137.9	—	0.324	—	1794
F23	1067	80.55	双折线	2.30×10^9	403.1	—	0.460	—	5037
F22	1078	76.25	双折线	5.12×10^9	660.1	—	0.454	—	7418
F21	1073	72.95	双折线	5.65×10^9	697.7	—	0.454	—	9370
F20	1073	69.65	双折线	5.97×10^9	723.1	—	0.447	—	11215
F19	1080	66.35	双折线	7.45×10^9	768.1	—	0.426	—	12922
F18	1083	63.05	双折线	7.54×10^9	788.0	—	0.428	—	14507
F17	1085	59.75	双折线	7.56×10^9	802.5	—	0.398	—	16091
F16	1085	56.45	双折线	7.56×10^9	805.1	—	0.304	—	17499
F15	1087	53.15	双折线	7.54×10^9	802.1	—	0.202	—	18977
F14	1086	49.85	双折线	7.51×10^9	801.3	—	0.131	—	20202
F13	1087	46.55	双折线	7.52×10^9	811.7	—	0.091	—	21173
F12	1088	43.25	双折线	7.47×10^9	816.5	—	0.065	—	22125
F11	1088	39.95	双折线	7.42×10^9	831.0	—	0.048	—	23053
F10	1091	36.65	双折线	7.35×10^9	845.7	—	0.038	—	23892
F9	1091	33.35	双折线	7.28×10^9	851.3	—	0.032	—	24632
F8	1091	30.05	双折线	7.22×10^9	858.8	—	0.029	—	25345

续表

楼层	质量 /t	高度 /m	类型	弯曲刚度 /[（kN·m）/rad]	弹性刚度 /（kN/mm）	K_2/K_1	K_3/K_1	混凝土 开裂荷载 /kN	屈服荷载 /kN
F7	1094	26.75	双折线	7.82×10^9	884.3	—	0.027	—	25972
F6	1097	23.45	双折线	7.74×10^9	893.9	—	0.028	—	26419
F5	1098	20.15	双折线	7.95×10^9	919.5	—	0.031	—	26722
F4	1098	16.85	双折线	7.88×10^9	1001.7	—	0.038	—	26629
F3	1098	13.55	双折线	7.77×10^9	1574.9	—	0.062	—	23692
F2	1669	10.25	三折线	1.50×10^{10}	2518.0	0.284	0.044	5238	28847
F1	1787	5.25	三折线	1.54×10^{10}	4766.5	0.330	0.060	5912	29519

注：K_2代表混凝土开裂后刚度；K_3代表屈服后刚度。

本章计算模型使用 OpenSees 软件和表 12.2.1 中数据建立质点系弯剪型弹塑性模型，其动力特性与原模型对比如表 12.2.2 所示。可以看出，因软件不同，动力特性计算结果有少许出入。

表 12.2.2　24 层框架结构 Y 向 OpenSees 软件与原模型 SNAP 软件模态分析结果对比

模态阶数	周期/s		误差/%
	OpenSees	SNAP	
1	3.134	3.292	-4.80
2	1.051	1.107	-5.06
3	0.623	0.659	-5.46

12.2.2　地震波选择

选用的天然地震波以满足中国抗震规范为准，人工波的反应谱同样吻合设防烈度 8 度、T_g=0.4s 的规范反应谱。

抗震规范规定，所选地震波需满足地震动三要素（频谱特性、有效峰值和持续时间）的要求。其中频谱特性可使用地震影响系数曲线表征，即所选地震波的加速度谱应当与规范抗震设计谱具有统计意义上的相关性，即多组时程曲线的平均地震影响系数曲线应与振型分解反应谱法所采用的地震影响系数曲线在统计意义上相符；加速度有效峰值由规范给出，通常不同水准下时程分析所用加速度时程的加速度峰值大小等于对应地震影响系数最大值 α_{max} 除以放大系数（2.25），必要时可适当放大该有效峰值；加速度时程的有效持续时间判定，通常由瞬时加速度首次达到该时程曲线峰值的 10% 起算，到最后一次达到该时程曲线峰值的 10% 终止，无论天然波还是人工波，有效持续时间一般为结构周期的 5～10 倍，即结构的顶点位移可按其基本周期往复运动 5～10 次。

此外，采用时程分析法时，天然波的数量不少于总数的 2/3。弹性时程分析时，每条时程曲线计算所得结构底部剪力不应小于振型分解反应谱法计算结果的 65%，多条时程曲线计算所得结构底部剪力的平均值不应小于振型分解反应谱法计算结果的 80%。

选择 5 条天然波和 2 条人工波，地震波信息如表 12.2.3 所示，归一化后的加速度时程曲线如图 12.2.5 所示，满足持时的要求。实际强震记录加速度时程数据来自于 PEER Ground Motion Database，且按照时间间隔 0.02s 提取。这些地震波的加速度谱与规范反应谱（8 度区，多遇地震）的对比如图 12.2.6 所示，满足频谱特性关于统计意义上相符的要求。对 24 层主体结构（即未设置黏滞阻尼墙的结构部分）进行多遇地震作用下的时程分析，将其基底剪力和由振型分解反应谱法计算出的基底剪力对照（表 12.2.4），满足弹性时程分析时关于基底剪力的要求。综上所述，所选地震波满足中国抗震规范的要求。

表 12.2.3　时程分析用地震波信息

编号	方向角度/(°)	时间	地震名称	台站	持时/s	时间间隔/s
SW1	EW303	1968 年 4 月 9 日	Borrego Mtn	San Onofre - So Cal Edison	45.22	0.02
SW2	EW90	1979 年 10 月 15 日	Imperial Valley-06	Niland Fire Station	40.00	0.02
SW3	EW90	1987 年 10 月 04 日	Whittier Narrows-02	Tarzana-Cedar Hill	29.86	0.02
SW4	EW	2008 年 6 月 13 日	Iwate	YMT012	86.00	0.02
SW5	NS180	1940 年 5 月 19 日	Imperial Valley-02	El Centro Array #9	53.70	0.02
AW1	—	—	—	—	40.00	0.02
AW2	—	—	—	—	40.00	0.02

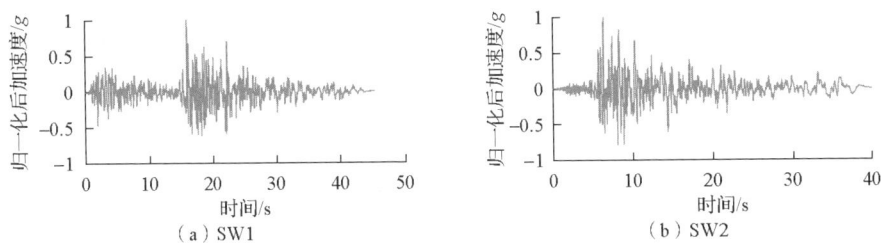

(a) SW1　(b) SW2

图 12.2.5　归一化后的加速度时程曲线

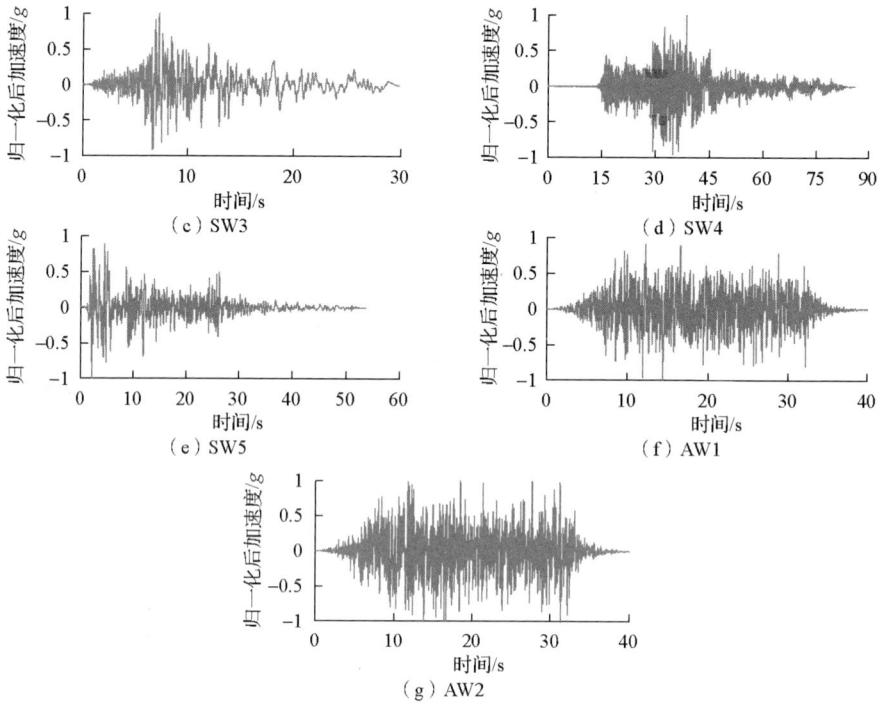

（c）SW3

（d）SW4

（e）SW5

（f）AW1

（g）AW2

图 12.2.5　（续）

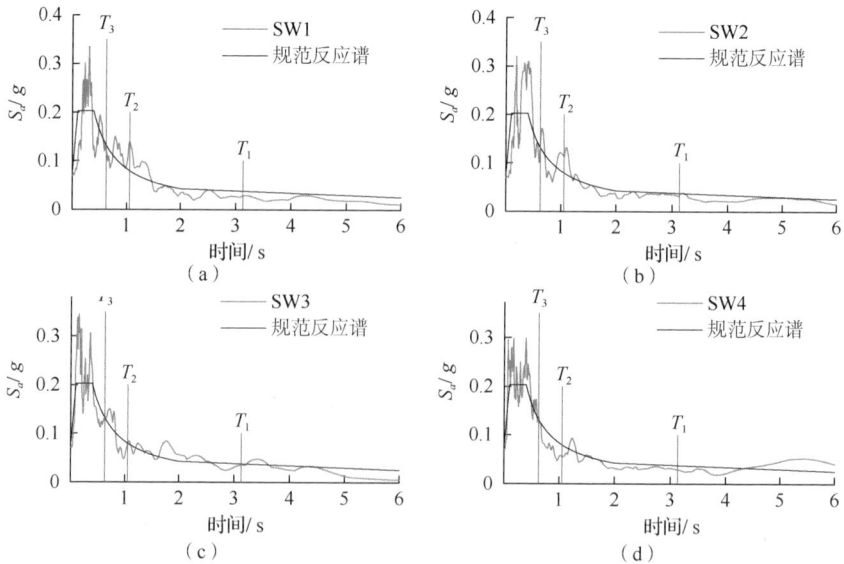

（a）

（b）

（c）

（d）

图 12.2.6　地震波加速度谱与规范反应谱对比（8 度，$T_g = 0.4s$，多遇地震，阻尼比 2%）

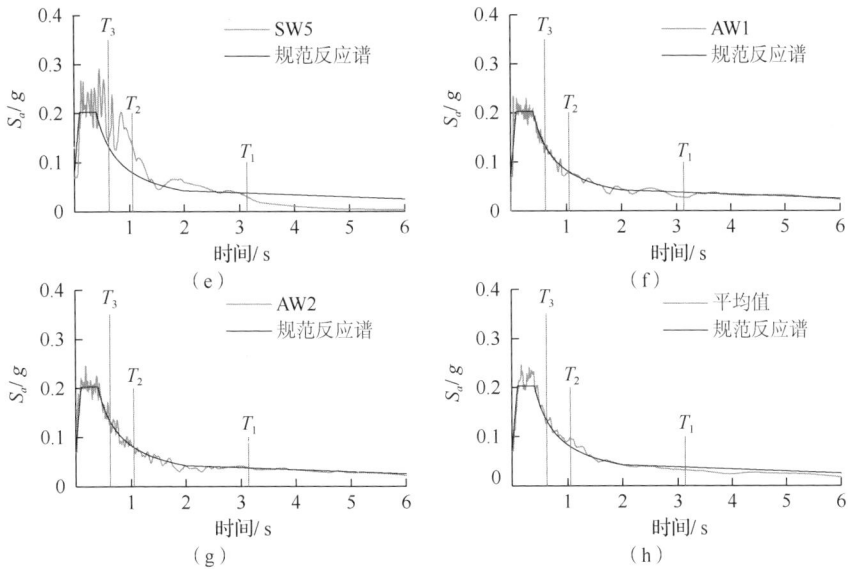

图 12.2.6 　（续）

表 12.2.4　主体结构在弹性时程分析和振型分解反应谱法下的基底剪力对比　　（单位：kN）

编号	弹性时程分析的基底剪力	振型分解反应谱法的基底剪力
SW1	9048.4	7350.6
SW2	11739.9	
SW3	11286.2	
SW4	9769.1	
SW5	8195.9	
AW1	9969.0	
AW2	9326.4	

12.2.3　主体结构动力分析和性能目标确定

对主体结构分别进行多遇地震和罕遇地震作用下的时程分析，地震波加速度峰值分别为 $0.07g$ 和 $0.4g$，主体结构阻尼比在两种水准地震作用下均取 0.02（通常罕遇地震作用下应适当放大主体结构的阻尼比，会更符合实际情况，即主体结构在罕遇地震作用下的阻尼比应当取 0.03 或 0.04。但本章主旨是体现实用设计方法的有效性，对设置了黏滞阻尼墙的消能减震结构中框架部分的阻尼比，依然同多遇地震作用下保持一致取 0.02，因此作为减震效果对比的原型，主体结构在罕遇地震作用下的阻尼比仍取 0.02）。

动力分析结果显示（图 12.2.7），单纯框架的主体结构在多遇地震水准激励下，除了天然波 SW3 第 2 层的层间位移角不满足 1/550 的要求，其余工况所有楼层的层间位移角均满足规范限值 1/250（高层钢框架结构）和 1/550（高层混凝土框架结构）的要求。在罕遇地震水准激励下，多条地震波在第 3 层处的层间位移角，超出 1/70 的规范限值（高层钢框架结构）的要求，而底部两层均能满足 1/50 的规范限值（高层混凝土框架结构）的要求。

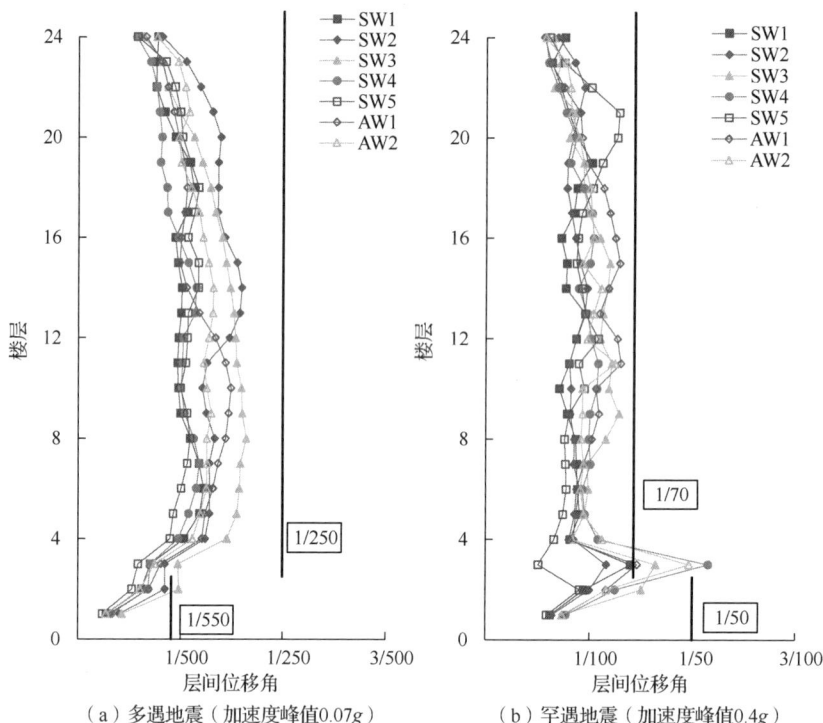

（a）多遇地震（加速度峰值0.07g）　　　　（b）罕遇地震（加速度峰值0.4g）

图 12.2.7　主体结构的层间位移角与规范限值对比

由于多遇地震作用下仅有 1 条地震波的一个楼层超出规范限制，因此使用黏滞阻尼墙来提高主体结构的抗震性能的性能目标暂时仅考虑罕遇地震，待确定阻尼墙最终布置方案后，再进行多遇地震作用下的校核。为了体现黏滞阻尼墙的减震效果和实用设计方法的有效性，采用更严格的性能目标，即罕遇地震（加速度峰值 0.4g）作用下层间位移角限值为 1/100（该层间位移角限值来自于原模型在加速度峰值 0.389g 下的性能目标）。

12.2.4　黏滞阻尼墙初步布置方案

使用两款黏滞阻尼墙 NL×2000×60 和 NL×2500×60，对应计算模型采用传统 Maxwell 模型，其恒定弹簧刚度 K^* 和恒定黏滞阻尼系数 C^* 如表 12.2.5 所示。以产品手册中 NL×850×60（$F_{max} = 2000 \times v_{max}^{0.45}$）为基准，以恒定黏滞阻尼系数 C^* 与有效面积成比例为原则，计算出以上两款产品的有效面积放大倍数。最后将该放大倍数作为动态刚度系数 K 和动态阻尼系数 C 的放大倍数，计算出 OpenSees 中定义 ViscousWallDamper 材料所需的参数数值，所有结果如表 12.2.5 所示。

表 12.2.5　黏滞阻尼墙 NL×2000×60 和 NL×2500×60 的参数

参数			NL×850×60	NL×2000×60	NL×2500×60
Maxwell 模型	恒定弹簧刚度 K^*	kN/mm	200	470	590
	恒定阻尼系数 C^*	kN/(m/s)$^{0.45}$	2000	4697	5871
		kN/(mm/s)$^{0.45}$	89.34	209.81	262.25
有效面积放大倍数			1	2.3485	2.9355
改进的 Maxwell 模型、OpenSees 中材料定义的参数	Alpha		0.83	0.83	0.83
	K_a		445.7	1046.73	1308.35
	K_b		−0.3014	−0.3014	−0.3014
	K_c		19.68	46.22	57.77
	C_a		78.45	184.24	230.29
	C_b		−0.1948	−0.1948	−0.1948
	C_c		0.059	0.059	0.059

　　采用振型分解反应谱法，暂不考虑黏滞阻尼墙对主体结构周期和振型的影响，取主体结构该方向前 3 阶振型，计算罕遇地震下的层间剪力。值得注意的是，抗震规范规定，采用振型分解反应谱法计算罕遇地震作用时，特征周期应增加 0.05s，故先将特征周期 T_g 取 0.45s 后，再进行计算。

　　由层间位移角限值 1/100 可计算出各层在罕遇地震下的目标层间位移，再根据表 12.2.1 的各层弹塑性分析结果可求出当层间位移达到目标位移时，主体结构框架部分能提供的最大恢复力。

　　依据式（11.2.1）计算各层所需黏滞阻尼墙的个数，若为负数，则说明该层暂无需布置黏滞阻尼墙，若其差为正数，则按照附加刚度最小的原则制定黏滞阻尼墙初步布置方案，结果如表 12.2.6 所示。

表 12.2.6　黏滞阻尼墙初步布置方案

楼层	u_i /mm	V_i /kN	考虑薄弱层 V_i /kN	$F_{f,i}$ /kN	单个黏滞阻尼墙的 $K_{1,j}$ /(kN/mm)		计算个数		初步方案	
					VWD-1	VWD-2	VWD-1	VWD-2	VWD-1	VWD-2
24	42	1063	1063	3089	156	195	−0.3	−0.2		
23	43	6205	6205	10693	155	193	−0.7	−0.5		
22	33	10671	10671	13940	173	217	−0.6	−0.5		
21	33	14425	14425	15569	173	217	−0.2	−0.2		
20	33	17440	17440	16868	173	217	0.1	0.1		
19	33	19827	19827	18215	173	217	0.3	0.2		

续表

楼层	u_i /mm	V_i /kN	考虑薄弱层 V_i /kN	$F_{f,i}$ /kN	单个黏滞阻尼墙的 $K_{1,j}$ /(kN/mm)		计算个数		初步方案	
					VWD-1	VWD-2	VWD-1	VWD-2	VWD-1	VWD-2
18	33	21794	21794	19428	173	217	0.4	0.3		
17	33	23573	23573	20227	173	217	0.6	0.5	1	
16	33	25342	25342	20256	173	217	0.9	0.7	1	
15	33	27176	27176	20490	173	217	1.2	0.9		1
14	33	29029	29029	21020	173	217	1.4	1.1	2	
13	33	30798	30798	21684	173	217	1.6	1.3	2	
12	33	32390	32390	22438	173	217	1.7	1.4	2	
11	33	33769	33769	23263	173	217	1.8	1.5	2	
10	33	34982	34982	24045	173	217	1.9	1.5	2	
9	33	36122	36122	24743	173	217	2.0	1.6	2	
8	33	37283	37283	25432	173	217	2.1	1.7		2
7	33	38507	38507	26059	173	217	2.2	1.7		2
6	33	39757	39757	26505	173	217	2.3	1.9		2
5	33	40911	40911	26834	173	217	2.5	2.0		2
4	33	41821	48094	26873	173	217	3.7	3.0		3
3	33	42381	50857	25445	173	217	4.4	3.6		4
2	50	42824	49247	30498	145	182	2.6	2.1	3	
1	52.5	42992	42992	39887	142	178	0.4	0.3		
总计									17	16

注：VWD-1 表示 NL×2000×60，VWD-2 表示 NL×2500×60。

12.2.5 黏滞阻尼墙布置方案验算

按照表 12.2.6 的初步布置方案在主体结构中增设黏滞阻尼墙，并进行罕遇地震（加速度峰值 0.4g）下的时程分析，软件 OpenSees 中的黏滞阻尼墙材料采用改进的 Maxwell 模型，并与采用传统 Maxwell 模型的计算结果对比（模型参数如表 12.2.5 所示），得到的层间位移角如图 12.2.8 所示。可以看出，同样的初步布置方案下，因对黏滞阻尼墙的模型定义不同，结果有少许差异。采用传统 Maxwell 模型的消能减震结构计算模型在初步布置方案中即已达到目标位移，而采用改进的 Maxwell 模型的消能减震结构计算模型在初步方案中仍有 2 条地震波工况不能满足性能目标，需要适当调整阻尼墙的布置方案。这说明，传统 Maxwell 模型因其内部刚度系数 K 为常数，不能体现实际黏滞阻尼墙在罕遇地震下其 K 减小的趋势，过高估计了阻尼墙在罕遇地震下的减震效果，对工程设计而言是不安全的。

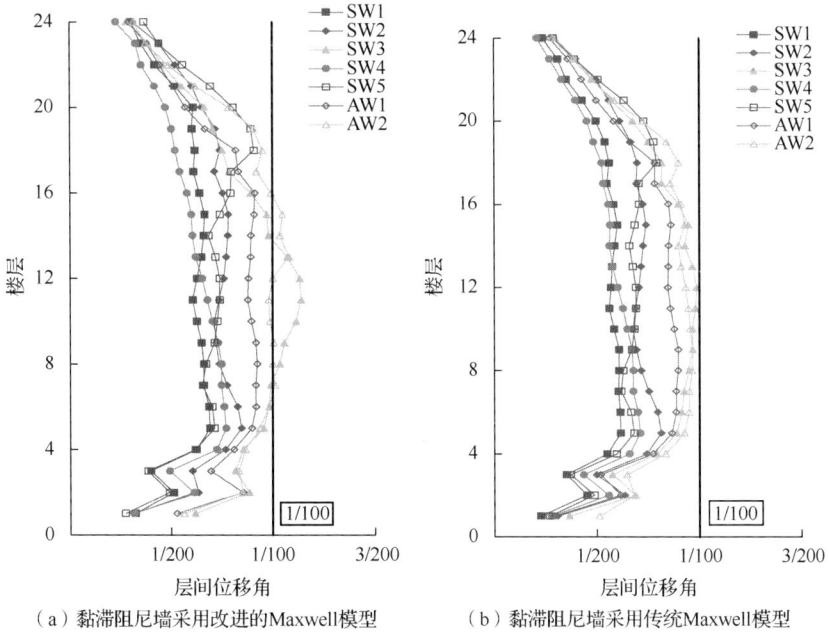

（a）黏滞阻尼墙采用改进的Maxwell模型　　　（b）黏滞阻尼墙采用传统Maxwell模型

图 12.2.8　消能减震结构按照黏滞阻尼墙初步布置方案在罕遇地震下的层间位移角验算

根据消能减震结构在罕遇地震下的时程分析结果，重新调整黏滞阻尼墙布置方案，最终布置方案如表 12.2.7 所示。该布置方案下经过罕遇地震下时程分析得到的层间位移角验算如图 12.2.9 所示。可以看出，最终布置方案的黏滞阻尼墙总数量少于原方案，并且达到了比原方案更高的性能目标。

表 12.2.7　黏滞阻尼墙最终布置方案

楼层	实用设计方法的最终布置方案		原模型布置方案	
	阻尼墙型号	数量	阻尼墙型号	数量
17	NL×2000×60	1	—	—
16	NL×2000×60	1	—	—
15	NL×2000×60	2	—	—
14	NL×2500×60	2	NL×2000×60	3
13	NL×2500×60	2	NL×2000×60	3
12	NL×2500×60	2	NL×2000×60	3
11	NL×2500×60	2	NL×2000×60	3
10	NL×2000×60	3	NL×2000×60	3
9	NL×2000×60	3	NL×2000×60	3
8	NL×2000×60	3	NL×2000×60	3
7	NL×2500×60	2	NL×2000×60	3

续表

楼层	实用设计方法的最终布置方案		原模型布置方案	
	阻尼墙型号	数量	阻尼墙型号	数量
6	NL×2500×60	2	NL×2500×60	4
5	NL×2500×60	2	NL×2500×60	4
4	NL×2500×60	3	NL×2500×60	4
3	NL×2500×60	4	NL×2500×60	4
2	NL×2000×60	3	NL×2000×60	3
总计	NL×2000×60	16	NL×2000×60	27
	NL×2500×60	21	NL×2500×60	16

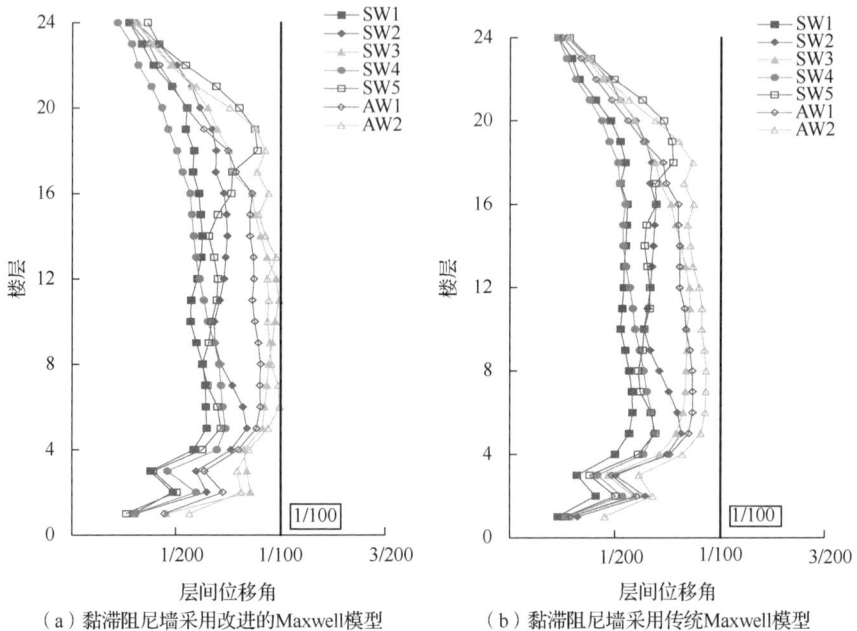

（a）黏滞阻尼墙采用改进的Maxwell模型　　　　（b）黏滞阻尼墙采用传统Maxwell模型

图 12.2.9　消能减震结构按照黏滞阻尼墙最终布置方案在罕遇地震下的层间位移角验算

　　综上所述，采用不同的黏滞阻尼墙计算模型，通过初步布置方案和最终布置方案在罕遇地震下层间位移角的对比及最终布置方案和原模型布置方案的对比，不仅验证了本实用设计方法的有效性和经济性，还显示出了改进的 Maxwell 模型对于工程设计是偏于安全的。

12.2.6　黏滞阻尼墙减震效果

　　消能减震结构计算模型中的黏滞阻尼墙均采用改进的 Maxwell 模型并按照

表 12.2.7 所示的最终布置方案设置，通过多遇和罕遇地震下的时程分析，分别从层间位移角、顶层位移时程和层间剪力幅值三个角度来展现黏滞阻尼墙的减震效果，其中顶层位移是指顶层相对于基础的位移。

从表 12.2.8、表 12.2.9 和图 12.2.10 可以看出，黏滞阻尼墙对层间位移的控制效果在多遇地震作用下优于罕遇地震作用下。分析原因为多遇地震作用下，层间位移数值较小，黏滞阻尼墙的动态刚度较大，即对消能减震结构的附加刚度较大，因此层间位移控制效果显著。

表 12.2.8　多遇地震下主体结构与消能减震结构的层间位移角

楼层	均值			包络值		
	主体结构	消能减震结构	减震系数/%	主体结构	消能减震结构	减震系数/%
24	1/741	1/2185	66	1/622	1/1832	66
23	1/595	1/1656	64	1/482	1/1335	64
22	1/550	1/1475	63	1/424	1/1234	66
21	1/511	1/1277	60	1/384	1/1049	63
20	1/487	1/1123	57	1/361	1/925	61
19	1/465	1/1060	56	1/367	1/841	56
18	1/441	1/1008	56	1/368	1/793	54
17	1/442	1/1082	59	1/369	1/887	58
16	1/438	1/1030	58	1/351	1/851	59
15	1/415	1/1094	62	1/323	1/857	62
14	1/400	1/1111	64	1/314	1/845	63
13	1/399	1/1081	63	1/318	1/827	62
12	1/404	1/1043	61	1/326	1/805	60
11	1/413	1/1017	59	1/324	1/820	61
10	1/412	1/1037	60	1/314	1/860	64
9	1/402	1/1003	60	1/312	1/841	63
8	1/390	1/977	60	1/305	1/822	63
7	1/393	1/926	58	1/316	1/749	58
6	1/398	1/899	56	1/318	1/691	54
5	1/414	1/883	53	1/323	1/650	50
4	1/442	1/974	55	1/344	1/639	46
3	1/655	1/1448	55	1/514	1/908	43
2	1/710	1/2481	71	1/510	1/1321	61
1	1/1554	1/4729	67	1/1171	1/3410	66

表 12.2.9　罕遇地震下主体结构与消能减震结构的层间位移角

楼层	均值			包络值		
	主体结构	消能减震结构	减震系数 / %	主体结构	消能减震结构	减震系数 / %
24	1/160	1/342	53	1/133	1/277	52
23	1/142	1/270	47	1/118	1/239	51
22	1/126	1/224	44	1/99	1/183	46
21	1/111	1/185	40	1/78	1/145	46
20	1/109	1/161	32	1/79	1/125	36
19	1/107	1/147	27	1/90	1/113	21
18	1/105	1/137	24	1/89	1/108	18
17	1/103	1/140	26	1/84	1/113	25
16	1/102	1/131	22	1/80	1/106	24
15	1/101	1/133	24	1/78	1/112	30
14	1/100	1/132	24	1/85	1/108	21
13	1/99	1/129	23	1/89	1/102	13
12	1/98	1/129	24	1/79	1/102	23
11	1/96	1/129	26	1/77	1/101	24
10	1/104	1/130	20	1/84	1/103	18
9	1/105	1/129	19	1/78	1/104	25
8	1/107	1/128	16	1/87	1/105	17
7	1/110	1/125	12	1/99	1/101	2
6	1/112	1/123	9	1/102	1/101	−1
5	1/113	1/123	8	1/105	1/106	1
4	1/114	1/136	16	1/89	1/118	24
3	1/68	1/171	60	1/46	1/119	61
2	1/88	1/151	42	1/67	1/117	43
1	1/145	1/265	45	1/129	1/177	27

　　从图 12.2.11 和图 12.2.12 中可以看到，多遇地震作用下的顶层位移控制效果明显优于罕遇地震作用下，同时不同地震波工况下的减震效果不尽相同，这说明黏滞阻尼墙对结构位移的控制作用主要来源于其提供的附加刚度，当地面激励增大导致层间位移增大后，附加刚度减小，此时附加刚度相比于高层结构的主体部分的层刚度来说较小，因此对激励时程的前半段位移控制效果有限。高层结构的位移幅值通常出现在激励时程的后半段，随着地面激励增大，阻尼墙提供的附加阻尼大幅提升，使得消能减震结构的位移衰减速率加快，这对控制激励时程后半段的位移是积极的，因此从图 12.2.12 中可以看到除 SW3 工况外，其余工况在罕遇地震作用下，时程后半段的位移控制效果优于前半段。

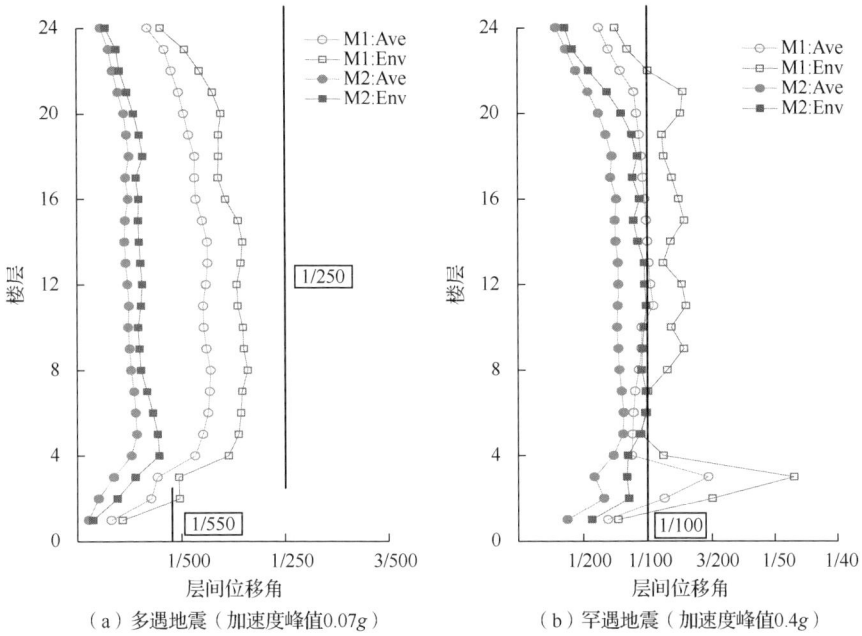

（a）多遇地震（加速度峰值0.07g） （b）罕遇地震（加速度峰值0.4g）

图 12.2.10 主体结构与消能减震结构的层间位移角对比

M1 代表主体结构，M2 代表消能减震结构，Ave 代表 7 条地震波的平均值，Env 代表 7 条地震波的包络值

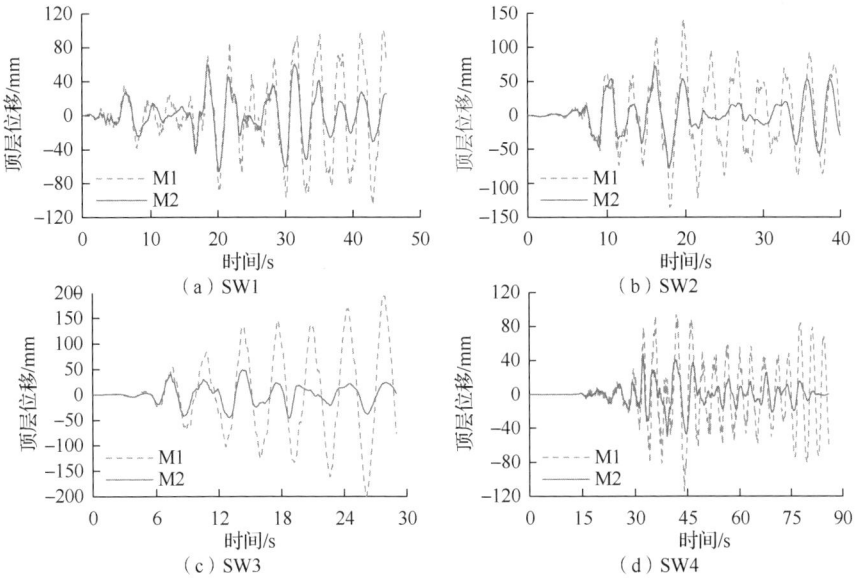

（a）SW1 （b）SW2 （c）SW3 （d）SW4

图 12.2.11 多遇地震作用下主体结构与消能减震结构的顶层位移时程对比

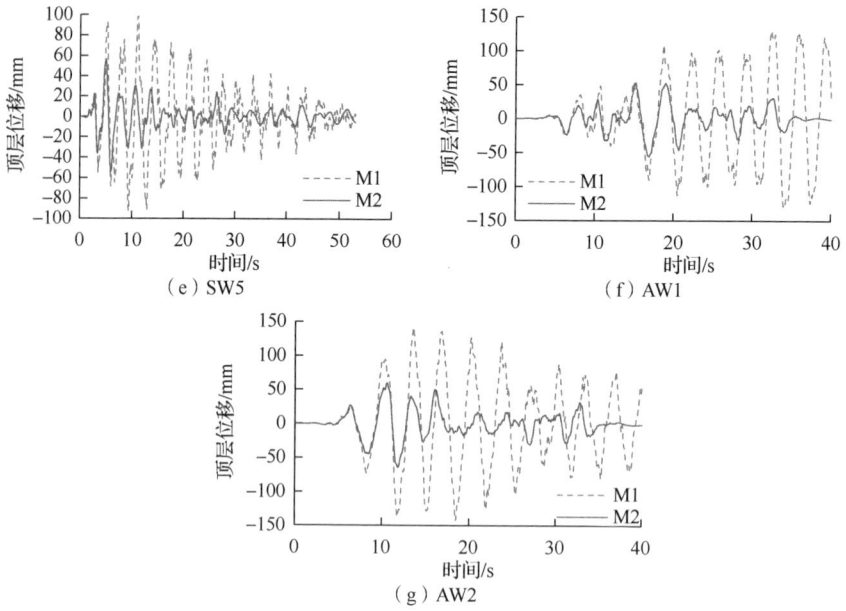

（e）SW5

（f）AW1

（g）AW2

图 12.2.11 （续）

（a）SW1

（b）SW2

（c）SW3

（d）SW4

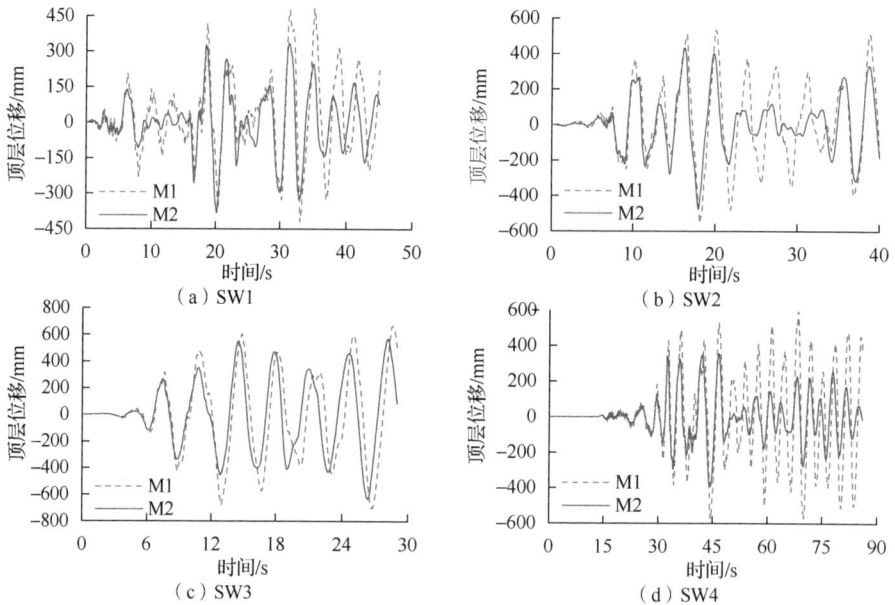

图 12.2.12　罕遇地震作用下主体结构与消能减震结构的顶层位移时程对比

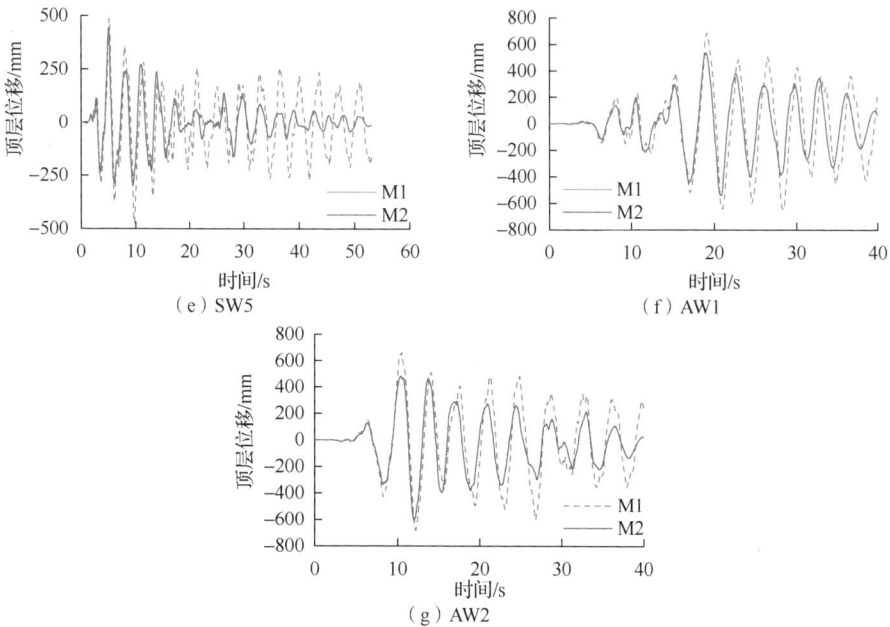

（e）SW5

（f）AW1

（g）AW2

图 12.2.12　（续）

从表 12.2.10、表 12.2.11 和图 12.2.13 中可以看出，多遇地震作用下，因黏滞阻尼墙的附加刚度作用，14 层及其以下楼层的绝对加速度不减反增，导致对应的减震系数为负数；而当罕遇地震作用下，黏滞阻尼附加刚度减小、附加阻尼提升，使所有楼层绝对加速度减震系数均为正，且处于 8%～58% 范围内。

表 12.2.10　多遇地震下主体结构与消能减震结构的绝对加速度幅值

楼层	均值			包络值		
	主体结构	消能减震结构	减震系数/%	主体结构	消能减震结构	减震系数/%
24	0.601g	0.163g	73	0.717g	0.194g	73
23	0.289g	0.102g	65	0.370g	0.162g	56
22	0.257g	0.101g	61	0.319g	0.164g	49
21	0.231g	0.099g	57	0.320g	0.148g	54
20	0.231g	0.095g	59	0.293g	0.150g	49
19	0.235g	0.094g	60	0.309g	0.139g	55
18	0.216g	0.092g	57	0.262g	0.124g	52
17	0.242g	0.110g	55	0.321g	0.149g	54
16	0.231g	0.122g	47	0.277g	0.172g	38
15	0.211g	0.134g	36	0.245g	0.235g	4
14	0.231g	0.194g	16	0.286g	0.371g	−30

续表

楼层	均值			包络值		
	主体结构	消能减震结构	减震系数/%	主体结构	消能减震结构	减震系数/%
13	0.227g	0.222g	2	0.301g	0.423g	-41
12	0.234g	0.231g	1	0.271g	0.447g	-65
11	0.248g	0.240g	3	0.279g	0.493g	-77
10	0.228g	0.265g	-16	0.289g	0.555g	-92
9	0.232g	0.287g	-24	0.294g	0.568g	-93
8	0.212g	0.290g	-37	0.226g	0.608g	-169
7	0.219g	0.281g	-29	0.254g	0.621g	-145
6	0.231g	0.250g	-8	0.256g	0.526g	-105
5	0.245g	0.266g	-8	0.341g	0.519g	-52
4	0.264g	0.405g	-53	0.314g	0.820g	-161
3	0.265g	0.630g	-138	0.305g	1.317g	-331
2	0.209g	0.409g	-96	0.241g	0.832g	-245
1	0.186g	0.283g	-52	0.234g	0.624g	-167

表 12.2.11　罕遇地震下主体结构与消能减震结构的绝对加速度幅值

楼层	均值			包络值		
	主体结构	消能减震结构	减震系数/%	主体结构	消能减震结构	减震系数/%
24	1.468g	0.899g	39	1.763g	1.188g	33
23	1.027g	0.627g	39	1.256g	0.883g	30
22	1.386g	0.653g	53	1.582g	0.983g	38
21	1.166g	0.578g	50	1.423g	1.015g	29
20	1.355g	0.571g	58	1.643g	1.032g	37
19	1.234g	0.538g	56	1.731g	1.033g	40
18	1.237g	0.538g	56	1.793g	0.889g	50
17	1.244g	0.529g	57	1.454g	0.937g	36
16	1.234g	0.495g	60	1.830g	0.762g	58
15	1.209g	0.467g	61	1.525g	0.718g	53
14	1.260g	0.478g	62	1.825g	0.769g	58
13	1.253g	0.494g	61	1.674g	0.781g	53
12	1.349g	0.547g	59	2.059g	0.926g	55
11	1.316g	0.540g	59	1.866g	0.871g	53
10	1.305g	0.507g	61	1.684g	0.778g	54
9	1.405g	0.553g	61	1.989g	0.898g	55

位置	均值			包络值		
	主体结构	消能减震结构	减震系数/%	主体结构	消能减震结构	减震系数/%
8	1.246g	0.604g	51	1.706g	1.054g	38
7	1.321g	0.606g	54	1.760g	0.873g	50
6	1.240g	0.642g	48	1.736g	0.941g	46
5	1.259g	0.708g	44	1.593g	1.111g	30
4	1.449g	0.732g	49	2.121g	1.162g	45
3	1.464g	0.773g	47	1.991g	1.174g	41
2	1.369g	0.853g	38	2.072g	1.596g	23
1	2.023g	1.306g	35	2.457g	2.265g	8

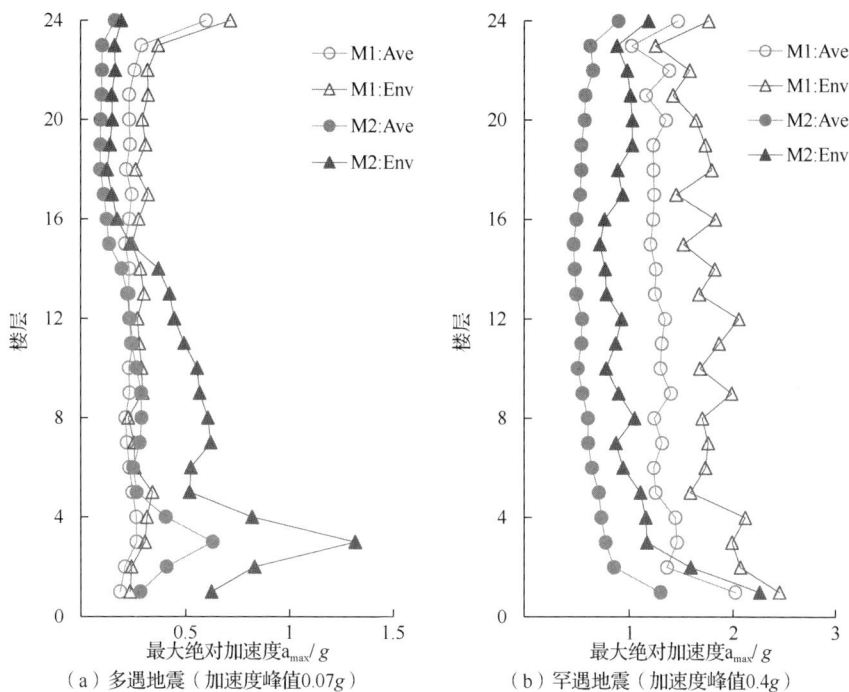

（a）多遇地震（加速度峰值0.07g）　　　　（b）罕遇地震（加速度峰值0.4g）

图 12.2.13　主体结构与消能减震结构的绝对加速度对比

从表 12.2.12、表 12.2.13 和图 12.2.14 中可以看出，多遇地震作用下，第 3 层的附加刚度很大，导致消能减震结构在该层的层间剪力幅值超出了主体结构（对应的减震系数为负数），但超出的层间剪力幅值主要由黏滞阻尼墙承担，因此消能减震结构中框架部分在该层的剪力仍远小于对应的主体结构。罕遇地震作用下，部分楼层的层间剪力幅值减震系数为负数的情况同理。

表 12.2.12　多遇地震下主体结构与消能减震结构的层间剪力幅值

楼层	均值			包络值		
	主体结构/kN	消能减震结构/kN	减震系数/%	主体结构/kN	消能减震结构/kN	减震系数/%
24	1266.10	320.44	75	1518.79	387.95	74
23	3313.22	952.04	71	4912.75	1224.46	75
22	4151.42	1354.62	67	5304.32	1794.75	66
21	4533.38	1591.47	65	5909.57	2003.03	66
20	4887.66	1832.36	63	6546.51	2233.94	66
19	5335.07	2126.69	60	6665.90	2761.71	59
18	5748.95	2283.45	60	7264.10	3033.05	58
17	5783.42	2439.91	58	6662.60	3151.08	53
16	5959.05	2577.03	57	7394.99	3335.77	55
15	6298.99	2678.64	57	8800.14	3183.90	64
14	6597.28	2895.08	56	8484.49	3510.86	59
13	6529.49	3011.80	54	8068.48	3470.07	57
12	6757.12	3086.84	54	8216.66	3486.17	58
11	6684.89	3197.52	52	8331.96	3924.84	53
10	6834.80	3514.73	49	8388.99	4633.06	45
9	7247.48	3728.21	49	8768.80	4978.43	43
8	7496.64	3850.30	49	8897.25	5007.18	44
7	7641.42	3917.89	49	9091.55	4684.46	48
6	7794.01	4181.65	46	9104.03	5530.17	39
5	7767.46	4629.23	40	9446.73	6805.81	28
4	8036.13	5531.15	31	9745.65	9356.90	4
3	8522.84	6322.20	26	10079.00	11676.91	-16
2	9279.18	5964.09	36	10935.80	8656.23	21
1	9905.00	5916.61	40	11739.90	7082.26	40

表 12.2.13　罕遇地震下主体结构与消能减震结构的层间剪力幅值

楼层	均值			包络值		
	主体结构/kN	消能减震结构/kN	减震系数/%	主体结构/kN	消能减震结构/kN	减震系数/%
24	2883.87	1567.36	46	3259.23	2023.75	38
23	8883.50	5355.66	40	9487.32	5865.10	38
22	12832.61	7522.59	41	14914.40	8521.74	43
21	14870.61	9558.43	36	18378.70	11576.00	37
20	15595.73	11448.75	27	19574.40	13966.40	29
19	17253.54	13483.09	22	18788.10	16263.40	13
18	18246.43	14964.43	18	19912.20	17552.20	12
17	19684.71	16225.00	18	21286.10	18514.24	13

楼层	均值			包络值		
	主体结构/ kN	消能减震结构/ kN	减震系数/ %	主体结构/ kN	消能减震结构/ kN	减震系数/ %
16	19987.96	17502.53	12	21816.80	19657.31	10
15	20397.07	18645.51	9	21783.40	21200.51	3
14	20977.06	19437.71	7	21522.50	23468.39	−9
13	21654.36	20155.79	7	21929.10	24794.35	−13
12	22491.31	20719.91	8	22807.80	25294.11	−11
11	23165.49	20807.65	10	23537.40	24991.47	−6
10	23735.10	21120.99	11	24141.00	26003.81	−8
9	24327.36	22130.64	9	24936.70	26528.38	−6
8	25055.24	23302.34	7	25505.50	27367.79	−7
7	25535.49	24565.86	4	26029.70	28449.10	−9
6	25958.09	25502.11	2	26470.90	29324.88	−11
5	26529.79	26304.49	1	26781.10	29468.80	−10
4	26585.29	26733.58	−1	27069.60	29687.52	−10
3	27134.13	27433.72	−1	29283.80	30637.14	−5
2	31915.80	31270.67	2	34095.30	36223.91	−6
1	37026.46	30976.17	16	37854.60	34188.20	10

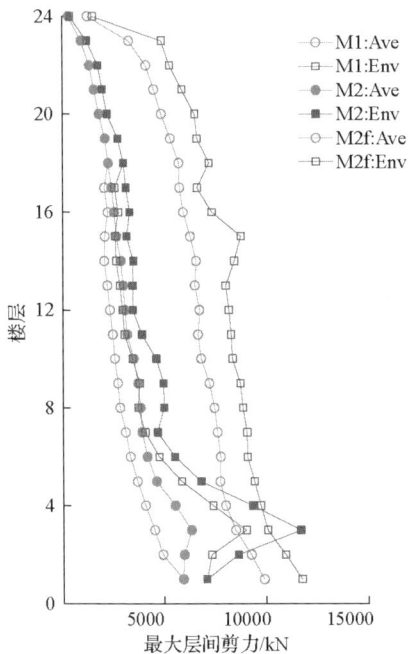

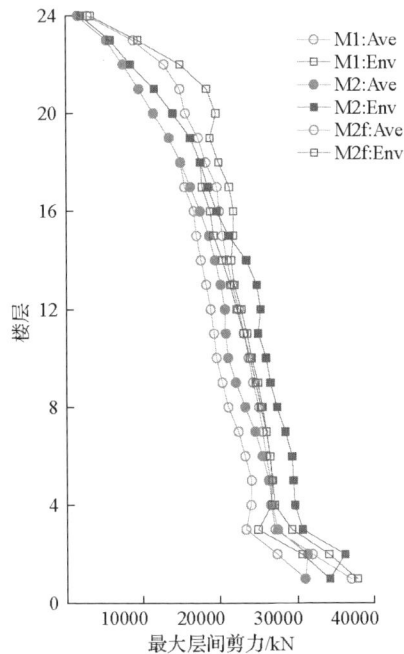

（a）多遇地震（加速度峰值0.07g）　　　　　（b）罕遇地震（加速度峰值0.4g）

图 12.2.14　主体结构与消能减震结构的层间剪力幅值对比

综上所述，对于实际工程结构而言，黏滞阻尼墙对消能减震结构的位移控制作用在小震下和大震下激励时程前半段主要来源于其提供的附加刚度，在大震下激励时程的后半段主要来源于其提供的附加阻尼；而对层间剪力幅值的控制效果虽然有正有负，但由于阻尼墙的存在，消能减震结构中框架部分的楼层水平剪力均小于对应的主体结构。

第 13 章 结 语

阻尼墙在我国未来新建建筑和建筑改造加固中,具有广阔的应用前景。本书详述了建筑阻尼墙减震理论方法与工程实践,但有以下几点仍需注意:

1) 材料是确保消能减震装置工作性能的根本,研发性能稳定、温度敏感性低、耗能能力优越、耐久性好的消能减震材料,是阻尼墙技术发展的重要方向。

2) 力学模型是消能减震结构设计与分析阶段的重要工具,发展与材料相适应、表达形式简洁、参数数量适宜、软件输入兼容的力学模型,是阻尼墙技术应用的关键步骤。

3) 产品检验是消能减震装置应用的重要保障,完善消能减震装置的检验细节、继续开展阻尼墙耐久性试验等内容,是保证阻尼墙长期工作稳定性的重要环节。

主要参考文献

陈敏，唐小弟，2010. 粘弹性阻尼器附加等效阻尼比的计算[J]. 中南林业科技大学学报，30（5）：144-148.

冯德民，夏晖，刘文光，等，2013. 高层钢框架结构的减震分析[C]//第十届中日建筑结构技术交流会，南京：803-810.

宫崎光生，有马文昭，杉本敏夫，等，1987. 建築構造物の地震応答制御設計法への研究：第2報：制震壁の性能試験[C]//日本建築学会大会学術講演梗概集 B-2：881-882

龚顺明，2014. 带黏弹性阻尼器结构抗震性能试验研究及数值模拟[D]. 上海:同济大学.

龚顺明，2018. 带强非线性黏弹性阻尼器结构抗震分析与设计方法研究[D]. 上海:同济大学.

龚顺明，周颖，吕西林，2014. 带黏弹性阻尼器结构振动台试验设计与数值分析[J]. 地震工程与工程振动，34（1）:224-229.

龚顺明，周颖，2014. 黏弹性阻尼器耗能特征的温度影响分析[J]. 地震工程与工程振动 （s1）:801-809.

韩建平，李慧，杜永峰，2005. 装设粘弹性阻尼器钢筋混凝土结构抗震实用分析[J]. 世界地震工程，21（1）：117-122.

李锐，2013. 带粘弹性阻尼器高层混合结构抗震性能及设计方法研究[D]. 上海:同济大学.

欧谨，2006. 粘滞阻尼墙结构的减震理论分析和试验研究[D]. 南京: 东南大学.

欧谨，王相智，2011. 设置粘滞阻尼墙钢框架结构的减振设计分析[J]. 南京工业大学学报（自然科学版），33（5）：40-44.

欧谨，王相智，2012. 设置粘滞阻尼墙钢框架结构耗能性能试验研究[J]. 建筑结构，4（23）：61-64，151.

日本隔震结构协会，2008. 被动减震结构设计·施工手册[M]. 蒋通，译. 2版. 北京: 中国建筑工业出版社.

谭在树，钱稼茹，1998. 钢筋混凝土框架用粘滞阻尼墙减震研究[J]. 建筑结构学报，19（2）：50-59.

田中久也，宫崎光生，有马文昭，等，1994. 粘性減衰壁による大減衰高層建築物―静岡メディアシティビル：その5~7[C]//日本建築学会大会学術講演梗概集 B：1073-1078.

小林裕明，増子友介，柴田昭彦，等，1999. 粘性制震壁の高振動数·高速度域における特性：その1：実大性能確認試験[C]//日本建築学会大会学術講演梗概集 B-2：985-986.

徐赵东，周洲，赵鸿铁，等，2001. 粘弹性阻尼器的计算模型[J]. 工程力学，18（6）：88-93.

有馬文昭，宮崎光生，小森清司，等，1989. 建築構造物の応答制御設計法に関する研究：その1：制震壁の粘性減衰特性に関する調査研究[C]//構造工学論文集 B，35: 29-42.

有馬文昭，宮崎光生，小森清司，等，1989. 建築構造物の応答制御設計法に関する研究：その2：制震構造物の地震時挙動とその検討[C]//構造工学論文集 B，35: 43-55.

张丹，2016. 带黏滞阻尼墙消能减震高层结构设计方法研究[D]. 上海:同济大学.

郑正昌，森高英夫，下田郁夫，2000. 鹿儿岛机场候机楼抗震补强—增设粘滞阻尼墙的结构三维弹塑性分析[J]. 建筑结构，30（6）：19-26.

周颖，龚顺明，2014. 新型黏弹性阻尼器性能试验研究[J]. 结构工程师，30（1）:137-142.

周颖，龚顺明，2018. 混合非线性黏弹性阻尼器非线性特征与力学模型研究[J]. 工程力学 （6）:132-143.

周颖，龚顺明，吕西林，2014. 带黏弹性阻尼器钢结构振动台试验研究[J]. 建筑结构学报，35（7）:1-10.

周颖，龚顺明，吕西林，2014. 带黏弹性阻尼器结构振动台试验设计: 于 OpenSees 的阻尼器尺寸选择[J]. 防灾减灾工程学报，34（3）:308-313.

周颖,龚顺明,吕西林,2014. 黏弹性阻尼器滞回曲线及特征参数的相似准则[J]. 中南大学学报(自然科学版) （12）:4317-4324.

周颖，李锐，吕西林，2013. 粘弹性阻尼器性能试验及参数研究[J]. 结构工程师，29（1）:83-91.

周颖，张丹，卢文胜，2017. 设置黏滞阻尼墙的钢框架结构振动台试验研究[J]. 建筑结构学报，38（3）:14-25.

周云，松本達治，田中和宏，等，2015. 高阻尼黏弹性阻尼器性能与力学模型研究[J]. 振动与冲击，34（7）:1-7.

AIKEN I D, NIMS D K, WHITTAKER A S, et al., 1993. Testing of passive energy dissipation systems[J]. Earthquake spectra, 9(3): 335-370.

ARIMA F, MIYAZAKI M, YANAKA H, et al., 1988. A study on buildings with large damping using viscous damping walls[C]//Proceedings of the 9th World Conference on Earthquake Engineering. Tokyo: Science Council of Japan: 821-826.

ASANO M, MASAHIKO H, YAMAMOTO M, 2000. The experimental study on viscoelastic material dampers and the formulation of analytical model[C]//12th World Conference on Earthquake Engineering.

BRATOSIN D, SIRETEANU T, 2002. Hysteretic damping modelling by nonlinear Kelvin-Voigt model[J]. Proceedings of the romanian academy, series a, 3(3): 1-6.

CHANG K C, LAI M L, SOONG T T, et al., 1993. Seismic behavior and design guidelines for steel frame structures with added viscoelastic dampers[R]. NCEER-93-0009, Buffalo, NY: National Center for Earthquake Engineering Research: 1-103.

CHANG K C, SOONG T T, OH S T, et al., 1992. Effect of ambient temperature on viscoelastically damped structure[J]. Journal of structural engineering, 118(7): 1955-1973.

CHANG T S, SINGH M P, 2009. Mechanical model parameters for viscoelastic dampers[J]. Journal of engineering mechanics, 135(6): 581-584.

DALL'ASTA A, RAGNI L, 2006. Experimental tests and analytical model of high damping rubber dissipating devices[J]. Engineering structures, 28(13): 1874-1884.

FENG D, XIA H, LIU W, 2015. Design of a 24-story damped steel frame based on Chinese and Japanese building codes [C]//Proceedings of the 14th World Conference on Seismic Isolation, Energy Dissipation and Active Vibration Control of Structures, San Diego: 1-10.

GANDHI F, CHOPRA I, 1996. A time-domain non-linear viscoelastic damper model[J]. Smart materials and structures, 5(5): 517-528.

GANDHI F, CHOPRA I, LEE S W, 1994. Nonlinear viscoelastic damper model: constitutive equation and solution scheme[J]. Smart structures and materials 1994: passive damping, 2193: 163-179.

GONG S, ZHOU Y, 2017. Experimental study and numerical simulation on a new type of viscoelastic damper with strong nonlinear characteristics[J]. Structural control and health monitoring, 24(4):e1897.

GONG S, ZHOU Y, GE P, 2017. Seismic analysis for tall and irregular temple buildings: a case study of strong nonlinear viscoelastic dampers[J]. Structural design of tall and special buildings, 26(7):1-3.

GUPTA N, MUTSUYOSHI H, 1996. Analysis and design of viscoelastic damper for earthquake- resistant structure[C]//Eleventh World Conference on Earthquake Engineering.

HIGGINS C, 1996. Hysteretic dampers for wood frame shear wall[C]//Structures Congress 2001, Washington. D. C..

HSU S Y, FATITIS A, 1992. Seismic analysis of frames with viscoelastic beam-column connection[C]//Tenth World Conference on Earthquake Engineering.

INAUDI J A, BLONDET M, KELLY J M, 1996. Heat generation effects on viscoelastic dampers in structures[C]//Eleventh World Conference on Earthquake Engineering.

KASAI K, MUNSHI J A, LAI M L, 1993. Viscoelastic damper hysteretic model: theory, experiment, and application[C]//Proceedings of ATC 17-1 on Seismic Isolation, Energy Dissipation and Active Control, San Francisco.

KIREKAWA A, ITO Y, ASANO K, 1992. A study of structural control using viscoelastic material[C]//Tenth World Conference on Earthquake Engineering: 2047-2054.

LAI M L, KASAI K, CHANG K C, 1999. Relationship between temperature rise and nonlinear of a viscoelastic damper[J]. Journal of earthquake technology, 36(1): 61-71.

LAI M L, LUNSFORD D A, KASAI K, et al., 1996. Viscoelastic damper: a damper with linear or nonlinear material[C]//Eleventh World Conference on Earthquake Engineering: No. 795.

LEE H H, 1994. A preliminary study for the application of viscoelastic damper in offshore structures[C]//16th Ocean Engineering Symposium of Taiwan: 407-417.

LEE H H, TSAI C S, 1992. Analytical model for viscoelastic dampers in seismic mitigation application[C]//Tenth World Conference on Earthquake Engineering: 2461-2466.

LEE K S, FAN C P, SAUSE R, et al., 2005. Simplified design procedure for frame buildings with viscoelastic or elastomeric structural dampers[J]. Earthquake engineering and structural dynamics, 34(10): 1271-1284.

LEWANDOWSKI R, CHORĄŻYCZEWSKI B, 2010. Identification of the parameters of the Kelvin-Voigt and the Maxwell fractional models, used to modeling of viscoelastic dampers[J]. Computers & structures, 88(1-2): 1-17.

LEWANDOWSKI R, PAWLAK Z, 2011. Dynamic analysis of frames with viscoelastic dampers modelled by rheological models with fractionalderivatives[J]. Journal of sound and vibration, 330(5): 923-936.

LIU J, QI H, 2010. Hysteresis and precondition of the standard viscoelastic solid model[J]. Nonlinear analysis: real world applications, 11(4): 3066-3076.

LU L, DUAN Y, SPENCER B F, LU X, et al., Inertial mass damper for mitigating cable vibration[J]. Structural control and health monitoring, 2017, 24(10):1-12.

LU X, LU Q, LU W, et al., 2018. Shaking table test of a four-tower high-rise connected with an isolated sky corridor[J]. Structural control and health monitoring, 25(3):1.

LU X, ZHOU Y, YAN F. Shaking table test and numerical analysis of RC frames with viscous wall dampers[J]. Journal of structural engineering, 2008, 134(1):64-76.

LU Z, HE X, ZHOU Y, 2018. Performance-based seismic analysis on a super high-rise building with improved viscously damped outrigger system[J]. Structural control and health monitoring, 25(8):e2190.

MIYAZAKI M, KITADA Y, ARIMA F, et al., Earthquake response control design of buildings using viscous damping walls [C]//Proceedings of the 1st East Asian Conference on Structural Engineering and Construction. Bangkok: Science Council of Thailand, 1986: 1882-1891.

MIYAZAKI M, MITSUSAKA Y, 1992. Design of a building with 20% or greater damping [C]//Proceedings of the 10th World Conference on Earthquake Engineering. Balkema, Rotterdam: Science Council of Holland: 4143-4148.

MUNSHI J A, 1997. Effect of viscoelastic dampers on hysteretic response of reinforced concrete elements[J]. Engineering structures, 19(11): 921-935.

NEWELL J, LOVE R, SINCLAR M, et al., 2011. Seismic design of a 15-story hospital using viscous wall dampers[C]// Structures Congress 2011. Las Vegas: Structural Engineering Institute of ASCE:815-826.

OOKY I, KASAI K, TOKORO K, 2002. Time-history analysis models for nonlinear viscous dampers[C]// Proceedings of Structural Engineers World Congress (SEWC), Yokohama: T2-2-b-3.

REINHORN A M, LI C, 1995. Experimental and analytical investigation of seismic retrofit of structures with supplemental damping: part III—viscous damping walls[R]. National Center for Earthquake Engineering Research, Technical Report NCEER-95-0013.

REINHORN A M, LI C, CONSTANTINOU M C, 1995. Experimental and analytical investigation of seismic retrofit of structures with supplemental damping: part I —fluid viscous damping devices[R]. National Center for Earthquake Engineering Research, Technical Report NCEER-95-0001.

SASAKI K, MIYAZAKI M, 2012. Characteristics of viscous wall damper of intense oscillation test against large earthquake[C]// The 15th World Conference on Earthquake Engineering, Lisbon:1742.

SAUSE R, LEE K S, RICLES J, 2007. Rate-independent and rate-dependent models for hysteretic behavior of elastomers[J]. Journal of engineering mechanics, 133(11): 1162-1170.

SHEN K L, SOONG T T, 1995. Modeling of viscoelastic dampers for structural applications[J]. Journal of engineering mechanics, 121(6): 694-701.

SINGH M P, CHANG T S, 2009. Seismic analysis of structures with viscoelastic dampers[J]. Journal of engineering mechanics, 135(6): 571-580.

SODA S, TAKAHASHI Y, 2000. Performance based seismic design of building structures with viscoelastic dampers[C]//12th World Conference on Earthquake Engineering.

TCHAMO J M, ZHOU Y, 2018. An alternative practical design method for structures with viscoelastic dampers[J]. Earthquake engineering and engineering vibration, 17(3):459-473.

TEZCAN S S, ULUCA O, 2003. Reduction of earthquake response of plane frame buildings by viscoelastic dampers[J].

Engineering structures, 25(14): 1755-1761.

TSAI C S, 1994. Temperature effect of viscoelastic dampers during earthquakes[J]. Journal of structural engineering, 120(2): 394-409.

TSAI C S, LEE H H, 1993. Applications of viscoelastic dampers to high-rise buildings[J]. Journal of structural engineering, 119(4): 1222-1233.

XU Z D, WANG D X, SHI C F, 2010. Model, tests and application design for viscoelastic dampers[J]. Journal of vibration and control, 17(9): 1359-1370.

YEUNG N, PAN A D E, 1998. The effectiveness of viscous-damping walls for controlling wind vibrations in multi-story buildings[J]. Journal of wind engineering and industrial aerodynamics (77-78):337-348

ZHOU Y, CHEN P, ZHANG D, et al., 2018. A new analytical model for viscous wall dampers and its experimental validation[J]. Engineering structures, 163:224-240.

ZHOU Y, LI H, 2014. Analysis of a high-rise steel structure with viscous damped outriggers[J]. Structural design of tall and special buildings, 23(13):963-979.

ZHOU Y, LU X, WENG D, et al., 2012. A practical design method for reinforced concrete structures with viscous dampers[J]. Engineering structures, 39(8):187-198.

ZHOU Y, ZHANG C, LU X, 2016. An inter-story drift-based parameter analysis of the optimal location of outriggers in tall buildings[J]. Structural design of tall and special buildings, 25(5):215-231.

ZHOU Y, ZHANG C, LU X, 2017. Seismic performance of a damping outrigger system for tall buildings[J]. Structural control and health monitoring, 24(1): e1864.